普通高等学校"十四五"规划机械类专业精品教材
广西研究生教育创新计划项目

增 材 制 造

主　编　龙　雨
副主编　周　俊　郭　旺　魏　伟
　　　　　周柱坤　蒋奥克　李　晨
　　　　　李光先　龙　厅

华中科技大学出版社
中国·武汉

内 容 简 介

本书分为18章,系统介绍了增材制造的核心技术与相关研究,包括各类3D打印技术、数据处理与路径规划、在线监测技术、增材制造模拟仿真,以及金属与非金属增材制造的特定应用等。

本书旨在为高年级本科生、研究生及科研人员提供理论与实践相结合的知识体系,是增材制造领域的重要参考资料。

图书在版编目(CIP)数据

增材制造/龙雨主编. —武汉 ：华中科技大学出版社,2024.5
ISBN 978-7-5772-0779-7

Ⅰ.①增… Ⅱ.①龙… Ⅲ.①快速成型技术－高等学校－教材 Ⅳ.①TB4

中国国家版本馆 CIP 数据核字(2024)第 076749 号

增材制造　　　　　　　　　　　　　　　　　　　　　　　　　　　龙　雨　主编
Zengcai Zhizao

策划编辑：张　毅
责任编辑：李梦阳
封面设计：原色设计
责任校对：刘　竣
责任监印：朱　玢

出版发行：华中科技大学出版社(中国•武汉)　　电话：(027)81321913
　　　　　武汉市东湖新技术开发区华工科技园　　邮编：430223
录　　排：武汉三月禾文化传播有限公司
印　　刷：武汉市洪林印务有限公司
开　　本：787mm×1092mm　1/16
印　　张：17.5
字　　数：443千字
版　　次：2024年5月第1版第1次印刷
定　　价：69.80元

本书若有印装质量问题,请向出版社营销中心调换
全国免费服务热线：400-6679-118　竭诚为您服务
版权所有　侵权必究

前　言

增材制造凭借着能够实现任意复杂形状零件的快速、高效、经济、智能化和柔性化制造的优势，以及政策、市场的支持得到了迅猛发展。增材制造是一个多学科技术交叉的行业，人才是其发展壮大的核心力量。随着行业的持续壮大和人才需求的不断增加，增材制造工程专业应运而生，增材制造人才培养已迈出坚实的步伐。因此，有关增材制造专业的教材急需与时俱进，大量印刷并广泛传播，以便使增材制造的理念深入人心，为我国制造业的产业升级发挥应有的作用。

针对已经出版的增材制造专业相关教材存在注重基本原理介绍而忽略实际应用和研究现状的问题，为了便于国内增材制造技术科研人员、增材制造专业研究生和高年级本科生了解并学习增材制造的国内外发展状况和最新进展，激发他们对增材制造技术的兴趣，笔者特地编写了《增材制造》一书。

本书编著分为两个主体部分。首先，按照增材制造工艺分类，介绍设备及工艺原理、耗材、优缺点和冶金特点，阐述不同增材制造工艺的发展潜力。其次，针对工艺参数选择、缺陷检测与控制、新材料的进展、模拟仿真及应用实例，分别设置相应的专题章节。

本书由龙雨教授主编。参与编写的人员及负责章节如下：蒋奥克（第2章），李光先（第18章），周柱坤和龙厅（第11章），李晨（第3章），魏伟（第9和10章），郭旺（第4、5、6、16和17章），周俊（第1、7、8、12、13、14和15章）。周俊和魏伟负责全书编辑汇总工作。此外，徐威威、史鹏举、毛玉峰、李平、王恩昱、彭子颖、赵磊、梁聪奕、卢火青、杨玉婷、李毅和凌方海等参与了资料的收集整理工作。在此，对他们表示感谢！

本书还得到了广西研究生教育创新计划项目的大力支持，在此表示感谢。由于作者水平有限，本书难免存在不足之处，恳请读者批评指正。

编　者

2024年2月

目　　录

第1章　绪　　论 (1)
1.1　概念 (1)
1.2　增材制造的通用工艺 (1)
1.3　增材制造与传统制造的区别与关系 (2)
1.4　增材制造的特点 (3)
1.5　增材制造的发展 (4)
1.6　增材制造技术的应用 (6)
本章课程思政 (12)
思考题 (12)

第2章　粉末床熔融 (13)
2.1　简介 (13)
2.2　基本原理 (13)
2.3　工艺特点及成型质量 (18)
2.4　装备 (23)
2.5　可打印材料及典型应用 (24)
2.6　最新科研/产业进展 (26)
本章课程思政 (27)
思考题 (27)

第3章　黏结剂喷射3D打印技术 (28)
3.1　引言 (28)
3.2　基本原理 (28)
3.3　工艺特点 (33)
3.4　可打印材料及典型应用 (34)
3.5　挑战与展望 (37)
本章课程思政 (39)
思考题 (39)

第4章　光固化3D打印技术 (40)
4.1　引言 (40)
4.2　光固化3D打印技术 (40)
4.3　光固化3D打印技术的发展趋势 (50)
4.4　光固化3D打印技术的挑战 (51)
本章课程思政 (51)
思考题 (52)

第5章 材料喷射3D打印技术 (53)

5.1 引言 (53)
5.2 材料喷射3D打印技术基本原理及分类 (53)
5.3 材料喷射3D打印技术中的固化 (56)
5.4 材料喷射3D打印技术中的质量问题 (59)
5.5 材料喷射3D打印材料 (61)
5.6 材料喷射3D打印技术的典型应用 (61)
5.7 材料喷射3D打印技术的发展趋势 (64)
本章课程思政 (66)
思考题 (66)

第6章 熔融沉积成型 (68)

6.1 引言 (68)
6.2 基本原理 (68)
6.3 成型材料及其要求 (71)
6.4 影响FDM打印件机械强度的因素 (74)
6.5 FDM技术的优缺点 (75)
6.6 典型应用 (75)
6.7 FDM技术的产业进展 (78)
6.8 困难和挑战 (79)
6.9 未来展望 (80)
本章课程思政 (80)
思考题 (81)

第7章 定向能量沉积 (82)

7.1 定向能量沉积技术 (82)
7.2 定向能量沉积的发展现状 (89)
7.3 定向能量沉积的挑战 (93)
本章课程思政 (93)
思考题 (94)

第8章 叠层3D打印 (95)

8.1 引言 (95)
8.2 基本原理 (96)
8.3 工艺特点 (102)
8.4 可打印材料 (105)
8.5 科研进展 (106)
8.6 挑战与发展趋势 (108)
本章课程思政 (109)
思考题 (109)

第9章 数据处理与路径规划 (110)

9.1 引言 (110)
9.2 增材制造支撑设计 (111)

9.3 增材制造无支撑研究 …………………………………………………… (114)
9.4 模型切片 …………………………………………………………………… (116)
9.5 路径填充 …………………………………………………………………… (117)
9.6 路径规划研究进展与发展前景 ……………………………………………… (124)
本章课程思政 …………………………………………………………………… (124)
思考题 …………………………………………………………………………… (124)

第 10 章 在线监测技术 …………………………………………………………… (126)
10.1 光学检测技术 …………………………………………………………… (126)
10.2 声信号监测 ……………………………………………………………… (129)
10.3 热信号监测 ……………………………………………………………… (131)
10.4 其他信号监测 …………………………………………………………… (133)
10.5 多信号融合监测 ………………………………………………………… (134)
10.6 监测中的计算成像方法 ………………………………………………… (135)
10.7 监测中的机器学习方法 ………………………………………………… (137)
本章课程思政 …………………………………………………………………… (140)
思考题 …………………………………………………………………………… (140)

第 11 章 增材制造模拟仿真 ……………………………………………………… (142)
11.1 引言 ……………………………………………………………………… (142)
11.2 宏观模拟方法 …………………………………………………………… (142)
11.3 介观模拟方法 …………………………………………………………… (146)
11.4 微观模拟方法——分子动力学方法 …………………………………… (151)
11.5 跨尺度的模拟方法 ……………………………………………………… (152)
本章课程思政 …………………………………………………………………… (154)
思考题 …………………………………………………………………………… (154)

第 12 章 金属增材制造：高温合金、钛合金、钛铝合金 ………………………… (155)
12.1 高温合金 ………………………………………………………………… (155)
12.2 钛合金 …………………………………………………………………… (162)
12.3 钛铝合金 ………………………………………………………………… (166)
本章课程思政 …………………………………………………………………… (170)
思考题 …………………………………………………………………………… (171)

第 13 章 金属增材制造：铝合金、铜合金和镁合金 ……………………………… (172)
13.1 铝合金 …………………………………………………………………… (172)
13.2 铜合金 …………………………………………………………………… (177)
13.3 镁合金 …………………………………………………………………… (182)
本章课程思政 …………………………………………………………………… (189)
思考题 …………………………………………………………………………… (189)

第 14 章 金属增材制造：高熵和非晶合金 ………………………………………… (190)
14.1 引言 ……………………………………………………………………… (190)
14.2 高熵合金 ………………………………………………………………… (190)
14.3 非晶合金 ………………………………………………………………… (201)

本章课程思政 ………………………………………………………………………………（206）
　　思考题 ………………………………………………………………………………………（207）
第 15 章　非金属增材制造:柔性传感器/致动器 ……………………………………………（208）
　　15.1　引言 …………………………………………………………………………………（208）
　　15.2　柔性电子传感器的增材制造 ………………………………………………………（208）
　　15.3　柔性电子致动器的增材制造 ………………………………………………………（216）
　　15.4　展望 …………………………………………………………………………………（225）
　　本章课程思政 ………………………………………………………………………………（225）
　　思考题 ………………………………………………………………………………………（225）
第 16 章　非金属增材制造:4D 打印 …………………………………………………………（227）
　　16.1　4D 打印简介 ………………………………………………………………………（227）
　　16.2　4D 打印的历史与未来 ……………………………………………………………（227）
　　16.3　4D 打印与 3D 打印的区别 …………………………………………………………（228）
　　16.4　4D 打印的核心关键点 ……………………………………………………………（230）
　　16.5　4D 打印的应用 ……………………………………………………………………（233）
　　16.6　挑战和限制 …………………………………………………………………………（238）
　　本章课程思政 ………………………………………………………………………………（239）
　　思考题 ………………………………………………………………………………………（239）
第 17 章　非金属增材制造:医疗器械、骨科植入物、器官芯片、生物打印 ………………（240）
　　17.1　医疗器械 ……………………………………………………………………………（240）
　　17.2　骨科植入物 …………………………………………………………………………（242）
　　17.3　生物打印 ……………………………………………………………………………（245）
　　17.4　器官芯片 ……………………………………………………………………………（247）
　　本章课程思政 ………………………………………………………………………………（250）
　　思考题 ………………………………………………………………………………………（250）
第 18 章　增减材复合制造 ……………………………………………………………………（251）
　　18.1　引言 …………………………………………………………………………………（251）
　　18.2　基于激光的增减材复合制造 ………………………………………………………（253）
　　18.3　基于电弧的增减材复合制造 ………………………………………………………（257）
　　18.4　传统制造和增材制造的可加工性 …………………………………………………（261）
　　18.5　增减材复合制造的发展趋势 ………………………………………………………（262）
　　本章课程思政 ………………………………………………………………………………（263）
参考文献 …………………………………………………………………………………………（264）

第 1 章 绪 论

1.1 概 念

增材制造(additive manufacturing,AM)的基本原理是使用三维计算机辅助设计(3D CAD)系统生成的模型来直接制造零件,无须工艺规划。尽管在现实中并非如此简单,但增材制造技术显著简化了直接从 CAD 数据生产复杂 3D 对象的过程。其他制造技术需要对零件几何形状进行仔细而详细的分析,以确定不同特征的制造顺序、必须使用的工具和流程,以及可能需要的额外夹具。相比之下,利用增材制造技术,只需要知道零件的基本尺寸和细节,了解增材制造机器的工作原理以及用于制造零件的材料。

增材制造原理的关键在于零件是通过分层添加材料来制造的;每一层都是从原始 CAD 数据导出的零件的薄横截面。显然,在物理世界中,每一层都必须具有有限的厚度,因此得到的部分近似于原始数据模型,如图 1-1 所示。每层越薄,所得部分就越接近原始数据模型。迄今为止,所有商业化的增材制造机器都使用基于层的方法,并且它们的主要区别在于可以使用的材料、层的创建方式以及层间的黏合方式。这些差异决定了最终零件的精度及其材料特性和力学性能等其他因素。

图 1-1 茶杯的 CAD 图像以及使用不同层厚度的制造效果图

增材制造的最初模型用于帮助理解设计的形状且具有广泛的应用。随着材料科学的进步、制造精度和输出质量的提高,增材制造技术得到不断发展。当与其他技术结合使用形成工艺链时,增材制造技术可显著缩短产品开发时间和降低成本。一些增材制造技术已发展到可以直接输出最终用途的产品。

1.2 增材制造的通用工艺

增材制造涉及从三维 CAD 模型到最终实体零件的许多步骤。不同的产品会以不同的方式、不同的程度涉及增材制造。小型、相对简单的产品可用增材制造技术进行可视化模型打印，而较大、更复杂、工程内容较多的产品可能会在整个开发过程的多个阶段和迭代中涉及增材制造。总之，大多数增材制造过程至少涉及以下8个步骤。

1. CAD

所有AM零件必须从一个完全描述外部几何图形的软件模型开始。这可能涉及使用任何专业的3D实体建模CAD软件，但是输出的必须是三维实体或曲面。

2. 转换至STL文件格式

几乎每台增材制造机器都接受STL文件格式，这已成为事实上的标准，现在几乎每台CAD软件都可以输出这种文件格式。该文件格式描述了原始CAD模型的外部闭合曲面，并构成了切片计算的基础。

3. 转移至增材制造机器和STL文件处理

描述零件的STL文件必须传输到增材制造机器。在这里，可能会对文件进行一些一般操作，以使零件具有正确的尺寸、位置和方向，用于后续的打印操作。

4. 机器准备

在打印之前，必须正确设置增材制造机器的相关设备。这些设置与打印参数有关，如材料约束、能源、层厚度、时间等。

5. 打印

零件打印主要是一个自动化过程，只需对机器进行表面监控，以确保不会发生错误，如材料耗尽、电源或软件故障等。

6. 移除

增材制造机器完成打印后，必须移除零件。这需要与机器进行交互，机器可能具有安全联锁装置，以确保操作温度足够低或没有活动部件。

7. 后处理

零件从机器上取下后，在准备使用之前通常需要进行一系列后处理。在此步骤，可能需要去除支撑；零件可能需要涂底漆和涂油漆才能获得可接受的表面纹理和光洁度；还可能涉及热处理。如果精加工要求非常苛刻，则后处理会变得成本高昂、费力且耗时。

8. 应用

零件可供使用时，需要它们与其他机械或电子部件组装在一起以形成最终产品。虽然已经讨论了增材制造过程的众多步骤，但重要的是要认识到某些机器和工艺可能需要其他步骤。例如，某些增材制造机器它们的设置软件可能与本机CAD信息兼容，因此可以省去将CAD文件转换为STL文件这一步骤。此外，许多增材制造机器需要仔细维护，并且最好不要在肮脏或嘈杂的环境中使用。尽管，机器通常被设计为可以自动运行，不需要人员持续监控，但定期检查是非常重要的，而且对于不同的技术，需要进行不同级别的维护。随着增材制造材料和工艺标准的使用越来越多，美国材料试验学会（American Society for Testing and Material，ASTM）增材制造技术委员会正在努力增加更多标准。

1.3　增材制造与传统制造的区别与关系

传统制造方法根据零件成型的过程可以分为两大类：一类是以成型过程中材料减少为特征，通过各种方法将零件毛坯上的多余材料去除，如切削加工、磨削加工、电化学加工等，这些方法通常称为材料去除法;另一类是材料的质量在成型过程中基本保持不变,如各种压力成型方法以及各种铸造方法,在零件成型过程中主要是材料的转移和毛坯形状的改变,这些方法通常称为材料转移法。这两类方法是目前制造领域中普遍采用的方法,也是非常成熟的方法,能够满足加工精度等各种要求。然而,随着市场日新月异的变化以及产品生命周期的缩短,企业必须重视新产品的不断开发和研制,才能在竞争不断激烈的市场中立于不败之地。传统的制造方法无法很好地适应新产品快速开发的需要,促使制造领域发生重大变革——增材制造技术的出现。增材制造与传统制造的比较如图1-2所示。

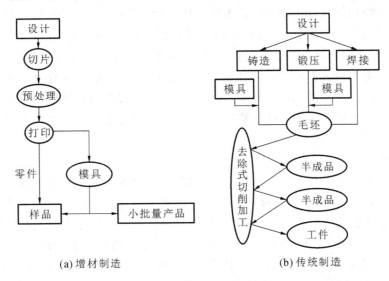

图1-2 增材制造与传统制造的比较

从以上对增材制造与传统制造的论述可以知道,它们两者之间的关系是相辅相成、密不可分的。增材制造技术主要是制造样品,也就是将设计者的设计思想、设计模型迅速转化为三维实体样件,生产的是单个样件或小批量样件。增材制造技术的精髓是在极短时间内,不使用刀具、夹具、模具和辅具,将设计思想实体化,主要应用于新产品的快速开发。而真正的大中批量生产还是要采用传统制造方法来实现。例如,在模具开发中铸造生产企业先采用增材制造技术,再采用传统制造方法进行大批量铸件生产,提高了生产效率和精度,降低了生产成本,缩短了新产品试制的时间,且改善了工人的工作环境。这使新产品能够尽早上市,提高了企业对市场响应的速度,使企业在激烈的市场竞争中存活下来。

1.4 增材制造的特点

1. 材料

增材制造技术最初围绕聚合物、蜡和层压纸,随后,复合材料、金属和陶瓷被引入。与传统材料相比,增材制造材料种类依然偏少。另外,增材制造对材料的品质也有严格的要求,以金属粉末材料为例,其纯净度、颗粒度、均匀度、球形度、含氧量等指标对最终打印产品的性能影响极大。

2. 效率

增材制造适用于小批量生产,与传统制造相比,由于单件产品耗时长、生产效率低,产品价格更高。采用增材制造技术可以快速开发、测试和制造部件和产品,避免了传统制造方法的烦琐过程,大大缩短了产品生产周期。

3. 复杂性

对于几何形状越复杂的模型,增材制造技术的优势越显著。采用减材制造和等材制造技术制造时通常需要很多步骤,甚至需要分局部进行制造,然后通过焊接来装配,不仅费时费力,留下的焊缝也影响美观。增材制造技术能够通过一体成型的方式完成复杂形状的打印任务,取代采用众多部件来装配产品的制造方法。

4. 精度

增材制造机器通常以几十微米的分辨率工作。沿着不同的正交轴,增材制造机器通常具有不同的分辨率。一般情况下,垂直打印轴对应于层厚度,与水平打印平面中的两个轴的分辨率相比,具有较低的分辨率。打印平面的水平精度主要取决于打印机构的定位能力,这通常涉及齿轮箱和电机等关键部件。打印机构的性能还决定了能够制造的最小特征尺寸。例如,在立体光固化工艺中,激光作为打印机构的一部分,通过振镜扫描仪传动装置实现精确定位。振镜的分辨率决定了打印零件的整体尺寸精度,而激光束的直径则决定了能够实现的最小壁厚。

5. 几何形状

增材制造机器本质上是将复杂的三维问题简化,将物体分解为一系列具有名义厚度的简单二维横截面。这样,三维表面的连续性由一个横截面与其相邻横截面之间的接近程度所决定。传统机械加工在制造复杂的三维表面时面临挑战,因为它们需要在三维空间中生成。对于简单的几何形状,如圆柱体、长方体、圆锥体等,这个过程相对简单,通过路径上的连接点来定义,这些点的间距可以相当大,而且工具方向是固定的。然而,在自由曲面的情况下,这些点可能变得非常近,并且方向会发生许多变化,即使使用 5 轴机床来加工和制造此类几何形状也极其困难。如果底切、封闭区域、尖锐的内角和其他特征超出了加工设备一定的限制,则这些特征都可能无法被加工出来。

6. 编程

数控加工程序非常复杂,包括刀具选择、机床速度设置等多个步骤。增材制造编程相对简单,程序的复杂性和潜在影响都较小。如果增材制造编程和工艺参数选择不当,那么只是零件不能被很好地制造出来,不存在机床严重损坏或者威胁人身安全的风险。

1.5 增材制造的发展

增材制造技术的发展是多学科、多技术融合的结果,它不仅需要先进的硬件设备和材料,还需要软件的支持和不断的技术创新,涉及材料科学、机械工程、计算机科学和化学等领域。与许多制造技术一样,计算能力的提高和海量数据存储成本的降低为现代三维计算机辅助设计中典型的大量数据处理铺平了道路。

然而,几乎没有迹象表明,20 世纪 40 年代制造的第一台计算机会明显改变人们的生活。晶体管和微芯片等发明使计算机变得更小、更便宜、功能更强、效率更高。计算机作为实用工具发展的一个关键在于它能够实时执行任务。早期的计算任务需要数小时甚至数天的时间来准备、执行和完成。这限制了计算机在日常使用中的普及,只有当任务可以实时完成时,计算机才被接受为日常用品,而不仅仅是学术界或大企业的专属工具。

增材制造充分利用了计算机的许多重要功能,包括数据和图形的处理、机器控制、网络连接和集成等功能。图 1-3 显示了上述功能是如何集成到增材制造机器中的。

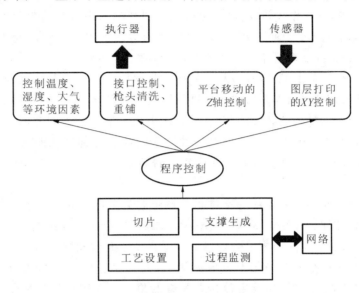

图 1-3 增材制造机器的功能集成

早期基于计算机的设计环境依赖于大型主机架和微型计算机。通常,运行图形和输入/输出功能的工作站与这些计算机相连。计算机负责执行复杂的计算任务,以操纵模型。因为处理器和内存组件在计算机硬件中是相对昂贵的元件,所以这种解决方案成本很高。随着这些组件成本的降低,个人计算机的普及成为可能。早期的个人计算机不足以取代基于工作站的计算机来执行复杂的任务,但个人计算机快速发展,很快就满足了除最昂贵的计算需求以外的所有需求。没有计算机,就无法显示 3D 图形。没有 3D 图形,3D 计算机辅助设计就无法实现。没有在 3D 中以数字方式表示物体的能力,我们使用机器制造复杂形状物体的愿望就会受到限制。总之,如果没有现代计算机技术的快速发展,我们就不会见证当今增材制造技术的蓬勃发展。

增材制造技术主要利用 3D 实体建模 CAD 软件的输出。目前,增材制造技术专注于复制几何形状,因此能够以最精确、最有效的方式生成这些形状的 CAD 系统是最佳选择。3D 模型中的任何不准确之处都会传递给所构建的增材制造零件。同时,每个 CAD 系统都需要一个切片算法,该算法必须兼容所有不同类型的增材制造技术。行业内公认使用 STL 文件来实现数据交流。未来对 CAD 技术的需求将随着增材制造的革新而发生变化。随着增材制造零件的功能越来越多,我们必须了解 CAD 系统中与增材制造相关的规则,以便优化 CAD 系统的输出性能。除了计算机技术的发展以外,材料处理技术、可编程逻辑控制器和可打印新材料的发展也有助于增材制造技术的进一步发展。

根据 ASTM/ISO 标准,增材制造技术可分为如下 7 大类。

(1) 立体光固化:通过光致聚合作用选择性地固化液态光敏聚合物的增材制造工艺。

(2) 粉末床熔融:通过热能选择性地熔化粉末床上特定区域的增材制造工艺。

(3) 定向能量沉积:利用聚焦热将材料同步熔化沉积的增材制造工艺。

(4) 薄材叠层:将薄层材料逐层黏结以形成实物的增材制造工艺。

(5) 材料喷射:将材料以微滴的形式按需喷射沉积的增材制造工艺。

(6) 材料挤出:将材料通过喷嘴或孔口挤出的增材制造工艺。

(7) 黏结剂喷射：选择性喷射液态黏结剂来黏结粉末材料的增材制造工艺。

20 世纪 80 年代和 90 年代初，增材制造相关专利和学术出版物的数量明显增多，出现了很多创新的增材制造技术。在同一时期，一些增材制造技术成功得到商业化，包括光固化技术、熔融沉积技术和激光烧结技术。但是在当时，高成本以及材料选择、尺寸和精度的限制阻碍了增材制造技术在工业上的广泛应用，这使得它只能用于制作少量快速原型件或模型。随着相关技术的发展，新的增材制造技术不断被发明且现有技术也在不断得到革新。研究人员开始将注意力集中在增材制造软件的开发上，因此出现了增材制造的专用文件格式和专用软件。增材制造技术具有即时生产高精度和设计复杂的高性能部件的能力。多种不同的增材技术互相竞争、互相促进，不同的增材制造技术的特点开始显现，它们的应用方向也逐渐明朗。

大多数具有开创性和商业成功的增材制造系统源自美国公司。新兴的增材制造公司则多来自欧洲，比如德国的 EOS 和 SLM Solutions、瑞典的 Arcam 和比利时的 Materialise。随后，中国、日本、韩国和以色列的相关公司也加大了在增材制造领域的投入。

传统制造业中的标准在产品的开发和制造，以及商品的供应和服务方面发挥着重要作用，同样地，增材制造领域内的标准也扮演着关键的角色。美国已经制造了一系列涵盖粉末材料、打印工艺以及后处理等全产业链的增材制造标准。与此同时，国内在增材制造工艺中对构件组织形貌的表征、控制和认证方面尚缺乏明确标准，目前主要通过尺寸精度、致密度和力学性能等宏观指标来评估打印质量，而微观组织验证标准尚未建立。此外，尽管行业内普遍认同增材制造构件需要通过后续热处理来提升其综合性能，但目前针对这类构件的热处理标准仍然沿用传统的铸件或锻件标准，这些标准并不完全适用于增材制造工艺。这种情况限制了增材制造技术的广泛应用，且不能充分发挥其在产品、技术和市场上的优势。为了促进增材制造技术的发展，相关从业人员和机构应聚焦于典型的增材制造工艺和相关标准，探索建立增材制造标杆企业所需的环境，明确需要评估的主要技术指标和内容分类；制定统一的增材制造产业评价标准，引导市场优先选择符合这些标准的产品和服务，逐步建立正向激励机制，推动技术创新、标准研制和产业升级，形成协同发展的良性循环。

1.6　增材制造技术的应用

增材制造技术的应用始于 20 世纪 80 年代，涵盖产品开发、数据可视化、快速成型和特殊产品制造领域。在 20 世纪 90 年代，增材制造技术在生产领域（分批生产、大量生产和分布式制造）中的应用有了进一步发展。21 世纪初，增材制造相关器械销量大幅增加，价格大幅下降。同时，增材制造技术也派生出许多应用服务，涵盖建筑、工程建造、工业设计、汽车、航空、口腔和医药工业、生物科技、时尚、珠宝、眼镜、地理信息系统、饮食等领域。

早期增材制造技术成本比较高，但是它具有无模具的优势，较多用在偏定制化、修复零件的小规模需求层面，所以早期增材制造技术呈现出低频少量、市场空间小、技术成熟度低的特点。随着科技的发展，增材制造技术呈现出高复杂度、轻量化的特点。下游终端领域设计环节的工作人员的认知也在逐步提升，增材制造技术成了改良某些武器装备的重要选择，在航空航天领域，尤其在导弹、无人机等耗材属性比较强的细分领域，增材制造技术得到长足发展。从增材制造技术的发展历程和现状看，产品规模从最开始的修复性和定制化需求，逐步发展为上千件上万件的小规模需求，直至目前在消费电子领域出现了比较大的突破，产品规模有望实现百万级甚至千万级的突破。

增材制造产业链主要分为上游、中游和下游三个部分。上游环节主要涉及原材料和核心的硬件与软件,其中原材料包括金属和非金属两大类,金属中约有40%是钛合金,硬件则主要涉及激光头等关键组件。中游环节主要涵盖增材制造设备的生产和相关服务。下游环节则是指增材制造技术在各个领域中的应用,包括航空航天、医疗、汽车、消费电子等行业。随着多年的发展,增材制造产业链已经衍生出多种企业类型,这些企业在业务上有所交叉,共同构建了一个多元化的行业生态。总的来说,增材制造技术的应用正在不断细化并逐渐落地,市场前景十分乐观。下文将详细介绍增材制造技术在航空航天、汽车、生物医学、食品和文化创意等领域中的具体应用。

1.6.1 增材制造技术在航空航天领域中的应用

航空航天产品因为其特殊的工作环境,对制造技术和金属加工提出了极高的要求。增材制造技术在完善产品制造工艺、降低产品研制和生产成本,以及实现总体设计思想方面发挥着至关重要的作用。此外,增材制造技术凭借其独特的优势,为工业产品设计和制造方法带来了革命性的变化,为航空航天产品的设计与研发、模型和原型的制造、零部件的生产以及产品的测试提供了全新的思路。

德国弗劳恩霍夫研究所在1995年首次提出了激光粉末床熔融技术,并在2002年实现了该技术的实质性突破。此后,全球主要的航空航天企业都将这种能够制造精密复杂金属构件的技术列为重点发展领域。2005年,我国北京航空航天大学的王华明教授团队成功地将国内首款3D打印钛合金零件应用于飞机,使中国成为继美国之后第二个掌握飞机钛合金结构件激光增材制造技术的国家。2013年,美国Sciaky公司采用电子束自由成型制造技术生产的钛合金零件在F-35战斗机上成功进行了试飞。自2015年起,GE公司将增材制造燃油喷嘴应用于LEAP发动机,其生产数量已超过10万个。这成为金属增材制造技术在航空发动机领域量产应用的典范,并开启了增材制造技术在航空发动机领域的应用新篇章。美国雷神公司也利用增材制造技术制造了制导武器所需的所有部件,包括火箭发动机、引导控制系统部件和导弹尾翼等。2021年,我国西安交通大学的卢秉恒院士团队采用电弧熔丝增减材一体化制造技术,成功制造了世界上首个10 m级高强铝合金重型运载火箭连接环样件(见图1-4),实现了整体制造工艺稳定性、精度控制及变形与应力调控等方面的重大技术突破。2022年7月,美国"埃塞克斯"号航空母舰在环太平洋演习期间对舰上的增材制造设备进行了测试,进一步展示了增材制造技术在军事领域的应用潜力。

图1-4　10 m级高强铝合金重型运载火箭连接环样件

1.6.2 增材制造技术在汽车领域中的应用

增材制造技术在汽车领域中的应用主要涉及四个生产阶段：概念模型设计、功能验证原型制造、样机评审以及小批量定制成品生产。这一技术的应用已经从最初的概念模型发展到功能原型，并进一步扩展到发动机等核心零部件的设计领域。在新车开发过程中，通常会先制作小比例模型来模拟汽车造型的实际效果，供设计人员和决策者评审和确认。随后，会制作实际大小的模型进行各项试验和测试，并利用增材制造技术来制作和安装车灯、座椅、方向盘和轮胎等汽车零部件。2014 年，瑞典超级跑车制造商柯尼赛格发布了新车柯尼赛格 One:1，其中使用了多项增材制造零部件，如风道、可变涡轮增压器壳和钛制排气端块。同年，Local Motors 公司在美国芝加哥举行的国际制造技术展览会上现场打印了设计比赛的冠军车型 Strati。这款电动车的黑色车身和底盘完全通过增材制造技术制造，材料为碳纤维增强型塑料，而电动机、座椅、轮胎和挡风玻璃则采用传统方法制造。Strati 电动车（见图 1-5）的车身、底盘、车轮和制动系统的总质量仅为 450 lb（1 lb＝0.4536 kg），整车仅有 47 个零件，相比之下，普通汽车通常有数万个零件。

图 1-5　Local Motors 公司的增材制造汽车 Strati

德国汽车制造商戴姆勒集团，旗下拥有奔驰、Smart 和迈巴赫等品牌，已经将增材制造技术应用于多种零件的生产。自 2017 年起，戴姆勒与合作伙伴共同开展 NextGenAM 项目，旨在建立利用金属粉末床熔融（powder bed fusion，PBF）技术进行大规模零件生产的新一代标准流程。NextGenAM 平台已应用于部分卡车零部件的生产，其在汽车零部件生产方面的潜在应用也在评估之中。戴姆勒已将增材制造技术完全集成到商用车领域的产品开发和批量生产中，通过集团范围内的研究和重点项目攻关，实现了快速将增材制造技术应用于戴姆勒卡车和客车的开发。

增材制造技术融合了信息技术、材料技术、控制技术和智能制造技术，能够很好地满足汽车行业的制造需求。在竞争激烈的汽车行业中，越来越多的制造商开始采用增材制造技术进行大批量生产前的低成本测试产品制造和定制化配件生产。虽然目前增材制造技术还未广泛应用于大规模生产，但它已经成为车企在材料研发、样品认证和小批量零件生产等方面的重要技术。预计增材制造技术将在汽车行业带来重大突破，并在推动行业向更高层次发展中发挥重要作用。

1.6.3 增材制造技术在生物医学领域中的应用

增材制造技术在临床医学中已得到大规模应用。它在小规模生产中也展现出显著优势，特别是在需要频繁调整剂量和制造具有复杂几何结构的药物方面。增材制造技术有利于满足患者的个性化需求，并能够实现特定的药物释放曲线，而这在传统的批量生产过程中是难以达成的。例如，增材制造技术能够轻松制造出具有复杂几何结构的剂型，包括内部通道、蜂窝状、网状或螺旋形的微结构制剂。由于可以精确控制结构和层序，通过调整材料的形态、尺寸和体系结构(例如，通过复合多层或壳核剂型)，可以定制药物释放曲线，从而提供至少一种具有可变释放速率的活性药物成分。Awad 等人利用增材制造技术成功制造了毫米级药丸，这些药丸含有空间上隔离的两种药物(对乙酰氨基酚和布洛芬)。通过更换聚合物，可以实现定制的双重药物释放：一种药物能立即从基质中释放，而另一种药物则通过使用乙基纤维素实现长效作用。如图 1-6 所示，增材制造技术在制药学中用于制造不同类型的药物制剂。

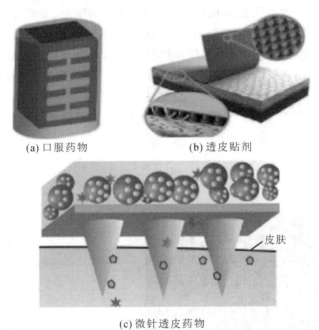

图 1-6 增材制造技术在制药学中用于制造不同类型的药物制剂

增材制造技术也可用于生产特制医疗器械，能够为患者量身定制最终产品，并且以较低成本实现。在骨科损伤治疗中，硬结构植入物扮演着至关重要的角色，它们帮助患者复位结构、维持结构完整性和恢复运动能力。尽管大多数植入物都有适合不同患者的标准尺寸，但对于解剖结构变异或特殊疾病患者，可能需要定制植入物以确保正确匹配。类似于牙科，基于患者解剖结构的 CAD 模型可以通过放射成像技术确定，使得利用增材制造技术来设计和制造植入物成为可能。骨科植入物需要与患者骨骼整合(或再生)，以建立组织支撑并防止植入失败。具体来说，定制的骨科植入物能与生长中的骨骼无缝结合，其柔韧设计避免了应力屏蔽。这种植入物可以通过选择性激光烧结技术使用钛合金(Ti-6Al-4V)制造。颅骨重建植入物也可以使用聚醚醚酮、不锈钢和金属钛制成，并根据个别患者需求定制和预先制作。Zhang 等人描述了一种钛铜合金，该合金在增材制造过程中展现出完全等轴的细晶粒组织，具有良好的力学性能、优异的抗菌性能、良好的生物相容性和耐蚀性。目前，对组织和器官的生物增材制造需求日益增长。使用细胞相容性材料重建复杂组织结构一直是一个重大挑战。例如，脊椎动物的循环系统和肺系统包含相互缠绕但不相交的单独通道网络。模拟这些结构是非常复杂的，且在微加工方面要求严格。增材制造技术已成功用于制造软结构植入物，如心脏组织、肾脏、肝脏、血管、耳朵和软骨。然而,为了减少增材制造解剖模型与人体软结构之间的差异,仍需进一步研究。例如,Grigoryan等人的研究表明,天然和合成的食品级染料可以用作光吸收剂,通过立体光固化工艺生产包含复杂和功能性血管结构的水凝胶。Homan等人和Johnson等人的研究证明,在血流状态下培养的血管化肾脏类器官扩大了内源性内皮祖细胞池,并生成了由壁细胞包围的可灌注管腔的血管网络(见图1-7)。

增材制造技术已广泛用于制造牙科零件、创伤性医疗植入物以及整形外科医疗器械。在外科手术中,其应用还包括解剖模型、矫形器、假肢和手术器械。解剖模型对于术前规划和教育培训至关重要。矫形器和假肢,包括可植入的材料和外部装置,都有着广泛的应用。个性化定制的手术器械对于确保手术的精确性和提高手术的效率非常重要。

例如,肢体丧失是一个重大的创伤性事件,无论是由于事故、军事冲突还是为了治疗日益严重的肿瘤或其他疾病而做出的决定。截肢对患者的生活质量有着长期影响。利用能够持久满足机械要求的假腿和假手臂可以有效地恢复站立和行走等运动功能。然而,由传统制造方法制作的假肢可能无法满足所有特定患者的需求。增材制造技术使制造商能够为截肢患者生产出成本低且功能完备的假肢。Zuniga等人利用增材制造技术为上肢脱臼的儿童设计了一种低成本的假手(见图1-8)。后续的调查结果显示,在家庭和学校的多种活动中,这种假手能显著提升儿童的生活质量。

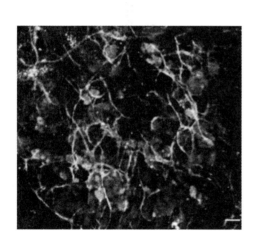
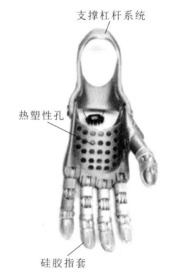

图1-7 在高血流状态下,体外培养的肾脏类器官表现出在肾脏发育过程中增强的血管生成能力

图1-8 基于增材制造技术的假手

1.6.4 增材制造技术在食品领域中的应用

3D食品打印机是增材制造技术应用于食品行业的典型代表。它使用的并不是传统墨盒,而是先把食物的材料和配料放入容器,再输入食谱,直接打印。3D食品打印机还负责后续的烹饪过程,输出的不是一张又一张的文件,而是真正可以吃的食物。它采用一种全新的电子蓝图系统,不仅方便打印食物,而且可以帮助人们根据自己的需求,设计出不同样式、不同种类的食物。它所使用的"墨水"均为可食用原料,如巧克力酱、面糊、奶酪等。用户在电脑上设计好食物的样式并配好原料后,电子蓝图系统便会显示出打印机的操作步骤,完成食物的整个打印过程,方便快捷。例如,美国哥伦比亚大学乔纳森·布鲁汀格教授和他的团队尝

试打印出多种芝士蛋糕,这些蛋糕包含 7 种关键成分:全麦饼、花生酱、巧克力酱、香蕉泥、草莓果酱、樱桃淋酱和糖霜。全麦饼作为蛋糕的基础层;花生酱等作为支撑层,形成坑洼,以容纳较软的成分(如香蕉泥等)。

3D 打印食品技术能让主厨在毫米级精度上调整香味和质感,创造出新的食品。这种技术兼顾营养和制作便利性。传统的烹饪器械,如切割刀具和烘烤模具,往往受限于精度,难以加工出复杂多样的形状。通过"数字烹饪技术"可以实现传统烹饪技术无法达到的口味和美观外形。用户只需将食材放入 3D 食品打印机传送带上的食盒,即可制作出精美、多层次、多口味的食品。例如,美国 BeeHex 公司开发出一款比萨打印机,允许用户根据个人喜好设定比萨的大小、形状、配料、热量等,只需要 1 min 就能打印出定制的比萨。

人类制作食品的历史是一个从低效率向高效率转变的过程。历史上,有关食品的故事往往内含食品浪费的细节。然而,增材制造技术的出现使得肉类生产变得更加高效。例如,养殖一头牛往往需要数年时间,而在实验室里制作相当于一头牛提供的牛排只需要几周时间。目前,3D 打印人造肉的生产几乎完全自动化,不需要大量的土地和劳动力,还可以根据需求添加或减少不同的营养元素。未来,3D 食品打印机将配备触控屏、内置记忆卡和网络连接设备,帮助用户记录并上传食材配方、质量、营养含量和口味等数据。

1.6.5 增材制造技术在文化创意领域中的应用

近年来,随着增材制造技术的发展及推广,它已广泛应用于工业创意产品、首饰、影视动漫、旅游文化等文创行业。增材制造技术的普及对文化创意产业产生了较大影响。对于传统制造技术而言,物品形状越复杂,其制造成本越高,这对于消费者、企业和相关部门都是一笔不小的开支。但是随着增材制造设备的普遍使用,物品的复杂度将不再与成本构成正比关系,并且产品精细度较传统成型工艺有了较大的提高。例如,在敦煌莫高窟的修复中,专业人员使用 3D 打印机制造出逼真的附件和模型,这一过程避免了直接对文物的修复,同时保护了文物,减小了损失。

利用增材制造技术,设计人员可以不考虑产品的复杂程度,仅专注于产品形态创意和功能创新,实现了所谓的"设计即生产"。这突破了以往产品造型和结构设计的局限,达到了产品创新的目标。例如,在考古学研究中,传统的考古研究需要手工细致地挖掘和分类文物,速度慢且不够精确;现在,考古学家可以利用扫描仪和摄像机对文物进行三维扫描,将扫描结果导入 3D 打印机中制造出复制品,以便在复制品上进行实际操作,重建遗址或者重新组合文物和遗迹。

艺术赋予人们无限的想象空间,艺术构想来源于生活。一件有灵魂的艺术作品是设计师对生活的理解和沉淀。艺术创造是还原艺术构想的能力。在 3D 打印技术尚未得到广泛应用的年代,传统工艺难以制作出具有极致曲线面的艺术构造,依赖于手工师傅的精湛技艺去再现作品的设计精髓,制作时间长且可修复性低。随着 3D 打印技术的广泛应用,一大批优秀的设计师将极具艺术美感的设计作品精确形象地呈现给观众。例如图 1-9 所示的

图 1-9　3D 打印作品——灯

2020 A'Design Award 设计大奖中 3D 打印产品类获奖作品之一,该作品由透镜覆盖,在白天是人工艺术品,而在夜间是从不同的视角显示动态颜色的灯。人们通过它扩展了对物质存在和体验的二元认识,重新想象了人、空间和物体之间的关系。

本章课程思政

在航空航天领域,增材制造技术具有快速制造单件小批量复杂结构的优势。当前,多型重点装备的关键零部件(如铰链、支架、内部组件、发动机等)均已通过增材制造技术实现了工艺替代及应用。此外,增材制造技术在航天装备、新型空天装备等研究中也发挥着重要的支撑作用。为此,我们要做到以下几点:一是树立强烈的创新自信,着力攻克关键核心技术,勇于攀登科技高峰;二是大力弘扬新时代科学家精神,学习老一辈科技工作者矢志报国的精神;三是发扬创新进取精神,迎难而上、攻坚克难,为把中国建设成为科技强国而努力。

思 考 题

1. 增材制造技术有哪些优点?
2. 为什么 3D 打印机至今尚未在家庭中得到广泛应用?
3. 你认为增材制造技术将来会给你的日常生活带来什么好处?
4. 增材制造技术是如何提升制造业的环保优势和可持续性的?
5. 你认为哪些增材制造工艺最适合家庭使用,为什么?
6. 增材制造技术可以和哪些技术相结合,从而应用到更多领域?
7. 简要描述一些有助于增材制造技术进步的技术。
8. 增材制造技术面临哪些挑战?
9. 增材制造技术面临哪些伦理问题?

第 2 章 粉末床熔融

2.1 简 介

粉末床熔融(PBF)是指其原料具有离散的粉末形态,通过成型源(能量源)对粉末进行熔融。能量源包括激光束、电子束,以及红外加热器。据此,PBF 可进一步细分为电子束粉末床熔融(electron beam powder bed fusion,EB-PBF),它也称电子束熔化(electron beam melting,EBM);激光粉末床熔融(laser powder bed fusion,L-PBF);基于红外加热器成型的高速烧结(high speed sintering,HSS)、选区抑制烧结(selective inhibition sintering,SIS)、选区掩模烧结(selective mask sintering,SMS)等。为方便读者理解,对上述关系进行简单梳理,如图 2-1 所示。

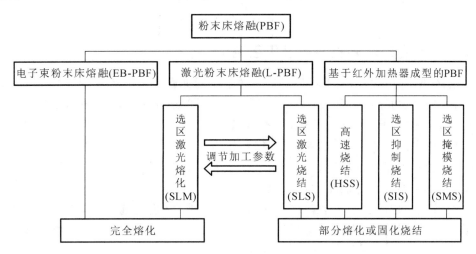

图 2-1 粉末床熔融的子分类

2.2 基 本 原 理

2.2.1 EBM 设备平台及工艺流程

电子束熔化(EBM)设备平台示意图如图 2-2 所示。EBM 以电子束作为能量源。成型氛围为高真空环境,可以避免电子与气体分子的碰撞。通过偏转线圈控制电子束,摆脱了机械运动中惯性的限制(如振镜系统),使得电子束的扫描速率远高于激光束。然而,EBM 过程易出现"吹粉"现象,即金属粉末在熔化前偏离原来位置的现象。EBM 具有较高的成型效率、转换效率以及吸收率,可实现高温预热粉床和低应力成型。EBM 工艺流程和 L-PBF 类似,即抽真空/回填氦气—预热底板—送粉/铺粉—粉床预热—电子束扫描成型—成型平台下降—送粉/铺粉,重复直至打印完毕。

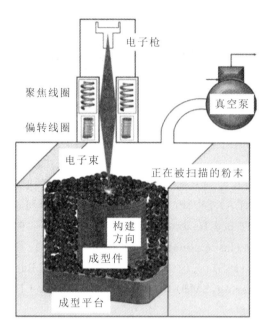

图 2-2 EBM 设备平台示意图

2.2.2 SLS/SLM 设备平台及工艺流程

激光选区烧结/熔化(SLS/SLM)设备平台示意图如图 2-3 所示。成型腔室在经过抽真空之后,回填惰性保护气体,如 N_2、Ar、He 等,最大限度地避免了高温下粉末氧化问题。保护气体回填后,对成型平台进行预热,当预热温度达到设定值之后,粉仓(左侧储粉容器)上升,使得过量粉末高于工作面,铺粉装置(铺粉辊、刮刀等)将这部分粉末均匀铺送至成型平台上,而多余的粉末将被铺粉装置送至粉末回收仓(右侧储粉容器)进行回收。随后,激光束根据 CAD 模型的二维分层轮廓,通过振镜系统的帮助,在 x-y 方向上对粉末床进行扫描和填充。经激光扫描的粉末不但与同层相邻的粉末熔合,也与前一打印层熔合,未经激光扫描的粉末对成型件起到束缚和支撑的作用。重复上一步骤,直至整个三维实体零件制备完成。

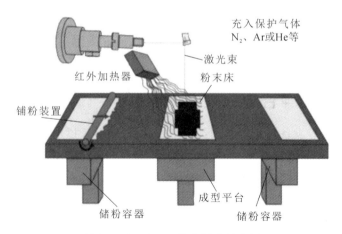

图 2-3 SLS/SLM 设备平台示意图

EBM 与 SLS/SLM 的主要差异点对比如表 2-1 所示。

表 2-1　EBM 与 SLS/SLM 的主要差异点对比

差异点	EBM	SLS/SLM
能量源	电子束	激光束
成型气氛	真空（$\sim 10^{-5}$ mbar）	N_2、Ar、He 等惰性气体
扫描系统	偏转线圈	振镜系统
束能吸收限制因素	电导率	激光吸收系数
预热方式	快速移动的失焦电子束	红外或电阻加热器
最快扫描速率（量级）	$\sim$1000 m/s	$\sim$1 m/s
束斑尺寸	$\sim$200 μm	$\sim$100 μm
表面质量	中下	中上
成型精度	$\pm$0.3 mm	$\pm$0.1 mm
成型材料	金属（电的良导体）	聚合物、金属、陶瓷等
粉末粒径	上百微米	几十微米

2.2.3　基于红外加热器成型的 PBF 设备平台及工艺流程

将能量源从激光束或电子束换成红外加热器，可以降低设备的造价成本及后期的维护费用。这一小节将简单对比介绍三种基于红外加热器成型的 PBF 技术，它们分别是高速烧结（HSS）、选区抑制烧结（SIS）及选区掩模烧结（SMS）。

HSS 工艺流程示意图如图 2-4 所示，其分为两步：第一步是利用微滴喷射技术将吸热增强剂（heat absorption enhancer）由粉末床上方的喷头喷射至需要熔合的粉末上；第二步是利用红外加热器对整个粉末床进行扫描加热，使得喷射有吸热增强剂的区域熔化成型。

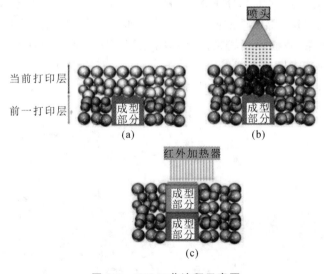

图 2-4　HSS 工艺流程示意图

SIS 利用喷头向粉末床喷射抑制剂（inhibitor）。抑制剂可以抑制粉末熔化，从而达到选择性熔化的目的。SIS 还可以利用掩模来遮挡不发生熔融的区域。与 HSS 相比,SIS 的成型区域全由粉末材料构成,未成型区域的粉末由于含有抑制剂,限制了粉末的回收利用。

SMS 无须进行选择性"喷墨",而是利用动态掩模(dynamic mask)通过红外加热器选择性地对粉末床进行烧结,成型效率高,但要求粉末对红外线有很高的吸收效率,这限制了粉末材料种类的扩展。

2.2.4 粉末熔融机制

粉末熔融是零件得以成型的原因,目前,在 PBF 中被认可的粉末熔融机制主要有四种:完全熔化(full melting)、固态烧结(solid-state sintering)、液相烧结(liquid-phase sintering)(或部分熔化(partial melting)),以及化学诱导烧结(chemically induced sintering)。它们的关系可以由图 2-5 展示。

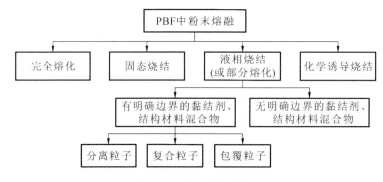

图 2-5 粉末熔融机制

1. 完全熔化

完全熔化发生在 SLM 和 EBM 中,是一种能够一次成型出高致密度零件的熔融机制,作用对象通常是金属、合金,以及半晶态聚合物(后者不在 EBM 加工范围内)。完全熔化意味着在能量束(激光束或电子束)扫描中心处,有熔池(melt pool)形成,当前打印层粉末完全液化,大多数情况下,前一打印层发生部分重熔(见图 2-6)。其中,熔池的形貌受到表面张力、表面张力梯度驱动的对流(Marangoni 效应)和热对流等作用的影响,这些作用大多与能量束的能量密度紧密相关。通常,我们可用线密度或体密度等不同的表达方法来表示能量密度(这些方法的计算是粗略的),能量线密度可表示为 $E_L = P/v$,而体密度可表示为 $E_V = P/(vht)$,其中,P 是能量束功率,v 是扫描速度,h 是扫描间距,t 是层厚度。当然,以上表达式并非唯一。

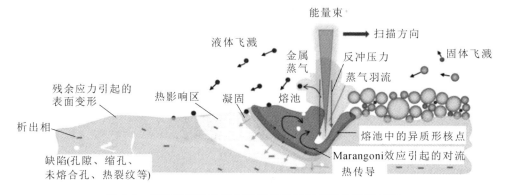

图 2-6 能量束与粉末床作用时涉及诸多复杂的物理过程

一般地，不同的能量密度会导致熔池在形成过程中呈现出两种截然不同的模式，这与激光焊接中的现象相似。一类熔池接收的能量密度较低，其形貌较浅，垂直于扫描方向的横截面近似半圆形，深宽比例通常小于1∶2，这就是传导模式（见图2-7（a）），这种模式下的熔池表面多呈鱼鳞状；另一类熔池接收的能量密度较高，粉末不但可以发生液化，甚至还可以在能量束照射中心处发生蒸发气化，这种气化可以引起较大的反冲压力，从而使得原本较平滑的熔池表面严重下陷（见图2-6中的熔池），这就是匙孔模式（见图2-7（b））。匙孔模式下的熔池的深度较大，深宽比例大于2∶1。

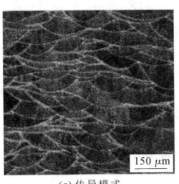

(a) 传导模式　　　　(b) 匙孔模式

图 2-7　熔池的不同模式

目前，对于一般的金属材料（如铜、钴、镍、铝、钛等）和半晶态聚合物材料（如尼龙）的成型，都可以直接运用完全熔化的机制。由此制备的金属成型件的致密度通常可以达到95%以上。

2. 固态烧结

固态烧结是指粉末在固态下进行熔合，依赖的是原子在不同粉末粒子之间的扩散，驱动力是粉末的总表面能降低，即通过减小粉末的总表面积来实现。因此，为了原子有一个相对较快的扩散速率，固态烧结适宜的温度通常为熔点的一半（绝对温度）。粉末粒子之间的熔合过程如图2-8所示。左图表示排列紧密但尚未发生固态烧结的粉末粒子。当受能量源辐照之后，粉末温度上升，原子扩散速率可视为遵照阿伦尼乌斯方程规律大幅上升，因此，相邻粉末粒子表面接触处的原子相互扩散，并形成烧结颈，见中图。随着烧结程度的进一步增大（即继续升温或延长烧结时间），烧结颈变粗，粉末总表面积减小，成型件内部孔隙率降低，见右图。

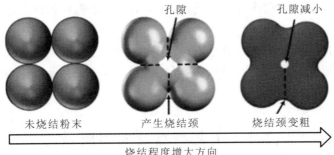

图 2-8　粉末固态烧结的过程

然而，因为固态烧结机制的特性，能量源必然以低速率扫描，导致成型效率较低。另外，固态烧结的成型件内部不可避免地存在大量的孔隙，通常需要二次烧结、熔渗等后处理。因此,当设备和材料能够实现完全熔化时,一般很少考虑使用固态烧结作为增材制造过程中粉末的熔合机制。事实上,已有学者提出一种观点:固态烧结这种机制在成型阶段根本难以实现(在后处理阶段可以实现)。这是因为移动热源(如激光束)在某一粉末粒子上的停留时间极短,通常为毫秒量级,利用固态烧结不足以使粉末发生熔合。

3. 液相烧结(或部分熔化)

液相烧结可细分为"粉末的一部分液化"及"一部分的粉末液化"。前者可归属于液相烧结(或部分熔化)分类下的"有明确边界的黏结剂、结构材料混合物"一类,而后者对应于"无明确边界的黏结剂、结构材料混合物"一类。

对于"有明确边界的黏结剂、结构材料混合物"一类,粉末原料是一种由黏结剂(binder)和结构材料(structural material)组成的混合物。如何将黏结剂和结构材料混合在一起,这一问题引出三种不同的粉末构型,即分离粒子(separate particles)、复合粒子(composite particles)及包覆粒子(coated particles)。

分离粒子(见图 2-9(a))采用最简单的机械混合方式,例如,使用低能球磨法将两种材料的粉末均匀混合。分离粒子的优点在于可以低成本地制备混合粉末原料,并且适用于大多数液相烧结的场景。然而,黏结剂与结构材料的密度差异会导致最终黏结剂与结构材料的比例不均匀,影响成型质量。

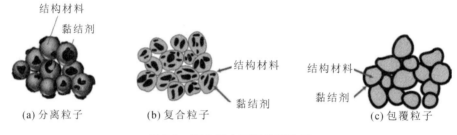

图 2-9　混合粉末不同粒子构型

使用机械合金化的方法可得到复合粒子(见图 2-9(b)),但粉末粒子间剧烈的碰撞和断裂使得粉末的球形度很差,严重影响铺粉质量。此外,复合粒子虽然同时包含黏结剂和结构材料,但并不能精确控制粉末粒子的构型,导致成型过程不可控。

针对这一问题,另一类粒子构型的设计被提出,就是包覆粒子(见图 2-9(c)),在结构材料粉末外部覆盖一层黏结剂涂层。这种构型的优点是保证黏结剂最先受热和熔化,有利于黏结剂更高效地填充至结构材料粉末的间隙处,且基本不破坏结构材料粉末原有的球形度。

4. 化学诱导烧结

化学诱导烧结所使用的粉末原料也不存在明确的黏结剂,而是通过成型过程中特定的热激发化学反应生成黏结剂。例如,在保护气体(如 N_2)下对 Al 粉末进行加热,生成的 AlN 可作为黏结剂,从而完成烧结。

2.3　工艺特点及成型质量

2.3.1　PBF 的优缺点

除了增材制造共有的优缺点(如超高的成型自由度、自动化控制、STL 数据转换误差、表面台阶效应、性能各向异性、需要后处理等),以下是PBF工艺特有的优缺点。

PBF的优点包含:① 成型原料的种类较多,如聚合物、金属、合金、陶瓷、复合材料;② 可以直接成型金属零件;③ 一般无须支撑结构;④ 粉末回收率较高。

PBF的缺点/限制在于:① 难以避免冶金缺陷,如合金元素挥发、飞溅、球化、孔隙、裂纹等;② 表面粗糙度相对较大;③ 局域过高的热能输入可能使得成型件发生翘曲变形;④ 设备可靠性/稳定性需进一步优化;⑤ 粉末原料及粉末床熔融设备造价和维护成本较高;⑥ 粉末的贮存和回收存在很大的风险;⑦ 无法同时成型不同类型的粉末原料。

2.3.2 PBF过程易引发的缺陷

如前所述,在金属/合金的粉末床熔融过程中,冶金缺陷极大可能会产生。

1. 合金元素挥发

在移动热源(激光束或电子束)辐照中心处,熔池的温度可高达2000 ℃以上,低熔点、沸点合金元素瞬间气化形成金属蒸气。这一方面使得熔池元素不均匀,另一方面,金属蒸气严重影响热源的穿透性,影响粉末对能量的吸收而造成二次缺陷。

2. 飞溅

粉末床熔融包含五种不同的飞溅:固体飞溅、金属射流飞溅、粉末团聚飞溅、夹带熔化飞溅,以及缺陷诱导飞溅。除第一种之外,其他四种都属于液体飞溅。图2-10简单描述了前三种飞溅。其中基板层中的大尺寸不规则虚线勾勒出熔池边界,图2-10(b)中上方的虚线表示金属小液滴,粉末层中的虚线表示粉末原料。

固体飞溅是指金属蒸气产生的反推力将熔池附近尚未熔化的粉末推离粉末床的现象,如图2-10(a)所示。固体飞溅会造成粉末床厚度不均匀,但它对成型件的打印质量的影响相对较小。

金属射流飞溅是指金属蒸发产生反冲压力使熔池表面出现凹陷,并在凹陷区边缘产生较大的剪切力,当两种力的合力大于熔池的表面张力时,凹陷区边缘的流体会高速脱离熔池,形成金属射流飞溅,如图2-10(b)所示。注意,越不稳定的熔池越容易产生此类飞溅。

粉末团聚飞溅是指粉末熔化形成的液滴未融入熔池,而是被金属蒸气持续推向熔池前方并不断变大,最终被推离粉末床的现象,如图2-10(c)所示。

飞溅使得熔池失稳,增大熔池缺陷产生的可能性。少量飞溅还会回落到沉积层表面,影响铺粉,并在飞溅物底部留下间隙,易造成孔隙缺陷。此外,它还会严重影响沉积层表面粗糙度,降低表面质量。飞溅的形貌如图2-11所示。

L-PBF是一个多因素交互作用的过程,会导致多层堆积过程复杂、不稳定且更具敏感性。某个因素的微小扰动都有可能引发连锁效应,导致不稳定堆积在后续堆积层中不断累积,最终使堆积层生长过程失稳。

3. 球化

球化是因为粉末床没有良好的润湿性,或者金属液滴在表面张力的作用下克服流体动力、重力、黏附力等的作用,断开成一连串的球状液体。图2-12从左到右依次展示了连续且平直的、连续且隆起的、不连续且轻微球化的、不连续且严重球化的打印单道。

球化不仅会造成铺粉困难(类似飞溅),引入孔隙,增大表面粗糙度,还将导致道与道、层与层之间结合力较差,严重时甚至引起分层。

球化可归结于粉末自身状态或特性、工艺参数和扫描策略不合适等,如粉末表面存在氧

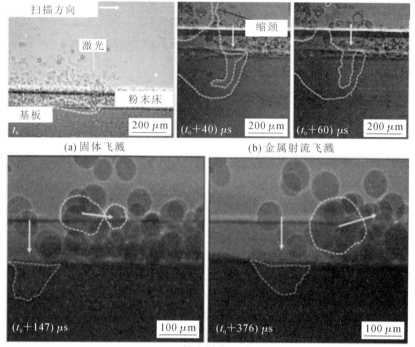

(a) 固体飞溅　　　(b) 金属射流飞溅

(c) 粉末团聚飞溅

图 2-10　粉末床熔融的飞溅

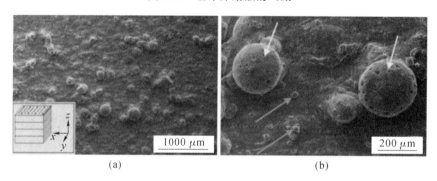

(a)　　　(b)

图 2-11　飞溅的形貌

化物层、输入能量密度较小。

4. 孔隙

孔隙在成型件中也是常见的缺陷,主要分为三种类型,分别是未熔合孔(lack-of-fusion pores)、气孔(gas pores)及匙孔诱导孔(keyhole-induced pores)。

未熔合孔是由于输入能量密度偏小,粉末未能完全熔化,在道与道、层与层之间留下孔隙(见图 2-13)。未熔合孔的尺寸通常在十几到几十微米之间(小于一个熔池的跨度)。在未熔合孔中容易找到未熔化的粉末颗粒。

气孔的产生通常有两个关键原因:一是 PBF 使用的粉末通常由气雾法制得,粉末本身存在气孔,即"空心粉"(见图 2-14(a));二是气体卷入熔池中来不及逸出而形成气孔。气孔的典型特征是规则球状,且尺寸较小(亚微米到几十微米的量级),如图 2-14(b)所示。

匙孔诱导孔与匙孔的形成有关。匙孔使熔池中形成一个狭长的空腔,如图 2-15(a)所示;若该空腔在成型过程中没有很好的稳定性,则空腔中部的前壁与后壁极易发生连接而被"夹

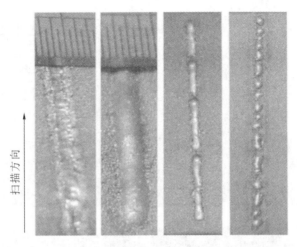

图 2-12 未球化及球化单道的对比

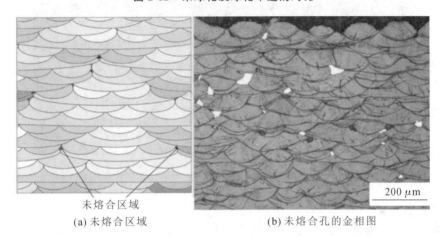

(a) 未熔合区域　　　　　　　(b) 未熔合孔的金相图

图 2-13 微观结构图

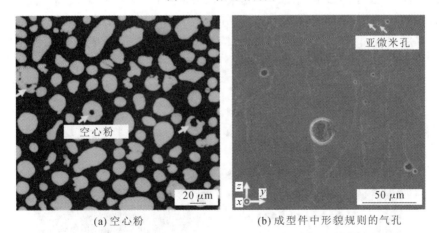

(a) 空心粉　　　　　　　(b) 成型件中形貌规则的气孔

图 2-14 粉末微观结构图

断"(pinch-off),如图 2-15(b)、(c)所示;冷却后形成较大的孔洞(几十微米到上百微米),如图 2-15(d)所示。

5. 裂纹

裂纹通常可以分为三类:凝固裂纹(solidification cracks)、液化裂纹(liquation cracks),以

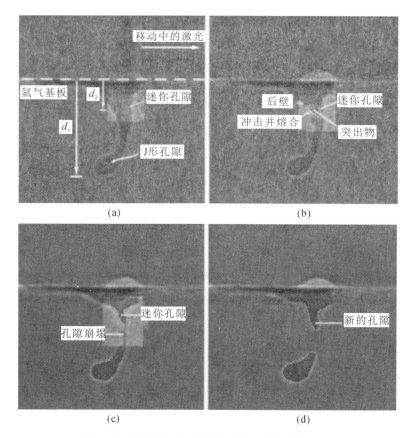

图 2-15 通过原位 X 射线观察匙孔诱导孔的形成

及应变时效裂纹(strain-age cracks)。

凝固裂纹在凝固过程的最后阶段形成。晶粒间残留最后一小部分尚未转变的液体,构成连续的液体薄膜通道(合金凝固温度区间越大,该通道越长,见图 2-16(a)中黑色部分,白色部分代表已凝固的枝晶)。熔体来不及回填枝晶间隙,凝固界面易因 PBF 工艺中的反复加热-冷却循环或高温度梯度而受到拉应力,使得液体薄膜被撕裂,从而形成沿着晶界扩展的凝固裂纹。图 2-16(b)显示了典型的沿晶界开裂的凝固裂纹。

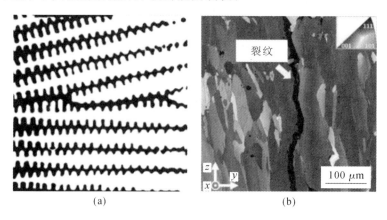

图 2-16 裂纹

不同于凝固裂纹，液化裂纹生成于热影响区中的部分熔化区。事实上，熔池外各点的峰值温度均在固相线以下，理论上不会发生液化，但溶质偏析或低熔点析出物导致晶界处的实际熔点低于理论值，从而使得该区域对应的晶界经历了一次重熔和快速凝固过程，脆弱的液膜可导致液化裂纹的产生。

应变时效裂纹是一种固态裂纹。对合金进行热处理会释放残余应力，同时强化相的析出也会导致内应力产生。当后者的积累快于前者时，就会产生应变时效裂纹。

2.4 装　　备

目前，在 PBF 设备领域，国内外诸多厂商进行了研发及商业化推广，本节将介绍一些具有代表性的厂商及设备。

EOS 公司成立于 1989 年，是目前世界上最大、技术最领先的 SLM/SLS 供应商，特别擅长金属、聚合物的激光粉末床熔融技术。EOS M 290 和 EOS P 770 的设备外观如图 2-17 所示。

(a) EOS M 290　　　　　　　(b) EOS P 770

图 2-17　EOS M 290 和 EOS P 770 的设备外观

通用电气增材（GE Additive）公司是通用电气（GE）在 2016 年成立的子公司，其在 2016 年和 2017 年，分别并入了德国的 Concept Laser 公司和瑞典的 Arcam 公司。图 2-18 所示为 GE Additive 公司 Concept Laser M2 Series 5 和 Concept Laser X Line 2000R 的设备外观。

(a) Concept Laser M2 Series 5　　　　　　　(b) Concept Laser X Line 2000R

图 2-18　Concept Laser M2 Series 5 和 Concept Laser X Line 2000R 的设备外观

3D Systems 公司于 1986 年成立，是世界首家 3D 打印公司，最先实现立体光固化打印设备的商业化。随后，3D Systems 公司还致力于多种增材制造工艺打印设备的开发及商业化。图 2-19 所示为 3D Systems 公司 DMP Flex 100 和 sPro 140 的设备外观。

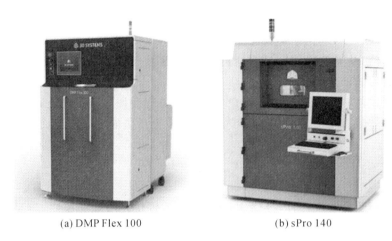

(a) DMP Flex 100　　　　(b) sPro 140

图 2-19　DMP Flex 100 和 sPro 140 的设备外观

2.5　可打印材料及典型应用

在上文中,我们已经了解到,利用 PBF 可对多种类型的材料进行加工和成型,如聚合物、金属、合金、陶瓷、复合材料等。本节收集了一些典型的、已商业化的 PBF 粉末,介绍它们的主要特征性能及典型应用,如表 2-2 所示。

表 2-2　已商业化的 PBF 粉末的特征性能和典型应用

粉末种类	特征性能	典型应用	供应商
金属/合金			
纯 Ti(等级 1/5/23)	轻质(密度约为 4.4 g/cm³);优异的力学性能(热处理后,弹性模量为 105~120 GPa,屈服强度为 380~1080 MPa,抗拉强度为 500~1160 MPa,延伸率为 9%~30%);良好的生物相容性	生物医学植入体、医用器械、义齿、航空零件等	EOS、GE Additive、3D Systems 等
Ti-6Al-4V(等级 5/23)	轻质(密度约为 4.4 g/cm³);优异的力学性能(热处理后,屈服强度为 950~1020 MPa,抗拉强度为 1050~1120 MPa,延伸率约为 14%);良好的耐蚀性;良好的生物相容性;良好的疲劳强度(1×10^7 次循环下,约为 590 MPa)	航空航天、汽车、生物医学植入体等领域	EOS、GE Additive、华曙高科、汉邦科技等
Inconel 718(Ni 基合金)	优异的高温性能、高蠕变强度、高疲劳强度;室温下,屈服强度约为 720 MPa,抗拉强度约为 1100 MPa,延伸率约为 21%;易加工;易进行析出强化	航空航天、能源、工业生产;特别适用于高温场景,如火箭引擎、热交换器等	EOS、GE Additive、3D Systems、华曙高科、汉邦科技等
316L 不锈钢	优异的力学性能(弹性模量为 150~180 GPa,屈服强度为 440~520 MPa,抗拉强度为 570~630 MPa,延伸率约为 40%);良好的抗酸性及耐蚀性;耐高温氧化;表面粗糙度低;易加工;低温性能优良	航空航天、汽车、造船、医疗、食品、药品、工业生产、珠宝、日常消费等领域	EOS、GE Additive、3D Systems、华曙高科、汉邦科技等

续表

粉末种类	特征性能	典型应用	供应商
聚合物/复合材料			
PA1101(聚酰胺11)	白色半透明；良好的力学性能(弹性模量约为1600 MPa,抗拉强度约为48 MPa,延伸率约为45%,抗冲击性较好)；基于可再生资源制成；耐高温；不易碎裂	特别适合需要较高延展性的功能性元件	EOS、3D Systems、易加三维等
TPU(热塑性聚氨酯)	白色；良好的力学性能(弹性模量约为60 MPa,抗拉强度约为7 MPa,延伸率约为250%)；高回弹性；良好的耐水解性；高抗紫外线稳定性；高减震性	鞋靴外底、运动保护装备、阻尼元件、垫圈、管道等	EOS、3D Systems 等
PEKK(聚醚酮酮)	黄色；半晶态聚合物；良好的力学性能(弹性模量约为4100 MPa,抗拉强度约为86 MPa,XY方向上延伸率约为2.4%)；工作温度高；高阻燃性；良好的耐油性、耐化学性、耐水解性及耐磨性	轴承保持架、齿轮、叶轮、灭菌医疗器械、人体植入体	EOS 等

图 2-20 展示了粉末床熔融的几种具体案例。

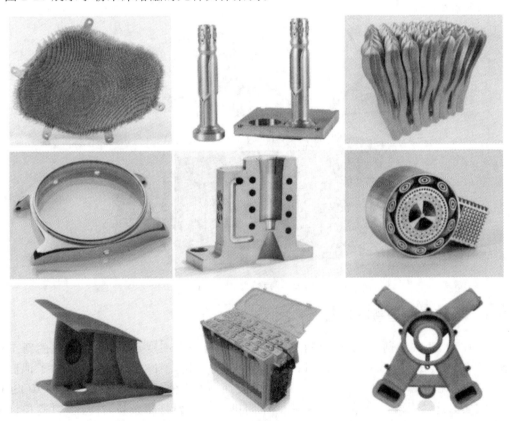

图 2-20 由不同原材料打印成型的各类零件

2.6 最新科研/产业进展

2.6.1 新打印材料的开发

传统锻造高强铝合金在增材制造过程中极易产生热裂纹,不仅降低零件的强度,还极大地损害零件的抗疲劳性。空客公司针对增材制造特有的冶金过程,开发出一款适用于 L-PBF 的 Sc 和 Zr 改性的 5××× 铝合金(Scalmalloy®)。该铝合金能够在熔池凝固过程中原位生成晶粒细化剂($Al_3Sc_xZr_{1-x}$),将易于开裂的粗大柱状晶改变为细小等轴晶。此外,过饱和的 Sc 和 Zr 还能在后续热处理阶段生成弥散共格析出物,进一步增大该铝合金的强度。

2.6.2 新零件/结构的开发

增材制造有别于传统制造的重要一点是高度设计自由度。例如点阵结构(见图 2-21),传统制造对这一结构的成型几乎无计可施,而增材制造就可以轻松做到。2019 年 8 月发射入轨的千乘一号 01 星的主结构便是目前国际上首个基于 3D 打印点阵材料的整星结构,由铂力特 BLT-S600 设备成型得到。该轻量化结构使得原本 20% 的结构重量占比降低至 15% 以下,而原本 70 Hz 左右的整星频率也提升至 110 Hz。此外,整星结构零件数量缩减为 5 件,设计及制备周期缩短至一个月。

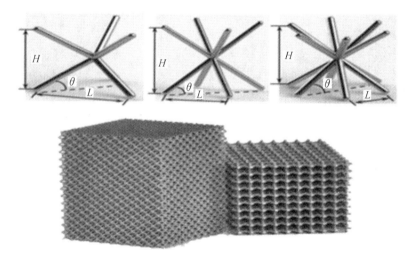

图 2-21 点阵结构示意图

2.6.3 新工业理念的发展

工业 4.0 已近在眼前,当前传统制造模式将转型为一个高度数字化、智能化的新工业体系,增材制造也将在其中发挥重要作用。近几年,EOS 公司就针对工业 4.0 提出了他们的设想——全自动化的工业 3D 打印。首先在软件方面,EOS 公司推出了核心软件 EOSCONNECT,它实时连接云端的订单/生产数据和车间里的一系列打印设备,并且实时监控订单处理、设备状态、生产过程、产品质量等重要信息(见图 2-22)。另外,在硬件方面,EOS 公司推出了设备模块化来保障自动化生产过程。这里面涉及无人车将成型基板送至打印设备处,并由专用设备将成型基板放置在成型腔内。随后,自动的粉末供应设备完成送粉及铺粉任务。成型完成后,有专门的工作模块来取出成型件并进行清粉,如有需要,还会将成型件送至其他区域进行后处理。

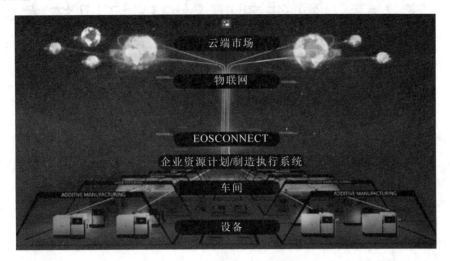

图 2-22 基于 3D 打印的工业 4.0 体系的构想

本章课程思政

粉末床熔融技术是现今航空航天制造领域中的一项关键技术,可重新定义材料与结构,从而满足航空航天复杂构件的制造需求,特别是在精密零件的制造和零件轻量化方面具有很大的优势。例如,中国航空工业集团有限公司金城南京机电液压工程研究中心将粉末床熔融技术应用到飞机空中加油燃油罩的制造中,利用该技术无须模具、加工自由度高的特点,采用气动边条一体化布局对传统燃油罩结构进行优化,实现了壁厚减薄和内部加强。通过粉末床熔融技术成功实现了该燃油罩的一体化精密成型,与传统制造方法相比,成品率显著提升,同时零件质量减小了约 41%,生产周期缩短了 50%。粉末床熔融技术的进步对我国航空航天事业发展有着重要意义,我们应积极研究与学习,努力为我国的综合国力提升和尖端科技发展贡献一份力量。

思 考 题

1. 粉末床熔融的优势有哪些?
2. 粉末床熔融的机制及具体工艺有哪些?
3. 为什么电子束粉末床熔融过程中易产生吹粉现象?
4. 粉末床熔融过程中易产生哪些缺陷?
5. 如何抑制粉末床熔融过程中孔隙的产生?
6. 凝固裂纹和液化裂纹有什么区别?
7. 国内外有哪些电子束粉末床熔融设备厂商?
8. 电子束粉末床熔融的典型应用材料有哪些?
9. 激光粉末床熔融能否制备难焊材料?采用何种措施?
10. 展望未来粉末床熔融的发展趋势。

第 3 章 黏结剂喷射 3D 打印技术

3.1 引　言

黏结剂喷射(binder jetting,BJ)3D 打印技术是一种增材制造技术,通过将液态黏结剂分配到粉末上以在层上形成二维图案,层层堆叠最终构建物理实体。黏结剂喷射 3D 打印技术几乎适配任何具有高生产率的粉末,它涉及多个步骤,包括打印、粉末沉积、动态黏结剂/粉末相互作用和后处理。目前,黏结剂喷射 3D 打印技术能够成功加工包括聚合物、金属和陶瓷在内的多种材料。

黏结剂喷射 3D 打印技术起源于 20 世纪 90 年代初。1993 年,麻省理工学院(MIT)机器人实验室的 Sachs 等人发明了一种新型的喷射 3D 打印技术——3DP(3D printing)技术,该技术将黏结剂喷射到粉末床上,使粉末发生黏结固化,最终构建出三维实体,开创了喷射 3D 打印技术的先河。此后,随着材料科学、计算机技术等的融合与发展,黏结剂喷射 3D 打印技术不断得到完善和发展。2006 年,MIT 的 Boulos 等人提出了基于喷射式打印机的可见光固化 3D 打印技术,标志着喷射 3D 打印技术进入了一个新的阶段。2008 年,爱尔兰 Mcor 公司开发出了基于喷墨式打印机的 3D 打印技术,通过喷射墨水来黏结纸张,成了业界的经典案例之一。

近年来,随着 3D 打印技术的迅速发展,黏结剂喷射 3D 打印技术的应用领域也在不断拓展,如医疗、航空、汽车等行业。与熔融沉积类似的低成本增材制造技术相比,虽然黏结剂喷射 3D 打印技术的实际使用成本并不低,但在高效率、低成本制造方面仍具有很大的潜力。此外,早期专利的到期也引发了工业界和学术界对这一过程的更大兴趣。

3.2 基本原理

黏结剂喷射 3D 打印技术中,对于零件的每一层,通常使用一个旋转的辊子来摊铺一层粉末。之后,喷墨打印头将液态黏结剂选择性地喷射到粉末床上,为该层创建二维图案,在每进行一层打印之后,工作平台降低,为下一层的打印留出空间,并重复该过程。最终形成一个由粉末和黏结剂黏合在一起,按所需部件几何形状排列的三维模型(见图 3-1)。

3.2.1 粉末沉积

粉末是黏结剂喷射打印工艺的基础,成熟的粉末沉积机制是可靠、快速地构建零件的关键。粉末可以像流体一样流动,但相比流体来说,它们的行为要复杂得多。粉末特征,如粉末形态、平均粒度和粒度分布(PSD)、粉末化学和表面特征,对黏结剂喷射过程有着极其重要的影响,如图 3-2 所示。颗粒间作用力会因其大小、形状、成分和湿度的不同而产生变化,并且需要使用合适的方法来可靠地制备致密、无缺陷的成型层。

粉末流动特性决定了沉积方法,是 BJ 的主要关注点之一。典型的 BJ 粉末(粒径为 30 μm 或更大)可以直接在干燥状态下用于打印;而粒径小于 30 μm 的粉末虽然也能被成功

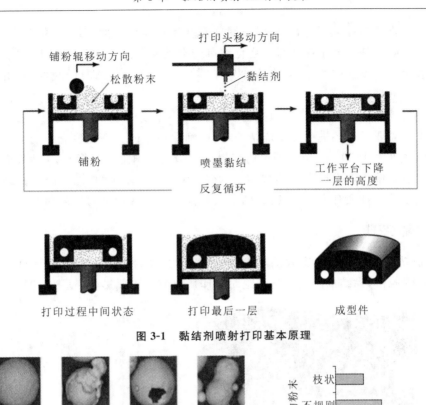

图 3-1　黏结剂喷射打印基本原理

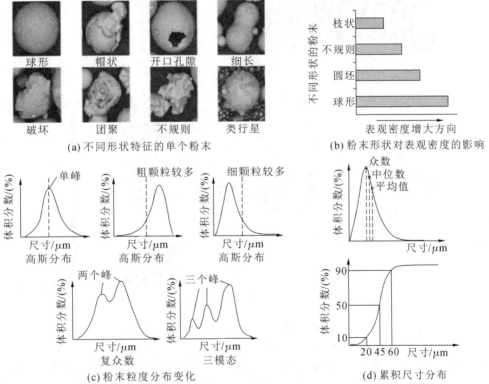

图 3-2　粉末形貌和粒径分布对表观密度的影响

沉积和铺展,但仍需对粉末制备、打印工艺参数的调整策略做进一步研究。例如,需要在粉末制备过程中对粉体做出特殊处理,或在小粉末形成附聚物方面进行研究。为了提高填料堆积密度和稠度,精细粉末通常被分散在流体中。

粉末层的填充特性严重影响样件的打印与最终后处理效果,它也是 BJ 的关注点之一。

在打印过程中通常不存在致密化,所以粉末铺展密度和孔隙均匀性对坯体的成型效果与生坯密度有着重要影响。任何微小铺展密度变化都可能在致密化过程中引起变形,从而影响零件的最终性能和尺寸精度。因此,生坯密度决定了零件在全密度烧结时的收缩率,并决定样件的最终性能和尺寸精度。

对于单一尺寸的球形粉末,理论填充密度约为真实密度的60%。为了实现最佳性能,在许多应用场景中需要对生坯进行无压烧结处理,以确保粉末的完全致密化。有效的致密化通常要求坯体致密度大于50%。虽然理论研究提供了最佳填料配置的指导,但大多数实际粉末在物理形态上显著偏离理想形态。例如,它们往往不是单一尺寸的,也可能不是球形或光滑的。离散元建模是一种强有力的工具,有助于人们深入地了解粉末的包装和处理过程。

3.2.2 黏结剂

BJ打印成功的关键是选择有效的黏结剂。理想的黏结剂具有低黏度,允许形成单个液滴并迅速从喷嘴脱落,黏结剂的间距与行距对打印质量有着重要影响(见图3-3)。

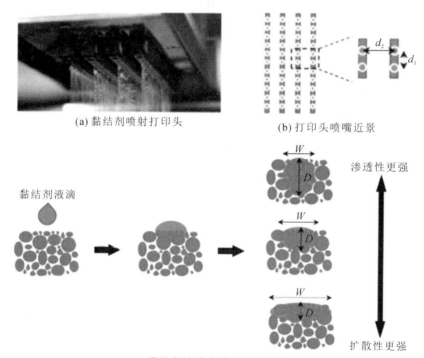

(a) 黏结剂喷射打印头　　(b) 打印头喷嘴近景

(c) 黏结剂液滴在粉末床中渗透

图 3-3　黏结剂间距与行距对打印效果的影响

注:d_1—间距;d_2—行距;W—黏结剂扩散范围;D—渗透深度。

黏结剂必须具有较好的稳定性,以抵抗打印过程中较大的剪切应力。此外,还有一些常用的黏结剂评价标准,如良好的粉末相互作用、清洁燃尽特性、长保质期和可接受的环境风险。在打印过程中粉末与黏结剂的相互作用以及黏结剂喷射参数(如层厚度、黏结剂饱和度、干燥时间、打印速度和方向等)也是影响黏结剂喷射零件密度和强度的重要因素,这些因素甚至会影响最终零件的质量(见图3-4)。

一般来说,主要的颗粒键合方法分为两种:液体内键合和床层内键合。对于液体内键合而言,黏结剂完全是由喷射液体携带的。而在床层内键合中,喷墨打印头向粉末床上喷射流

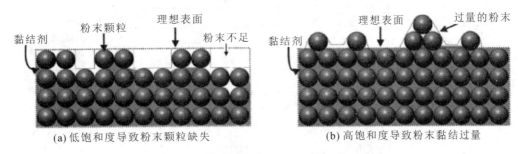

图 3-4 黏结剂饱和度对最终零件质量的影响

变性优异的液体,该液体与嵌入在粉末床中的干胶颗粒相互作用,粒子间发生水合反应。在某些情况下,黏结剂是促进颗粒结合的溶剂。这减少了对环境的污染,但也可能削弱烧结致密化,因为溶剂在本质上促进了表面扩散(一种非致密化烧结机制)。

相比之下,床层内键合机制通常涉及将黏结剂与粉末或其他材料结合,以提高粉末的流动性和可压性。然而,当黏结剂溶解时,它可能会在结构中留下孔隙,影响最终产品的质量和性能。因此,这种方法不适于生产高致密度、高强度的产品。二氧化硅胶体是一种无机溶液,与酸(例如柠檬酸)相互作用,能够将 pH 值从 9~9.5 降低至 7.5,从而有效防止黏结剂的过度迁移,避免在结构中留下孔隙。此外,在黏结剂中加入一定量的纳米颗粒,喷射的纳米颗粒能够填充较大粉末之间的孔隙,提高烧结性并减少收缩,从而有效防止孔隙的形成。同时,在较低的温度下烧结纳米颗粒时,它能够与大颗粒相互结合,提高坯体强度。

在某些应用中,无机黏结剂相较于有机黏结剂更具优势,因为它们在最终成品中留下的杂质较少。有学者使用标准有机黏结剂、胶体有机黏结剂和无机黏结剂(含纳米级铜)通过喷墨打印技术来加工铜粉。结果显示,使用无机黏结剂加工的成品的最终致密度最高。在烧结过程中,我们通常期望实现尽可能高的致密度以优化材料的性能。然而,当观察到体积收缩的幅度减小且烧结致密度未显著提高时,具体来说,一个宽广的孔径范围意味着较大的孔隙可能在结构中占据主导地位,而这些较大的孔隙在烧结过程中难以消除,对总体体积收缩的贡献也较小。这可能导致即使较小的孔隙得到有效合并和消除,总体体积收缩和致密化过程仍然受到限制。尝试重复打印以提高性能时,表面孔隙被纳米颗粒所填充,限制了黏结剂的输送。而使用含有机黏结剂的喷墨所得产品的最终致密度与常规有机黏结剂几乎相同,但烧结部分的晶粒较小,因此力学性能有所改善。

3.2.3 打印过程

产品质量取决于粉末与黏结剂之间的相互作用,黏结剂与粉末的结合过程如图 3-5 所示。两者之间的相互作用不能一概而论,因为它们具有高度的动态特性,随粉末的密度、大小、形状和润湿特性而发生显著变化。

目前,大多数有关喷墨打印的研究仍然依赖于实验方法。然而,随着计算能力的提升以及格子玻尔兹曼方法(lattice Boltzmann method,LBM)、有限元分析(finite element analysis,FEA)和分子动力学(molecular dynamics,MD)等先进数值模拟技术的发展,研究人员正在逐步推进喷墨打印过程计算模型的开发。这些模型可以帮助人们理解喷墨打印过程中的复杂现象,有利于优化喷墨打印过程和提高打印质量。

零件的力学性能和表面质量在很大程度上取决于黏结剂的用量。黏结剂不足则不能牢固地黏结粉末,最终零件的力学性能差、强度低;而过量的黏结剂则可能导致打印线的扩大或

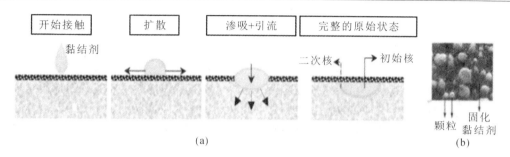

图 3-5 打印过程中黏结剂与粉末的结合

渗色,影响后处理的精准度,以至于破坏最终的打印效果。有研究表明,在石膏粉末黏结剂喷射中,黏结剂饱和度对石膏粉末的收缩、变形和强度有复杂的影响。通常认为,粉末强度随着黏结剂饱和度的增加而增大,但这一规律并不总是成立。已有经验性研究探索了关键打印变量(如黏结剂饱和度与层厚度)间的关系,但结果往往受限于特定的机器和材料。目前尚缺乏能够准确预测工艺参数对打印部件尺寸影响的理论。

黏结剂用量受多个因素影响,包括液滴的持续存在时间与喷射频率、液滴尺寸及打印线的间隔,这些因素共同决定了黏结剂在特征形成过程中的横向迁移和纵向迁移。在标准黏结剂喷射系统中,通常通过试验确定最佳黏结剂饱和度与干燥条件。黏结剂饱和度是指黏结剂填充粉末间隙的百分比,一般为 60%,但反应性黏结剂可在更低饱和度下实现有效黏合,而超过 100% 的饱和度则用于增大生坯强度或混合不同材料。通常情况下,每打印一层之后都要对黏结剂进行部分干燥,这有助于去除表面水分,改善下一层粉末的铺展,并降低饱和度,从而减小出错的概率。

为了得到精确的几何形状,液滴发生器(喷墨喷头)必须喷射出精确量的黏结剂,并且黏结剂液滴必须准确地落在粉末床的特定区域。黏结剂液滴在撞击粉末床时形成的结合颗粒簇称为基元。基元与沉积的其他液滴合并,形成线、层和整个部件。许多关于喷墨和介质的研究,证实了液体的稳定性取决于液体在介质上的接触角以及移动流体界面的条件。

3.2.4 后处理

在打印步骤完成之后,坯体还嵌在未结合的粉末中。要将坯体转换为最终产品,必须进行一系列后处理(见图 3-6)。具体的后处理步骤取决于客户对产品力学性能的要求以及所使用的粉末和黏结剂的具体组合。

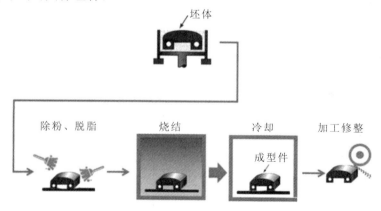

图 3-6 黏结剂喷射 3D 打印坯体的后处理步骤

1. 除粉

打印后，必须将坯体与未结合的粉末分开。然而，一些黏结剂需要经过后处理以达到足够的强度，然后才能提取坯体。黏结剂的化学成分决定了固化过程，其中可能包括干燥、热固化、盐基黏结剂的还原和预陶瓷聚合物的转化等。最常见的除粉方法是将粉末床在炉中加热，不仅可以去除残留溶剂，还可能引发诸如黏结剂交联之类的反应。进一步聚合可以使用其他固化方法实现，包括可见光、真空、热和压力等。所有处理方法的关键要求是不得改变或巩固未打印区域的粉末。

对于基于浆料的 BJ，除粉过程需要更加精细。由于浆料在未打印的区域具有凝聚力，不能简单地被刷掉，通常使用细粉和有机添加剂来稳定浆料，以便于脱粉时不破坏坯体。而粉末床的未打印区域要重新分散在液体溶剂或超声波清洗浴中。在除粉过程中回收的未打印粉末通常可以重复使用。

2. 脱脂

在大多数金属和陶瓷材料系统中，黏结剂在后处理过程中通常会被去除。大多数 BJ 黏结剂为有机化合物，加热时会发生分解反应。脱脂过程对零件的最终性能产生重大影响，残留物不仅会影响致密化过程，还会改变最终零件的成分。因此，选择合适的黏结剂和脱脂方法以尽量减少残留物是必要的。有效的脱脂对于优化后处理方法以实现更高的性能、准确性和一致性至关重要。然而，目前关于 BJ 组件脱脂的定量研究仍然十分有限。

3. 烧结

烧结是一种高温热处理方法，通过将化学结合转化为机械结合，获得致密、高强度的部件。这种后处理步骤是工业粉末生产和 BJ 零件制造的常用做法，而传统金属压制通过高压快速烧结生产高致密度坯件，能够减少收缩，但难以应用于具有复杂、精细几何形状的零件。BJ 零件通常采用起始致密度为 50%～60% 的无压烧结技术。

4. 渗透

渗透法通过液体填充多孔结构，借助毛细作用实现高致密度零件的生产，从而避免大幅收缩。渗透法适用于渗入材料熔点低于零件熔点的金属和复合材料，同时渗透剂必须是液体。渗透剂通常采用有机化合物，例如环氧树脂或氰基丙烯酸酯，这些材料在润湿后固化以增大淀粉基材料的强度，这一过程主要用于提升外观模型的结构完整性。渗透剂也可以选择金属渗透剂，前提是其熔点必须低于打印骨架的熔点。

浸渗通常可分为低温浸渗和高温浸渗。低温渗透在室温下进行，也可以通过喷洒雾化渗透剂对零件进行渗透。高温渗透是在略高于渗透剂熔点的温度下进行，但渗透剂需要提前加热。

3.3 工艺特点

BJ 作为 AM 工艺具有许多潜在的优势，几乎可以与各种粉末材料兼容，并能够有效黏结功能梯度材料。BJ 还具有相对较高的构建率，因为它只需打印占总零件体积很小一部分的黏结剂。

通过 BJ，可以制造出一个由黏合在一起的粉末构成的零件，其通常被称为坯体，然后进行后处理以使其达到最终属性，这些最终产品的质量很大程度上决定了控制工艺的应用空间。相比之下，BJ 将粉末逐层黏合以形成几何形状，因此在制造过程中不需要加热。此外，BJ 中，零件由松散粉末支撑,显著减少了材料的浪费。

在成型精度上,经过表面处理后的 BJ 零件的平均表面粗糙度约为 6 μm,后处理可以有效降低表面粗糙度,常用的方法有喷丸、滚抛、机械加工、电镀和表面渗透等。喷砂可以将 BJ 零件表面粗糙度降低至 7.4 μm 以下,而滚抛可以使平均表面粗糙度达到 1.25 μm。

3.4 可打印材料及典型应用

3.4.1 可打印材料

1. 陶瓷

由于陶瓷加工难度较高,通常对粉末形态的陶瓷进行加工。在传统工艺中,将陶瓷粉末颗粒与黏结剂液体混合以形成既定的几何形状,然后通过烧结实现所需的机械强度。由于 BJ 能够处理粉末材料,它在陶瓷制造领域得到了广泛研究和应用。例如,有研究人员使用 BJ 系统处理微米级和亚微米级的粉末,使用碳化钨-氧化钴-异丙醇浆料和聚乙烯亚胺作为黏结剂,制造复杂的金属切削刀片,氧化钴在烧结过程中被还原成钴。随后,经过烧结和热等静压(HIP)处理,该部件的密度达到了 14.2 g/cm^3,接近于传统工艺制造的部件密度 14.5 g/cm^3。

氧化铝陶瓷在干态和湿态下均可加工。最新研究发现,使用合适粒度的粉末,干燥的氧化铝中可以形成无缺陷层。通过优化打印参数,烧结密度可接近理论密度的 96%,而垂直方向上的收缩率约为 10%。采用浆料沉积法制备的氧化铝亦能达到类似的烧结密度,但与干态加工相比,样品在三个维度上的收缩更明显。由于通过烧结实现完全致密化所需的陶瓷粉末尺寸很小,因此制造致密陶瓷部件的方法大多依赖于浆料加工或烧结助剂,而这些助剂会降低部件的整体性能。

2. 金属

当前,工业中 BJ 技术主要用于生产金属零件,尤其是传统的粉末冶金合金,如不锈钢和钛合金。然而,大多数工业应用要求使用高烧结密度的标准合金。虽然在多种材料中已实现了高烧结密度,但减少缺陷和确保零件几何精确度依然是业内面临的挑战。

在粉末冶金工业中,许多技术有助于改善性能,例如在合金规格范围内对合金成分进行细微调整。研究表明,在真空烧结条件下,向 420 钢中添加 0.5% 的硼添加剂,可以使其最终密度达到全密度的 99.6%。同时,添加少量烧结助剂,可将 316 不锈钢样品烧结至 99.5% 以上的全密度。相比之下,添加纳米颗粒(约 7~10 nm)可以提高不锈钢的质量,在由 316L 不锈钢粉末制成的 BJ 部件中渗入纳米颗粒,可进一步提高部件的致密度,也可以使坯体更加稳定。BJ 在处理用传统制造方法难以加工的材料(如铬镍铁合金和钴铬合金)方面显示出很大的潜力。

3. 生物材料

BJ 在医疗应用中的发展与一种新型粉末黏结剂系统密切相关,该系统可以通过 BJ 技术进行优化处理,并且在受体体内具有生物相容性。早期研究显示,使用聚 L-丙交酯(PLLA)进行打印,并对其表面进行选择性处理以促进细胞生长和黏附。此外,其他生物材料,如磷酸钙、硅酸钙和羟基磷灰石(hydroxyapatite,HA)也广泛应用于 BJ 技术中(见图 3-7)。生物相容性约束对打印品中的黏结剂残留物有严格的限制,并将黏结剂的选择限制在纯水、氯仿、一些水聚合物溶液和酸性黏结剂等物质上。研究的核心在于开发特定的粉末-黏结剂系统,以增大坯体的强度,并评估最终产品的力学性能和临床应用表现。

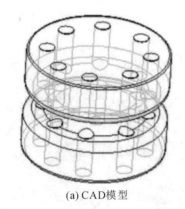 

(a) CAD模型　　　　(b) 加入羟基磷灰石后烧结和打印的骨移植替代品

图 3-7　羟基磷灰石在 BJ 技术中的应用

4. 聚合物

聚合物因可用的配方有限,在粉末制造中的应用较少。但在早期研究中,聚合物被用于药物输送装置和支架的制造。聚羟基乙酸(polyglycolic acid,PGA)、聚乳酸(polylactic acid,PLA)、聚己内酯(polycaprolactone,PCL)和聚环氧乙烷(polyethylene oxide,PEO)等聚合物已经可用于生产,并能结合适当的溶剂进行打印。此外,添加麦芽糊精和聚乙烯醇(polyvinyl alcohol,PVA),使用水性黏结剂打印高密度聚乙烯制品,经过热处理后可以显著提高材料的性能。与其他打印技术相比,BJ 技术可能是制造多孔性部件(如生物支架)的最佳选择(见图 3-8)。

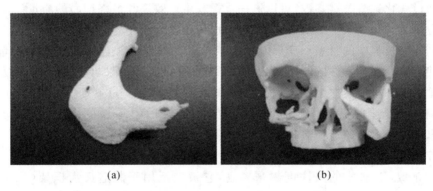

图 3-8　使用 BJ 技术制作的多孔聚乙烯颅骨

3.4.2　典型应用

1. 铸造领域

BJ 技术广泛用于铸造模具和型芯的打印(见图 3-9)。BJ 零件的孔隙率对零件最终性能有重要影响,因为模具和型芯通常需要气孔进行排气。在铸造领域中,砂型模具应用最为广泛,但也有不少模具通过沙子和陶瓷打印。利用 BJ 技术制造模具,极大地降低了制造复杂几何形状零件的局限性,同时保证了最终零件的性能与采用传统制造方法制造的零件相同。由于 BJ 模具使用了更高质量的材料,因此在某些情况下,BJ 模具比传统砂型铸造模具的性能更优。BJ 模具通常用于快速原型制造,其材料特性往往优于采用传统方法生产的零件。然而,BJ 技术在模具制造上所需的时间比传统制造方法长得多,这限制了其在大批量生产中的应用,主要适用于那些需要其提供几何自由度的场合。BJ技术的多功能性使得设计出能够改善冷却过程的模具成为可能。

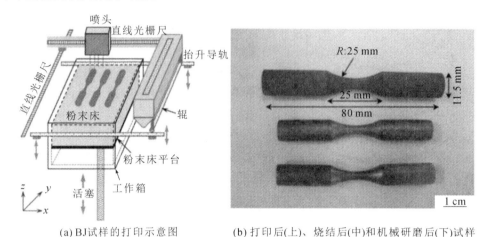

(a) BJ试样的打印示意图　　(b) 打印后(上)、烧结后(中)和机械研磨后(下)试样

图 3-9　BJ 在铸造领域中的应用

在大批量生产中,与传统制造方法相比,BJ技术的生产成本很高,但它在小、中批量生产中具有很大的优势。BJ多孔生坯非常适合用于生产免烘烤芯和模具,成本较低。BJ技术提供的几何自由度可以降低原型的制造成本,并实现独特的几何形状,而这些几何形状难以通过传统制造方法图案化。之前的研究重点关注模具质量的提升,包括固化热处理对模具渗透性和抗压强度的影响。这些因素对模具表面粗糙度、脱模时产生的气体以及尺寸公差都有重要影响。通过优化这些关键参数,可以进一步提高生产效率和最终产品的质量。

随着金属零件烧结技术的改进,人们对使用该技术制造小零件的兴趣日益浓厚。如果可以充分控制烧结过程中的收缩和变形以生成准确的最终零件,则这可以成为小批量粉末注射成型的替代方案。多孔零件的制造已成为BJ领域的一个新兴课题,近期的研究方法包括暂时黏结基础粉末和添加支撑结构,以提高零件内部的孔隙率。这些研究为生产过滤器组件、电极、声学和轻质结构等提供了有前景的解决方案。此外,BJ系统的应用已经拓展至通过加工金属粉末和构建大型铸造模具来制造大型零件。

2. 医疗领域

在医疗领域,BJ技术的关注度越来越高,它被广泛用于制造义齿框架(见图3-10)、整形外科植入物及牙科修复体的盖板和框架等。BJ技术通过在药物输送装置中增加控制药物释放速率的功能来调整药物释放速率。此外,BJ坯体容易崩解,因此非常适合应用于快速释放药物。有研究表明,98.5%的药物在装置润湿和崩解后的 2 min 内释放,这对于实现药物的快速释放具有重要意义。在麻省理工学院开展的一项研究中,研究人员使用可吸收聚酯材料(即聚环氧乙烷和聚己内酯)作为药物释放研究的基础材料。这些材料在控制药物释放速率方面显示出良好的结果。

3. 电子产品领域

BJ技术可以制造各种电子元件,包括天线(见图3-11)、滤波器和馈电喇叭。通过引入网格特征,可以减轻系统的重量,尽管渗铜钢骨架在导电和信号接收的性能上存在一定限制,但镀铜可以提升其性能。此外,BJ技术还可以制造电容器和压电器件的关键材料,这些材料展现出了良好的压电性能。然而,烧结后如何提高密度并获得小尺寸晶粒仍需进一步研究。

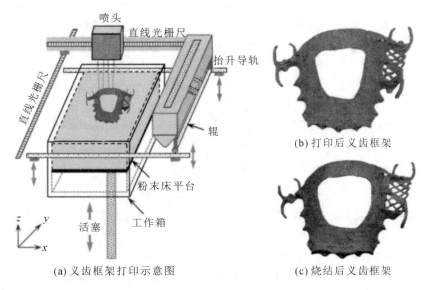

(a) 义齿框架打印示意图　　(b) 打印后义齿框架　　(c) 烧结后义齿框架

图 3-10　义齿框架打印

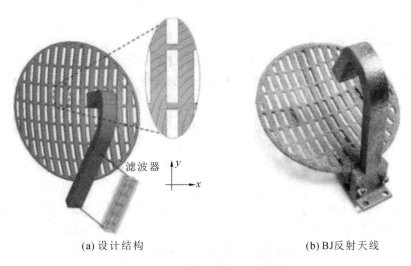

(a) 设计结构　　(b) BJ 反射天线

图 3-11　抛物面碟形反射天线

3.5　挑战与展望

3.5.1　面临的挑战

在工艺开发的早期阶段，重点是提升制造能力和突破技术极限，以扩大 BJ 技术的应用范围。随着研究人员不断拓展材料种类并改善材料性能，BJ 技术已经成为学术研究的主要焦点。然而，改善平均性能、提高几何精度和减少性能变化（见图 3-12）对于将工艺从原型设计阶段过渡到制造应用阶段至关重要。

关于 BJ 技术的文献相对较少，且大多数研究集中在石膏基粉末材料系统上。尽管这种系统被广泛采用，但通常仅限于对力学性能和几何精度要求不高的外观原型。这些研究大多基于实验设计方法，为未来的深入研究奠定了基础。然而，由于对 BJ 过程的理解仍不够全

图 3-12 BJ 技术面临的挑战

面,机器、黏结剂、粉末以及工艺变量的影响难以预测,这导致许多研究成果难以推广到不同的材料系统或设备。

为了使 BJ 技术能够应用于最终零件的生产,我们需要大幅提高过程控制和质量保证的水平。以往的研究主要集中在简单的几何形状上,但不同的特征类型可能受到不同工艺变量的影响。尽管已有一些研究探讨了特定几何特征对工艺的影响,但仍需开发更为通用的解决方案。

1. 原材料和过程控制

最初的粉末床是成型零件的基础,粉末床密度决定了生坯密度,从而决定了最终零件的致密化程度。层内或层间的粉末床密度变化可能会导致性能的变化,并在后处理过程中影响孔隙率。对于多模态粉末,这些问题可能更为严重。在铺展新一层粉末时,零件会在剪切力的作用下发生移动,从而导致层与层之间的定位失准。此外,累积粉末层的重量会压缩下层,从而改变零件沿构建方向的尺寸。

只要黏结剂饱和度低于临界阈值,BJ 技术一般都能够再现目标形状和尺寸。相比于其他材料系统,金属基粉末系统中生坯的尺寸精度较高。同时,大多数系统使用大型射流阵列,如果液滴以定角度射出,则可能会受到定位误差的影响,如果液滴体积发生变化,则可能会出现系统误差。同时,打印速度也是影响打印过程中零件尺寸精度的重要因素。此外,层厚度、黏结剂饱和度、干燥时间、温度、铺展速度、粉末尺寸及其分布等的改变也会影响最终零件的尺寸精度和性能。并且,黏结剂固化、脱脂和烧结过程中的时间、温度和速率等参数的影响也不能忽略。

2. 后处理

相比于打印过程,后处理过程中的误差要大得多。虽然收缩率一般较小(通常小于 3%),但工件的收缩可能会引起零件边缘坍塌等问题,从而影响几何特征的精度。在经过烧结致密化处理后,零件的尺寸收缩率可以达到 10%～20%。此外,收缩的各向异性特征使得收缩难以准确预测和控制。尽管生坯的收缩可以在一定程度上被补偿,但这种收缩的变化仍然可能导致零件尺寸上的偏差。收缩率、温度和成分的微小变化通常会对最终产品的几何形状和性能产生显著影响。

3.5.2 发展趋势展望

尽管 BJ 技术已经广泛应用于多种材料,但 BJ 过程许多方面仍未被充分理解,如黏结剂液滴和粉末之间的相互作用。虽然学者们在后处理改进方面取得了显著进展,但通过后处理实现全密度的材料系统仍然相对较少。随着增材制造应用领域的扩展，未来会有更多的研究人员关注 BJ 技术，这对 BJ 技术的发展至关重要。同时，增材制造理论的不断丰富为 BJ 技术的工艺优化和材料开发提供了更多指导，进一步拓宽了其工业应用范围。在早期技术专利的到期和完善的知识体系背景下，未来机器制造商的竞争可能会加剧，这将推动 BJ 技术进入新的应用领域。

本章课程思政

黏结剂喷射是增材制造技术中的重要内容之一，也是目前金属材料增材制造领域科学研究和工程应用的重要方向，如航空航天、汽车等领域的高精密特殊结构的制备。通过黏结剂喷射技术，可以有效解决无支撑结构制造中的重大难题，这对于保障高精密零件的生产有重要作用。近年来，我国黏结剂喷射领域已经取得令人瞩目的成绩，这离不开从业者和科研人员的努力，他们的贡献和工匠精神值得我们学习。我们应当积极推广黏结剂喷射技术，并且对国家制造业充满信心，不妄自菲薄，肩负起实现高水平科技自立自强的时代重任，服务国家制造强国战略，坚定科技报国理想。

思 考 题

1. 黏结剂喷射技术的基本原理是什么？
2. 典型的黏结剂喷射系统主要由哪几部分组成？
3. 黏结剂喷射技术有哪些优势和劣势？
4. 黏结剂喷射技术的后处理步骤有哪些？
5. 列举几种黏结剂喷射打印材料以及具体应用。
6. 列举黏结剂的种类并说明它们的优缺点。
7. 黏结剂喷射技术的关键影响因素有哪些？
8. 列举几个黏结剂喷射技术的应用领域及实例。
9. 黏结剂喷射技术面临的挑战有哪些？有什么解决方案？
10. 黏结剂喷射技术与其他增材制造技术有什么区别和联系？

第 4 章 光固化 3D 打印技术

4.1 引　　言

最早的光固化 3D 打印技术可以追溯到 20 世纪 70 年代。1977 年，Swainson 提出了一种利用两束交叉的激光束照射液态单体材料表面引发共价交联反应从而实现固化的方法。该方法通过逐渐降低液槽中的固化层来构建三维实体。尽管该专利没有得到实际应用，但它对光固化 3D 打印技术的发展产生了重要影响。光固化 3D 打印技术基于光致聚合技术，并使用液态光敏树脂作为材料。只有在光照射下，树脂才能固化，否则将保持液态。因此，在打印完成后，可以轻松快速地将模型从树脂中分离出来。1981 年，日本工业研究所的 Kodama 提出了一种逐层固化树脂的方法，他使用合适的掩模来控制紫外光源从树脂槽的顶部或底部逐层固化树脂，也可使用 X-Y 绘图仪带动光纤紫外线(ultraviolet ray，UV)点光源进行扫描，从而实现 3D 打印。Kodama 是第一个描述逐层打印制造方法并亲自搭建基于紫外光聚合的光固化 3D 打印系统的人。1982 年，美国 3M 公司的 Herbert 提出了两种逐层光固化打印的方法：一种是将聚焦的紫外光束照射到可旋转树脂槽的树脂表面，同时沿径向移动光束，实现固化层的打印；另一种是利用 X-Y 绘图仪带动聚焦的紫外光束对光敏树脂表面进行扫描，并打印固化层。早期基于激光束扫描的立体光固化(SLA)技术的打印速度很慢，制造一个茶杯大小的物件需要几个小时，而且固化后的树脂材料的强度和耐热性较差。此外，由于逐层固化后层间机械强度相对较差，其在实际应用场景中的可靠性和耐用性受到了限制。光固化 3D 打印技术作为空间光调制器的掩模投影面曝光工艺，从最初的基于点-线-面激光扫描的 SLA 工艺发展到目前普遍使用的数字微镜器件(digital micromirror device，DMD)技术、液晶显示器(liquid crystal display，LCD)技术、硅基液晶显示器(liquid crystal on silicon，LCOS)技术，打印速度和精度都有了极大的提高。目前，光固化 3D 打印技术和材料主要应用于临时替代材料领域，例如牙齿修复、正畸、牙科手术、模型和模具制作等。

4.2　光固化 3D 打印技术

4.2.1　SLA 3D 打印

1. 打印原理

SLA 技术作为一种 3D 打印技术，目前已成为最成熟且广泛应用于工业生产领域的技术。该技术最早于 1986 年由 Charles 获得专利，并在大型工业光固化 3D 打印机中得到普遍使用。一般而言，SLA 打印机采用的是波长为 355 nm 的激光束，其位于液态树脂容器的上方。曝光过程从顶部开始，以线扫描的方式逐渐固化液态树脂。平台表面位于树脂液面之下，以形成一层厚度。随后，激光束追踪模型的边界，并对模型的横截面进行固化。在固化完成后，平台会下降一个层厚度的距离，通过逐层固化的方式，最终构建出一个 3D 物体。理论上,激光束可以在较大的空间范围内移动,因此 SLA 技术可以打印出大尺寸的模型,具体的打印原理如图 4-1 所示。

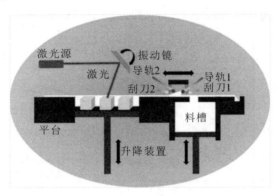

图 4-1　SLA 的打印原理图

2. 材料概述

光固化 3D 打印技术所使用的材料是光敏树脂,在选择光固化机制时需考虑光源的波长和打印技术的要求。一般来说,SLA 技术使用的光敏树脂主要基于阳离子光聚合或混合光聚合机理。选择这种机制有以下三个原因。第一,SLA 激光束的波长为 355 nm。第二,体积收缩是光聚合的一个致命弱点,会引起材料内部的强烈应力,导致材料变形和断裂,同时影响打印模型的精度。因此,体积收缩对光固化 3D 打印来说是不利的,而已知阳离子光聚合具有较少的体积收缩甚至没有体积收缩。第三,阳离子型光聚合树脂用量较小、光引发剂价格较高,而且光聚合诱导期较长,因此,常常将自由基型光敏树脂与阳离子型光敏树脂进行混合,以得到混合型光敏树脂。这种复合树脂可以满足打印机的性能、打印速度和成本等方面的需求。

3. SLA 技术的优缺点

SLA 技术是最早得到应用的快速成型技术,在行业中成熟度高、成型工艺稳定,并且有众多机器供应商。然而,SLA 固化速度受激光束运动的影响,因此打印速度相对较慢。模型尺寸越大,打印速度越慢。此外,可用于阳离子光聚合的树脂种类有限。SLA 打印分辨率取决于激光束焦点的尺寸,因此与其他光固化技术相比,SLA 技术具有相对较低的分辨率。然而即便如此,SLA 技术仍然可以打印出结构复杂、精细的物体。到目前为止,SLA 技术依然是一种重要的打印技术,在许多领域都得到了广泛应用,例如牙科、玩具、模具、汽车、航空航天等领域。尽管存在一些限制,SLA 技术仍然是许多行业首选的解决方案之一,因为它具备稳定的打印工艺和可靠的质量。

4. SLA 技术的应用

(1) SLA 的机械应用。

SLA 技术已被应用于机械行业中光敏材料的精密制造。工艺选择和后固化处理在这一过程中至关重要,并影响最终产品。一些研究人员报告了工艺对打印零件的质量和力学性能的影响。例如,帕尔马大学开发了用于聚合反应过程中原位生成银纳米粒子(AgNPs)的高级树脂,合成了丙烯酸银(AgAcr)和甲基丙烯酸银(AgMAcr)两种不同的盐,并将它们以不同浓度(0.5%AgAcr、1%AgAcr、2%AgAcr 以及 1%AgMAcr)作为填充物复合到树脂中。在随后的 SLA 过程中,这些银盐通过激光激发的还原反应被原位转化成银纳米粒子。使用 3D 打印复合材料试样进行了拉伸试验,填充银和未填充银试样的应力-应变曲线如图 4-2 所示。1%AgMAcr 试样的弹性模量为 153 MPa,2%AgAcr 试样的抗拉强度为 5 MPa,与未填充银纳米颗粒树脂相比有所改善。随着银纳米粒子浓度的增加,树脂的硬度和强度也有所提高,但断裂伸长率从普通树脂的6.1%下降到2.4%。

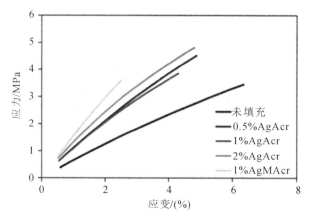

图4-2 填充银和未填充银试样的应力-应变曲线

(2) SLA的生物医学应用。

SLA技术近来广泛应用于牙科。由于可以自由设计和患者匹配的假牙,3D打印技术已经获得了广泛关注,过程优化对于达到理想的产品性能是至关重要的。日本东京医科齿科大学在SLA过程中用三维CAD模型制作义齿基托,在三个不同方向上制作义齿,研究打印方向对应力分布的影响。玫瑰花形应变片用于测量沿义齿中线四个不同位置的应力分布,如图4-3和图4-4所示。以20 N/s的速度施加0~200 N的变载荷,从获得的最大主应变和最大主应力方向来看,45°打印义齿的应力分布最优。

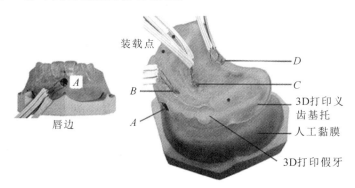

图4-3 在每个义齿的口腔表面上安装四个玫瑰花形应变片

注:A点位于唇系带之上,B点位于尖锐的凸起处,C点位于B点和D点中间,D点位于义齿的末端。

(3) SLA的过滤应用。

利用3D打印技术制造过滤膜和分离膜是近年来新兴的研究领域之一,因为它使研究人员能够通过高度可控和精确的方法制造和设计不同类型和形状的膜。与传统制造方法相比,3D打印技术具有显著优势,例如容易控制膜的孔隙率、厚度、表面粗糙度和密度。有研究人员提出使用溶剂型浆液立体光固化技术来制造过滤膜。该研究旨在观察SLA膜的表面粗糙度、厚度、孔隙率和孔径,为此制备了两种不同的浆料组分(S_1和S_2),S_1由体积分数为23%的0.3~0.4 μm的氧化铝颗粒和体积分数为13%的40~50 μm的氧化铝颗粒组成,S_2由等体积的0.3~0.4 μm和40~50 μm的氧化铝颗粒组成。经过烧结和脱脂处理后,S_1基和S_2基合金的密度分别为3.8 g/cm³和3.68 g/cm³。S_1基材和S_2基材经过固化后分别具有3.7%

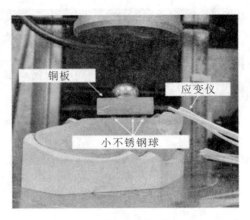

图 4-4　载荷下 3D 打印义齿应力分布的测量

和 6.8% 的孔隙率，这种差异是因为 S_2 基材中含有大量的铝颗粒。扫描电子显微镜观察显示，两种膜的厚度均为 225~230 μm。S_1 基膜的孔隙尺寸为 7.9~9.8 nm，而 S_2 基膜的孔隙尺寸为 8.2~13.7 nm。S_1 基和 S_2 基膜的表面粗糙度分别为 0.17 μm 和 0.18 μm。与由传统工艺制造的膜相比，这两种膜的拓扑结构看起来是平滑的。此外，膜的接触角不取决于粒度，因为它不随尺寸的变化而变化。该研究对超滤有一定的参考价值。

(4) SLA 的电气应用。

导电材料的应用日益广泛，它们在多个行业中发挥着重要作用。例如，在工程领域，SLA 技术被用来制造传感器和执行器。南方科技大学的研究人员提出了一种利用低黏度、高固含量悬浮液并通过 SLA 技术制备高性能压电纳米陶瓷材料的新方法。该方法采用粒径为 500 nm、比表面积为 2.3 m²/g 的钛酸钡粉末作为陶瓷填充料，悬浮混合物中包含 40%（体积分数）的钛酸钡以及 1,6-己二醇二丙烯酸酯、聚乙二醇和光引发剂（二苯基（2,4,6-三甲基苯甲酰基）氧化膦），还添加了质量分数为 1.0% 的 BYK 分散剂。X 射线衍射分析表明，所得陶瓷样品完全由适合用作压电材料的四方相 $BaTiO_3$ 组成。在 1kHz~1MHz 的频率范围内，测得陶瓷材料的介电常数介于 2620 至 2762 之间，其介质损耗因数低于 0.02。材料的密度为 5.69 g/cm³，达到了经验密度值的 95%。测量得到的压电常数显示出该材料在超级电容器和传感器应用方面的潜力。图 4-5 所示为 SLA 工艺及陶瓷的固化、脱脂和烧结过程示意图，图 4-6 展示了利用 SLA 打印的体积分数为 40% 的 $BaTiO_3$ 悬浮液的不同三维结构。

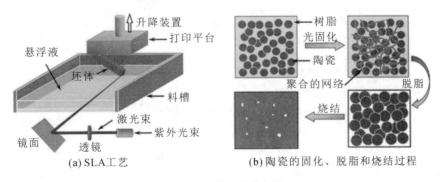

图 4-5　立体光固化打印

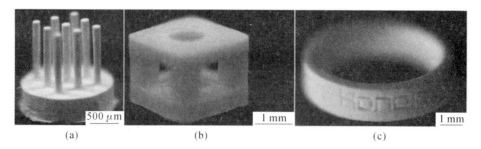

图 4-6 利用 SLA 打印的体积分数为 40% 的 $BaTiO_3$ 悬浮液的不同三维结构

4.2.2 DLP 3D 打印

1. 打印原理

数字光处理(DLP)技术使用一个投影仪,就像用于办公室演示或家庭影院的投影仪那样,将物体横截面的图像投影到液态光敏树脂上。DLP 3D 打印的关键是 DLP 技术,它决定了图像的形成和打印精度。DLP 技术的核心部分是光学半导体,即数字显微镜设备或 DLP 芯片,它由 Hornback 博士于 1977 年发明,1996 年实现商业化。DLP 芯片是一种非常先进的光学开关设备,包含 200 万个微型显微镜的常规阵列,这些显微镜彼此相互连接。每台显微镜大约是人类头发横截面直径的五分之一。当 DLP 芯片与数字视频或图像信号、光源和投影镜头协同工作时,显微镜可以将全数字图像投影到屏幕或其他表面上。DLP 芯片的显微镜切换速率可达每秒数千次,能够反映 1024 像素的灰度阴影,将输入的视频或图像信号转换成丰富的灰度图像。因此,DLP 技术具有较高的打印分辨率,可以打印的最小尺寸为 50 μm。由于半导体封装材料不能耐受紫外光,因此采用波长为 405 nm 的 LED 灯作为 DLP 3D 打印机的光源。DLP 技术采用平面曝光的方式,但曝光面积有限,目前,打印尺寸是 100 mm×60 mm 至 190 mm×120 mm。DLP 技术具有打印体积小、精度高的特点。DLP 3D 打印原理如图 4-7 所示。

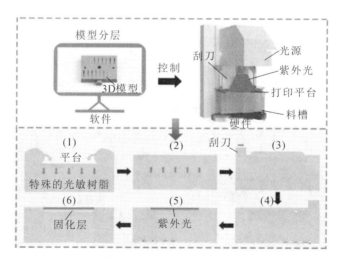

图 4-7 DLP 3D 打印原理

2. 材料概述

通常,自由基光敏树脂可应用于 DLP 3D 打印。不采用阳离子光聚合机理的原因是:阳离子光引发剂在 405 nm 光辐照下难以发挥作用,虽然有些阳离子光引发剂在 405 nm 光辐照下可以发挥作用，但价格昂贵限制了其应用；DLP 3D 打印的光强度不足以光解阳离子光引发剂，从而不能诱导光聚合反应。

3. DLP 技术的优缺点

精度高是 DLP 技术的最大优点。然而，为了保证高精度，投影的尺寸是有限的，所以 DLP 技术只能打印小尺寸的物体。此外，DLP 3D 打印机非常昂贵。由于 DLP 技术具有高精度的特点，同时它只能打印小尺寸的模型，因此，它主要应用于珠宝制造和牙科领域。

4. DLP 技术的应用

(1) DLP 技术在机械设备上的应用。

DLP 技术因打印速度快和分辨率高而日益受到设计和制造行业的青睐。然而，打印参数是决定打印精度和 3D 物体力学性能的关键因素。目前，众多学者已经开始研究打印参数对基于还原光聚合过程的材料的力学性能（包括弹性模量、强度和极限应变）的影响，并对多材料打印技术进行了积极的研究与开发。例如，新加坡科技设计大学借助 DLP 技术成功打造了一个高分辨率的多材料构件。这项研究选用了五种不同的树脂材料：3DM-ABS、VeroClear、VeroWhite、TangoPlus 和 VeroBlack。研究发现，由 VeroBlack 和 TangoPlus 制成的多材料样品在界面处因材料层之间的强力黏结而出现断裂现象。但是所有样品（VeroBlack、TangoPlus 和由 VeroBlack、TangoPlus 制成的半复合材料）的弹性模量都很低，即 129.9 MPa、0.4 MPa 和 1.1 MPa。这些数值低于制造商提供的数值。图 4-8 所示为单独使用 3DM-ABS 和使用由 3DM-ABS 和 VeroBlack 制成的复合材料成型的不同结构。

图 4-8 单材料成型结构和双材料成型结构

(2) DLP 技术的生物医学应用。

韩国翰林大学提出了一种采用 DLP 技术打印生物墨水的方法，打印样件具有较好的生物相容性和良好的力学性能，可应用于组织工程。以丝素和甲基丙烯酸缩水甘油酯（GMA）为原料，制成 Sil-MA 水凝胶质量分数分别为 10%、20% 和 30% 的样件，进行力学性能测试。结果表明：随着 Sil-MA 水凝胶质量分数的增大，样件在压缩过程中的弹性模量相应提升。每增加 10% 的 Sil-MA 水凝胶，压应力增大 2.6 倍。同时观察到，使用质量分数为 30% 的 Sil-MA 水凝胶，压应力可达 910 kPa，压缩应变增加至 80%。随着 Sil-MA 水凝胶质量分数的增大,样件的抗拉强度和断裂伸长率(Sil-MA 水凝胶的质量分数为 30% 时,为 124%)随之增大。当 Sil-MA 水凝胶质量分数为 30% 时,样件的弹性模量为 14.5 kPa。Sil-MA 水凝胶质量分数越大,样件在拉伸过程中的弹性模量越大。结果表明,30% Sil-MA 水凝胶对应的抗拉强度和断裂伸长率分别是 20% Sil-MA 水凝胶的 1.5 倍和 1.6 倍。图 4-9 和图 4-10 分别显示了大脑和耳朵模拟形状的打印品以及气管、心脏、肺和血管模拟形状的打印品。

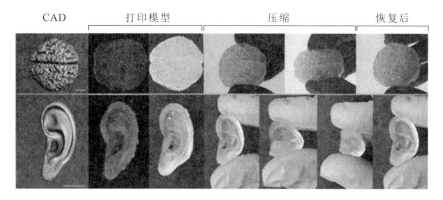

图 4-9 大脑和耳朵的 DLP 打印模型

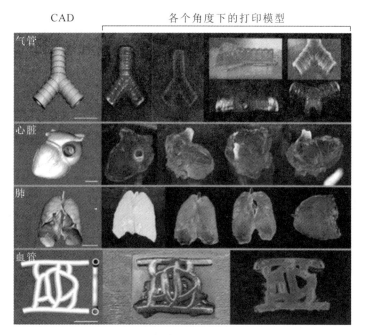

图 4-10 使用 DLP 技术打印的气管、心脏、肺和血管的模型

意大利帕多瓦大学利用 DLP 技术将玻璃材料填充的光敏树脂转化为具有生物活性的玻璃陶瓷支架,以检测其在组织工程中的可行性和生物相容性。该研究所用的材料为硅灰石-透辉石,硅灰石的含量为 52 mol%($CaO \cdot SiO_2$),透辉石的含量为 48 mol%($CaO \cdot MgO \cdot 2SiO_2$),将其加入丙烯酸树脂(三丙二醇二丙烯酸酯)中。该研究不使用光引发剂和光吸收剂。质量分数为 63% 的树脂与体积分数为 41% 的玻璃一起使用。在 1100 ℃ 的高温下进行热处理,成功制备了一种具有立方开尔文细胞结构的硅灰石-透辉石微晶玻璃。这种材料具有良好的生物相容性,其总孔隙率高达 83%,且机械强度达到了 3.2 MPa,与人体骨小梁的特性相似,其机械强度和孔隙率分别为 2~12 MPa 和 75%~95%。此外,还观察到了约 25% 的

均匀线性收缩。图 4-11 所示为具有开尔文细胞结构的样品的 SEM 图像。

图 4-11　具有开尔文细胞结构的样品的 SEM 图像

(3) DLP 技术的电气应用。

中国科学院兰州化学物理研究所利用 DLP 工艺制作了多材料磁力驱动夹持器。采用不同的磁性和非磁性树脂和不同含量的 Fe_3O_4 纳米粒子,观察了树脂的力学性能和打印形貌。通过制备不同含量 Fe_3O_4 的样品,研究发现,在添加 0.5% Fe_3O_4 纳米粒子的条件下,样品的弹性模量达到最大值。未加入 Fe_3O_4 纳米粒子的柔性树脂,在约 30% 的应变水平下,其抗拉强度为 1.4 MPa,这一数值明显低于那些添加了 0.25% Fe_3O_4、0.5% Fe_3O_4 和 0.75% Fe_3O_4 纳米粒子的样品。图 4-12 展示了磁力驱动夹持器示意图,以及 DLP 3D 打印磁力驱动夹持器执行由磁铁控制的抓取和运输棉球的任务。

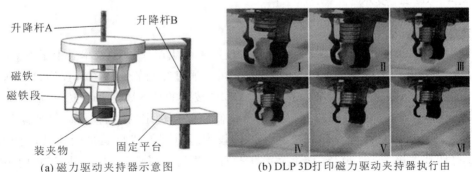

图 4-12　磁力驱动夹持装置

4.2.3　LCD 技术

1. 技术概述

从激光扫描 SLA 到数字投影 DLP,再到 LCD,所有光固化 3D 打印技术的主要区别在于光源和成像系统,而控制系统和步进系统的差异则较小。DLP 和 LCD 3D 打印技术最大的不同之处在于成像系统。LCD 3D 打印技术采用液晶显示器作为成像系统。当电场施加在液晶上时,分子的排列方式会改变,从而阻止光线通过。由于采用了先进的液晶显示技术,液晶显示器的分辨率非常高。然而,在电场开关的过程中,少量液晶分子无法完全重排,导致微弱的漏光。这使得 LCD 3D 打印技术的精度不如 DLP 3D 打印技术。LCD 3D 打印原理如图 4-13 所示。

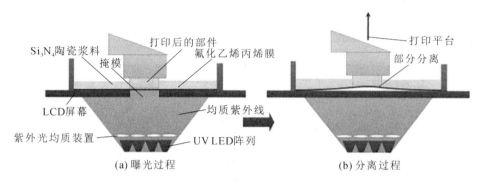

图 4-13　LCD 3D 打印原理

2. 材料概述

除了打印精度之外,DLP 和 LCD 3D 打印技术的主要区别还在于光照强度。光照强度是决定打印速度和固化深度的一个重要因素,因此只要增大引发剂用量或延长曝光时间,DLP 3D 打印技术使用的光敏树脂就可以应用于 LCD 3D 打印技术。

3. LCD 3D 打印技术的优缺点

LCD 设备非常便宜,而且具有良好的分辨率。但由于液晶显示器寿命短,需要定期更换,而且液晶显示器的光强很弱,只有约 10% 的光能透过液晶显示屏,其余的光被液晶显示屏吸收。此外,部分光泄漏可能导致底部光敏树脂过度曝光,料槽需要定期清洗。目前,LCD 3D 光固化机已广泛应用于牙科、珠宝、玩具等领域。

4.2.4　CLIP 技术

1. 技术概述

2015 年 3 月 20 日,Carbon 3D 公司开发的连续液面生产(CLIP)技术登上了 *Science* 杂志的封面。这项技术的关键在于透氧膜的发明,它可以通过控制氧的渗透来控制自由基聚合反应。CLIP 技术是一种先进的数字处理技术。CLIP 技术的基本原理并不复杂,底部的紫外光使光敏树脂固化,而底部的液态树脂因氧气的抑制而保持稳定的液面,从而保证固化的连续性。底部的特殊窗户允许光线和氧气通过。该技术最重要的优点是打印速度成倍增长,比 DLP 3D 打印技术快 25~100 倍,理论上潜在的打印速度可以达到 DLP 3D 技术的 1000 倍。目前,3D 打印要求将三维模型切割成许多层,类似于幻灯片的叠加,这就导致层间粗糙度无法消除,而 CLIP 技术的图像投影可以连续变化,相当于幻灯片演变成叠加视频。这是对 DLP 3D 打印技术的巨大改进。

2. 材料概述

从技术上讲,CLIP 技术是 DLP 3D 打印技术的升级,因为光源和成像系统是相同的。理论上,用于 DLP 3D 打印的光敏树脂也可以用于 CLIP 3D 打印。然而,CLIP 技术对材料的黏度要求很高,尤其是在打印速度快的情况下。快速打印要求液态光敏树脂可以及时补充到打印区域。显然,流动性好的低黏度树脂可以及时流向打印区域,而高黏度树脂流动性差,会导致打印速度下降或打印失败。因此,对于高黏度树脂来说,CLIP 技术的优势将会丧失。图 4-14 所示为 30 μm 分辨率 CLIP 3D 打印机。

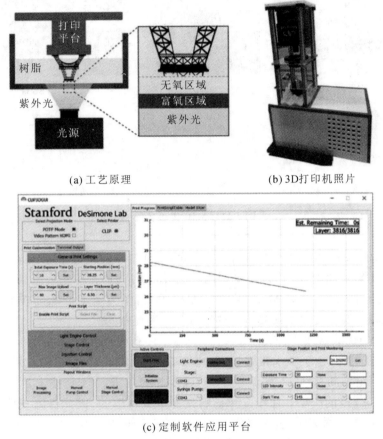

(a) 工艺原理　　(b) 3D打印机照片

(c) 定制软件应用平台

图 4-14　30 μm 分辨率 CLIP 3D 打印机

3. CLIP 技术的优缺点

可以说,CLIP 技术是真正颠覆现有 3D 打印技术的技术。它最大的优点在于快速打印,但是仍然存在一些待解决的技术问题。目前,要通过 CLIP 技术实现快速打印,需要使用低黏度树脂和空心模型。前者确保树脂能够快速补充到打印区域,而后者可以减小每层所需的树脂量。因此,对于高黏度树脂和实心模型,CLIP 技术的效率并不高。此外,透氧膜的价格也相对昂贵。

4.2.5　MJP 技术

1. 技术概述

多喷嘴喷墨打印(multijet printing,MJP)技术也被称为 PolyJet,由以色列 Objet 公司在 2000 年获得专利。MJP 技术可以有效地打印模型,工作时许多喷嘴阵列可以协同工作。根据模型切片数据,工作时数百至数千个喷嘴一层一层地喷射,喷嘴在 XY 平面运动。当光敏树脂喷涂到工作台上时,辊子对喷涂的树脂涂层表面进行处理,UV 灯对光敏树脂进行固化。

在完成第一层的喷印和固化后,工作台将以极高的精度降低一个层厚度,喷嘴将继续喷涂光敏树脂用于下一层的喷印和固化,反复进行直到整个工件打印出来。同时,其他一些喷嘴负责打印易熔或可溶性支撑材料。MJP 实验装置如图 4-15 所示。

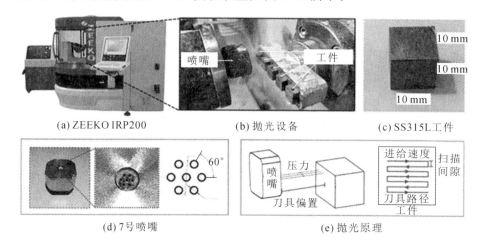

图 4-15　MJP 实验装置

2. 材料概述

与 SLA、DLP、LCD 和 CLIP 3D 打印不同,MJP 3D 打印的成像系统和光源是独立的。理论上,MJP 3D 打印的光源波长可以不受限制。因此,MJP 3D 打印主要采用自由基型光固化液态材料。此外,树脂的黏度对 MJP 3D 打印也很重要,因为喷墨的黏度较低才能保证油墨的可注射性。因此,低黏度油墨或具有加热装置的喷嘴是前提。

3. MJP 技术的优缺点

对于 MJP 3D 打印,由于喷嘴很多,可以喷涂不同的材料,因此,多种材料、多色材料可以同时打印,可以满足不同材料、不同颜色、不同硬度等的需求。MJP 技术具有很高的加工精度,可以打印 16 μm 厚的图层。由于支撑材料是易熔或可溶的,因此拆除支撑的过程是无损伤且容易的,因此,打印模型的表面光滑。而且,在理论上,打印大小是无限的。然而,MJP 3D 打印机目前非常昂贵,而且打印所需的材料也很昂贵,并且要求低黏度。MJP 技术可应用于加工精度要求较高的领域,如珠宝铸造、精准医学等领域。

4.3　光固化 3D 打印技术的发展趋势

众所周知,光固化 3D 打印技术起步较早,但目前其在 3D 打印领域的市场份额相对较低,主要原因是光固化 3D 打印材料性能较差,打印物不能直接作为结构件使用。光固化 3D 打印技术所用材料一般较脆,韧性较差,承受冲击的能力较弱。此外,光固化 3D 打印材料的生物相容性较差,亦限制了其在生物工程领域的应用。目前,光固化 3D 打印材料主要用作临时材料,这极大地限制了该技术的推广和应用。为什么会这样?可以从材料和 3D 打印技术两个方面进行讨论。

1. 缺乏高性能、低黏度的光敏树脂

目前,所有光固化 3D 打印技术的一个共同特点是要求光敏树脂具有低黏度或良好的流动性。低黏度树脂分子量较小,导致光固化材料交联度较高,进而导致材料的硬化和脆化。但如果光敏树脂的分子量较大,黏度就很高。为了确保良好的可打印性,通常需要添加较多的单体进行稀释,但这往往会对树脂的整体性能产生不利影响。目前,光固化 3D 打印技术难以解决树脂黏度与性能之间的矛盾,因此,开发低黏度、高性能的光敏树脂是十分必要的。

2. 无支撑打印

光固化 3D 打印是将液态树脂转化为固态样件的过程。在 3D 打印过程中,液态树脂不能用于支撑,因此,需要增加支撑以保证打印过程的顺利进行。然而,手动移除支撑是一个耗时的过程。目前,3D 打印过程可以实现自动化,但仍然需要人工移除支撑,这仍需要较高的人工成本。此外,去除支撑后,表面粗糙度增大,抛光处理不可避免。因此,开发无支撑光固化 3D 打印技术是另一个研究方向。

3. 可降解光敏树脂的研制

由于目前光固化 3D 打印材料只能作为临时材料使用,可以想象,这些材料在短时间内使用后会被丢弃,从而造成严重的环境污染。然而,光固化 3D 打印材料是高度交联的,不能直接回收,因此,开发具有可降解性的光敏树脂具有重要意义。

4. 生物相容性材料的研制

3D 打印是实现个性化制造的最佳途径,打印产品与生物组织的特性相匹配。光固化 3D 打印技术具有打印精度高、打印速度快等优点,在生物组织中具有很好的应用前景。生物相容性是生物材料非常重要的特性,因此,开发生物相容性材料以用于光固化 3D 打印有非常重要的意义。

4.4　光固化 3D 打印技术的挑战

目前,光固化 3D 打印技术尚未在以下几个方面取得突破。① 光固化 3D 打印件的尺寸普遍较小。一方面光源会限制可打印的范围,另一方面打印件过大容易产生内应力从而造成局部变形。② 打印效率较低。现有的光固化 3D 打印设备主要是通过紫外光扫描或者面扫描的方式成型打印件,层厚度一般为几十微米,所以打印效率普遍较低。③ 难以打印高固含量的陶瓷浆料。随着固含量的提高,陶瓷浆料会产生明显的沉降,同时黏度急剧增大,影响最终的打印质量。④ 光固化 3D 打印技术尚无统一标准。如能解决上述问题,光固化 3D 打印技术将取得重大进展,光固化 3D 打印技术的应用领域也会拓宽。

本章课程思政

光固化 3D 打印技术可以选择不同的浆料体系作为原材料进行打印,直接选择光敏树脂并结合组织工程技术可以制备血管、器官、皮肤等多种仿生组织,极大地缓解了患者的痛苦也带来了巨大的经济效益,为国家医疗事业带来了新的希望。光敏树脂-陶瓷浆料体系经光固化打印、脱脂、烧结成型后可以得到高固含量的陶瓷部件,通过这种方式可以制备人体仿生骨支架,有效弥补现有骨缺损修复技术供体来源有限、价格高等缺点,为患者提供经济实用的治疗方案。未来光固化 3D 打印技术可以促进我国医疗领域的发展,在一定程度上弥补现有治疗手段的不足。

思 考 题

1. 光固化 3D 打印技术有哪些优点？
2. SLA 3D 打印技术的原理是什么？有什么优缺点？
3. DLP 3D 打印技术的原理是什么？有什么优缺点？
4. LCD 3D 打印技术的原理是什么？有什么优缺点？
5. CLIP 3D 打印技术的原理是什么？有什么优缺点？
6. MJP 3D 打印技术的原理是什么？有什么优缺点？
7. DLP 3D 打印技术中不同曝光时间对光固化打印质量有什么影响？
8. DLP 3D 打印技术中不同层厚度对光固化打印质量有什么影响？
9. 目前光固化 3D 打印技术已经应用于哪些领域？
10. 光固化 3D 打印技术还存在哪些不足和挑战？

第 5 章 材料喷射 3D 打印技术

5.1 引　　言

材料喷射(material jetting,MJ)3D 打印技术起源于 20 世纪 80 年代末,早期的材料喷射 3D 打印技术研究主要集中在实验室中,研究人员试图将液态聚合物材料通过喷嘴层层喷射到打印平台上,以创建 3D 结构。20 世纪 90 年代,喷墨打印(ink jet printing,IJP)技术被应用于 3D 打印中。这一技术原理类似于喷墨打印机的工作原理,通过小喷头喷洒粒子或液态材料,然后在打印平台上逐层堆积,最终形成成型工件,这一阶段打印材料主要集中在陶瓷和聚合物材料。而后出现了 PolyJet 技术,这是一种多喷头 3D 打印技术,该技术可以使用多个喷头共同喷射聚合物材料,并通过紫外光进行固化,能够实现更高的分辨率和材料多样性。

21 世纪初,随着技术的不断改进,多材料喷射 3D 打印技术得以发展。这种技术允许在同一构建过程中使用多种不同的材料,包括不同颜色的聚合物,以创建多彩的 3D 打印物体。2010 年,材料喷射 3D 打印技术也扩展应用到金属材料来制造金属零件,其中金属粉末通过喷射加热并逐层固化成型。2016 年,以色列的 XJet 公司推出了纳米颗粒喷射(nanoparticles jetting,NPJ)技术,实现了陶瓷与金属的高精度打印。材料喷射 3D 打印技术还应用于生物打印领域,通过使用生物墨水(包括细胞和生物材料)来创建生物相关的组织与器官。目前,材料喷射 3D 打印技术仍在不断的发展,以期实现更高的打印速度、更多的材料选择以及更高的精度。

总体而言,材料喷射 3D 打印技术已取得显著进步,覆盖了多个材料领域,并在制造、医疗、航空航天等多个行业中得到广泛应用。随着这一技术的不断发展,它将继续促进创新和产业发展。

5.2 材料喷射 3D 打印技术基本原理及分类

5.2.1 材料喷射 3D 打印技术基本原理

材料喷射 3D 打印技术被认为是精度较高的 3D 打印技术之一。它的基本原理是利用供料系统将液态光敏聚合物液滴喷射到打印平台,液态光敏聚合物液滴在紫外光的照射下固化,随着打印平台的下降与供料系统的移动,最终构造出所需 3D 零件。材料喷射工艺系统组成如图 5-1 所示。但材料喷射 3D 打印零件通常仍含有一定量的未固化树脂,导致致密度不足,影响机械强度,因此常需要进行光固化或烧结等后处理来提高打印零件的力学性能。

5.2.2 材料喷射 3D 打印技术分类

目前,材料喷射可分为连续材料喷射(continuous material jetting,CMJ)、纳米颗粒喷射(NPJ)和按需滴落(drop on-demand,DOD)。

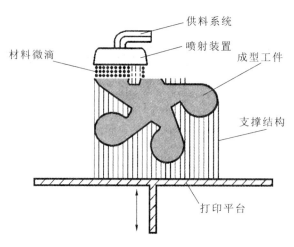

图 5-1 材料喷射工艺系统组成

1. 连续材料喷射

连续材料喷射(CMJ)技术的原理类似于常规的喷墨打印机的工作原理。喷墨打印机的工作原理是喷墨系统前后移动并将彩色墨水沉积在纸上(2D)。而在连续材料喷射技术中,用液态光敏聚合物替换彩色墨水,用打印平台替换纸张(3D)。CMJ 技术原理图如图 5-2 所示。

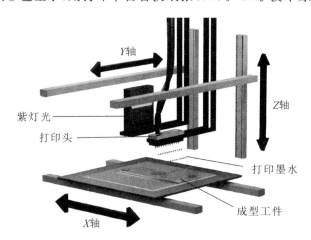

图 5-2 CMJ 技术原理图

在 MJ 3D 打印机中,通常使用一个喷头逐层喷射材料,当一层完成后,移动打印平台以打印下一层。相较于普通的喷墨打印机,CMJ 3D 打印机具有特殊的喷墨系统(见图 5-3),该系统由多个并排排列的打印头和一个 UV 发光器组成。每个打印头上有多个喷墨孔,每个喷墨孔会在喷墨系统移动期间滴落液体,而无须暂停移动打印平台。这样一来,CMJ 3D 打印机可以实现更快的打印速度,并且在一定程度上缩短了打印时间,提高了生产效率。

相对于熔融沉积成型(fused deposition modeling,FDM)打印机通过单一喷头沿着指定路径逐步沉积材料以形成连续线条的方式,CMJ 3D 打印机的另一大特色是其具有多个并排排列的打印头,每一排打印头上的喷墨孔会同时沉积液体,实现逐行沉积。此外,CMJ 3D 打印机的每排打印头都可以存储一种液态光敏聚合物,这意味着可以在打印过程中沉积不同类型的液态光敏聚合物。另外,可以不同的比例混合两种及以上光敏聚合物,从而获得具有"可调性能"的材料,即硬度、刚度和颜色都可以调整的"混合油墨"。这种多材料打印和混合材料的特点使 CMJ 零件不同的部位可以具有不同的颜色和特性,从而提升了其应用性,如图 5-4 所示。

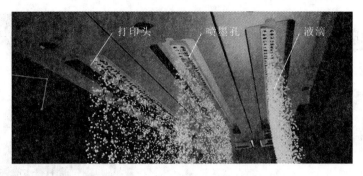

图 5-3 CMJ 3D 打印机喷墨系统组成

图 5-4 CMJ 3D 打印机的"混合油墨"以及多材料彩色打印

2. 纳米颗粒喷射

纳米颗粒喷射(NPJ)技术是 XJet 公司于 2016 年首次公开并取得专利的材料喷射 3D 打印技术。其原理与传统的 2D 喷墨打印机的工作原理相似。喷墨打印机的工作原理是喷墨系统前后移动并将彩色墨水沉积在纸上(2D)。而纳米颗粒喷射技术用悬浮纳米颗粒(SNP)替换彩色墨水并且用打印平台(3D)替换纸张。悬浮纳米颗粒简单来说就是纳米级的研磨金属粉末或陶瓷粉末被包裹在一层液体中。当悬浮纳米颗粒被沉积到 3D 打印机的打印平台上时,由于平台的加热,包裹纳米颗粒的液体会迅速蒸发,仅剩下纳米颗粒,而纳米颗粒也在高温下发生黏结。

XJet Carmel 1400 3D 打印机包含由 24 个打印头组成的供料盘(每个打印头包含 512 个喷嘴)。其中 12 个打印头用于打印构建材料,另外 12 个打印头用于打印支撑材料。当这些打印头在构建区域上移动时,它们会沉积细小的纳米液滴(该液滴由纳米颗粒与载体液组成)。将该纳米液滴沉积到加热的构建板上后,液滴接触热表面,纳米液滴的载体液会被蒸发,剩下纳米颗粒,纳米颗粒被一层薄薄的黏结剂覆盖。该打印机还具有一个热风机与一个由 6 个卤素灯泡组成的加热灯来进一步支持蒸发过程,一旦载体液完全蒸发,剩余的纳米颗粒相互结合。同时该打印机的滚筒会在新打印的层上行进,来精确定义层厚度。XJet 打印过程与打印的氧化锆零件如图 5-5 所示。

打印完后,进一步的后处理提供了最终的微观结构。该后处理是指取出零件进行冷却干燥,赋予零件一定的强度,溶解支撑材料,对零件进行高温烧结达到或接近全密度,实现最终材料性能。

目前,NPJ 技术能够以高分辨率(层厚度为 10 μm)和 ±25 μm 精度实现超精细的细节,且不需要严格的打印环境(即对气体、压力或真空环境没有要求)。但是 NPJ 3D 打印机和

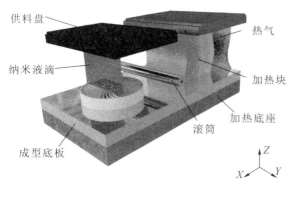

(a) XJet打印过程　　　　　　　　(b) 打印的氧化锆零件

图 5-5　XJet 打印过程与打印的氧化锆零件

SNP 材料很贵,还需要更多的后期开发来提升材料的选择性和多样性,同时由于该技术发展时间不长,因此打印零件的性能还有待提高。

3. 按需滴落

与上述的 CMJ 和 NPJ 都在喷墨系统移动期间以线形的方式连续滴下"墨水"有所不同,DOD 是从喷墨孔中逐点沉积"墨水"来构建每一层。通常,DOD 3D 打印机可以存储和沉积两种墨水,一种是构建材料(蜡状墨水),另一种是可溶解的支撑材料。最后通过溶解支撑材料,得到需要的零件。CMJ 打印与 DOD 打印原理对比如图 5-6 所示。

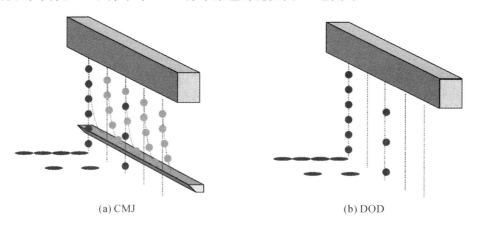

(a) CMJ　　　　　　　　(b) DOD

图 5-6　CMJ 打印与 DOD 打印原理对比

目前,DOD 3D 打印机有丰富的材料可供选择,不同的材料具有不同的特性,如导电性、抗菌性等,从而实现更多用途。DOD 技术相较于 CMJ 技术具有更高的精度,并且减少了材料的浪费。

5.3　材料喷射 3D 打印技术中的固化

MJ 3D 打印技术的一个关键步骤是固化,它对打印零件的几何精度和力学性能有巨大影响。由于紫外光敏感油墨在 MJ 3D 打印技术中起着重要作用,因此本节对该技术的油墨、固化原理、固化光源、固化深度、固化策略、后固化等方面进行了详细介绍。

5.3.1 油墨

油墨通常可以根据其载体的类型分为几类,包括相变(热熔)油墨、水性油墨、溶剂型油墨、油性油墨和紫外光固化油墨。不同类型的油墨在固化前需要的处理工艺各不相同。对于溶剂型导电油墨,通常需要通过干燥过程去除溶剂,并在高温下进行烧结,以分解金属纳米颗粒表面的非导电外壳,促进颗粒的团聚,从而提升导电性能。而对于水性紫外光固化油墨,通常不需要去除溶剂,因为水在紫外光固化过程中会自然蒸发。然而,如果油墨中含有有机溶剂,则需要在固化前去除这些溶剂,以确保固化过程的顺利进行。

紫外光固化油墨是由光引发剂、单体、低聚物和其他添加剂(如颜料、稳定剂、增塑剂和性能增强物质)组成的混合物。紫外光固化油墨具有易处理、稳定性好等优点,目前已广泛用于涂料、包装装饰和标签等工业领域,但是其在食品包装中的使用仍存在一定限制。这是因为其含有有害的低分子量丙烯酸单体、光引发剂和光解产物,这些物质可能会从基材中迁移,并最终与食品接触,进而被摄入。从生物相容性的角度来看,一些研究已经指出,基于光敏聚合物的牙科树脂所制造的3D打印正畸装置释放的化合物可能引发细胞毒性、黏膜刺激、遗传毒性以及过敏反应等问题。因此,建议在进一步研究中对无毒光引发剂和单体进行探究,以便扩大其在不同领域的应用范围。

5.3.2 固化原理

固化是指通过单体交联实现聚合物链生长的过程,该过程伴随着系统黏度的上升,直到材料固化为止。

光诱导链生长可以通过自由基(自由基聚合)、阳离子(阳离子光诱导聚合)或阴离子(阴离子光诱导聚合)来实现。目前市售的用于光喷墨技术的紫外光固化油墨多以丙烯酸酯单体为原料。自由基聚合由于可用的单体种类繁多,反应速度快,成本较低,对微量杂质不太敏感,相对于阳离子制剂来说,具有更广泛的设计选择范围。然而,自由基油墨通常会面临氧气抑制、聚合引起的收缩以及应力延展等问题,同时未反应的单体和光引发剂也有可能会导致危险和具有刺激性的副产物生成。

5.3.3 固化光源

固化过程的正确性、稳定性和高效性依赖于多个因素的协调配合,主要包括紫外灯的发射光谱范围、辐照度、曝光时间、红外辐射以及紫外光固化材料的光学和物理特性。通常,紫外光固化油墨是在汞灯下进行固化的,汞蒸气放电产生的光子能激发油墨中的分子,触发能级跃迁。而掺有金属卤化物的水银弧灯具有较宽的发射光谱,覆盖了约200 nm至450 nm的紫外线和可见光波段。这样的宽光谱光源使得我们可以选择不同的紫外线波长来实现油墨的表面固化和深层固化,从而优化固化效果。

紫外线波长分为UV-C(200~280 nm)、UV-B(280~315 nm)和UV-A(315~380 nm)三个范围,如图5-7所示。其中,UV-C波长较短,主要被材料表面吸收,而UV-B和UV-A波长较长,可以渗透到材料内部。此外,使用光引发剂可以增强固化效果。光引发剂会吸收特定波长的辐射,从而促使材料固化。然而,这可能会阻止光线到达更深层的分子。因此,在紫外光固化油墨的固化过程中,为了确保不同波长的紫外线能够有效地固化油墨的各个层次,通常需要使用多种光引发剂,以实现全面且均匀的固化效果。需要注意的是,仅施加短波长的紫外线会导致附着力不足、力学性能和耐化学性差的问题。而仅使用较长波长的紫外线会导致表面黏性差、交联不良,从而使样品缺乏耐刮擦性和耐磨性。特别是对于厚膜(厚度大于50 μm),更适合采用较长波长的紫外线进行固化,以确保能够充分渗透到材料深层,从而实现整体固化。

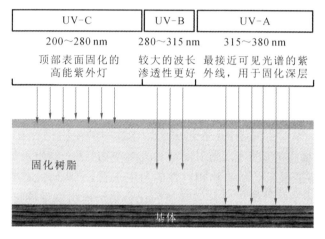

图 5-7 紫外线波长分类

UV-LED 灯是一种单色辐射光源,其主要波长为 365 nm、385 nm、395 nm 和 405 nm。然而,最常用的波长是 395 nm,因为相较于其他波长的 UV-LED 灯,它的成本更低。UV-LED 灯相对更稳定,并且可以立即开启和关闭,无须预热阶段,从而节省了时间和资源。汞灯的广谱光包含光引发剂不敏感的波长,因此会导致能量的浪费,浪费的能量可能会对热敏基板产生不利影响。与此相比,UV-LED 灯的发射波长范围更窄、更具有针对性。

5.3.4 固化深度

固化深度通常指的是 UV 或其他光束穿透材料的深度,它对打印质量与精度有着重要的影响。固化深度太小会导致液滴固化不足,这时液滴呈半固化状态会继续扩散,导致打印品的边缘下垂,同时也会对力学性能和玻璃化转变温度产生不良影响,即导致力学性能与玻璃化转变温度下降,降低了打印品的质量与精度。但如果固化深度太大,可能会导致内部应力积累,影响打印品的耐用性和强度。

5.3.5 固化策略

固化发生在沉积液滴在基板上形成特定图案的过程中,此时液滴会经历初步固化。初步固化仅使用完全固化所需辐射能量的一小部分。在打印过程中,虽然液滴会转变为凝胶状态,但仍然有可能与其他打印液滴进行黏附,影响打印质量。为防止沉积液滴进一步扩散并形成清晰的图案,在喷射过程中需要平衡液滴的固化。在正确的时间以适当的强度进行固化,既能提高打印的分辨率,又能保证打印品的质量与精度。图 5-8 所示为固化过程在材料喷射打印中对零件表面产生的影响。如果没有正确固化,打印层的精度和分辨率可能会因液滴随时间的进一步流动而发生变化。应用轻微固化可以防止液滴进一步扩散。

5.3.6 后固化

打印零件通常仍含有一定量的未固化树脂,因此需要进行后固化处理。据报道,后固化

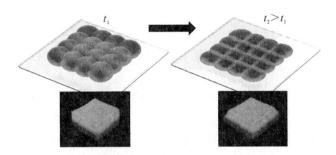

图 5-8　固化过程在材料喷射打印中对零件表面产生的影响

可以提高交联密度,从而提高打印零件的整体力学性能、表面硬度和热稳定性。固化不足和过度固化都会对力学性能和热性能产生不利影响,过度固化可能会因液滴收缩甚至破损而引起内应力,固化不良的层可能导致未反应材料的迁移、力学性能差和几何尺寸误差。因此,选择合理的后固化参数可以提高打印零件的精度与质量。

5.4　材料喷射 3D 打印技术中的质量问题

在 MJ 打印过程中,打印零件的质量可能受到多种因素的影响,包括液滴的体积和形状、喷射轨迹的偏差以及液滴在喷射过程中的变化。此外,打印基层的不规则性和平整度也可能导致后续打印定位精度的下降。同时喷嘴堵塞或液滴固化时收缩导致的喷嘴故障,虽然在单一层上可能只引起微小甚至可以忽略不计的误差,但在打印数百乃至数千层时,随着微小误差的不断积累,打印零件中缺陷的增大会严重影响其精度与质量。因此接下来主要介绍 MJ 打印过程中经常出现的喷嘴堵塞、固化收缩问题,并提出了可行的解决方案。图 5-9 所示为基于紫外光固化的 MJ 3D 打印零件的各种缺陷场景。

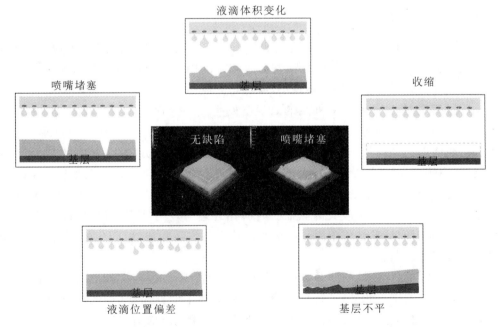

图 5-9　基于紫外光固化的 MJ 3D 打印零件的各种缺陷场景

5.4.1 喷嘴堵塞

在 MJ 打印过程中,颗粒悬浮液因为固体颗粒的存在可能会导致"墨水"在喷嘴处堵塞,导致无法打印,形成缺陷。

在打印初期,喷嘴周围的蒸发和干燥过程,以及打印过程中较大颗粒在压力作用下被挤压,会导致喷嘴两侧形成团聚的固体颗粒(见图 5-10(a)),在这期间,如果只沉积少量颗粒,挤出过程几乎不受影响,但这些沉降的固体颗粒会进一步结合形成树突(见图 5-10(b)),这时喷嘴的有效横截面积减小,剪切应力变大。在流动过程中,通过喷嘴通道横截面的额外颗粒可以破坏树突并形成较大的颗粒团聚物(见图 5-10(c))。这些团聚物会向流动中心移动,最终导致喷嘴堵塞(见图 5-10(d))。

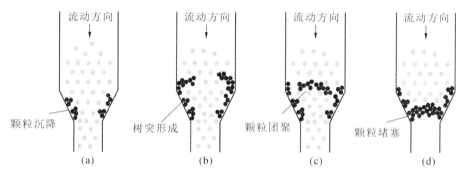

图 5-10 喷嘴堵塞示意图

因此,在打印过程中,要根据打印墨水的流变性能与悬浮固体颗粒的粒径,合理设置打印速度、环境固化温度与光照强度,以确定最佳的打印参数。此外,定期更换新的打印喷头也是减少打印零件缺陷的一种方法。

5.4.2 固化收缩

在 MJ 打印过程中,打印零件的尺寸与设计尺寸有时会存在偏差,通常表现为收缩变小。这种偏差主要源于两个阶段的固化过程:打印过程中的固化与打印完成后的固化。其中打印过程中的固化对打印零件尺寸的影响较小,而打印完成后的固化则影响较大。

在打印过程中,打印墨水在紫外线的照射下发生交联固化,纳米颗粒在墨水中作为黏结剂或聚合物树脂的一部分而自行交联,精确地形成预期的打印形状。在这个过程中,纳米颗粒或聚合物树脂因为光固化作用变得更加致密,因为这只是部分固化,此时的收缩较小。在打印完成后,由于打印零件中仍含有大量未完全固化的墨水或者树脂,因此通常需要进行烧结或者后固化等处理。烧结处理会使零件中作为黏结剂的打印墨水蒸发,使得纳米颗粒变得更加致密,导致打印零件产生较大的收缩。后固化处理与烧结处理类似,通过对打印零件进行更大强度、更长时间的曝光使未固化的树脂固化。与烧结相比,后固化的收缩率相对较小,但机械强度也相对较弱。

目前,为了解决固化收缩的问题,可以通过合理设置固化和烧结过程中的时间、温度和光强等参数来降低收缩率。此外,进行预实验了解材料在不同打印参数下的收缩行为,进而在零件设计阶段进行相应的补偿调整,这也是减小收缩影响的有效策略。

5.5　材料喷射3D打印材料

MJ 3D打印技术可以使用多种不同类型的材料来制造物体。这些材料包括聚合物材料、金属材料、陶瓷材料、生物材料以及其他类型的材料,本节将介绍MJ 3D打印技术中常使用的材料。

5.5.1　聚合物材料

聚合物材料是常见的3D打印材料之一,因为它们相对便宜、易于加工且具有较好的力学性能。在MJ 3D打印技术中,聚合物材料通常以树脂的形式使用,树脂可以在光照下固化。这些材料的特点是强度高,耐磨性、耐久性和抗氧化性高。常见的聚合物材料包括丙烯腈-丁二烯-苯乙烯(acrylonitrile-butadiene-styrene,ABS)、聚乙烯(polyethylene,PE)、聚醚醚酮(poly(ether-ether-ketone),PEEK)等。

5.5.2　金属材料

金属材料是MJ 3D打印技术中广泛使用的一类材料。使用金属材料制造的零件具有更高的强度和更好的耐磨性。在MJ 3D打印技术中,金属材料通常以纳米颗粒的形式使用,通过纳米颗粒喷射技术制造具有高分辨率的金属零件。目前,常用于MJ 3D打印技术中的金属材料为316L不锈钢。

5.5.3　陶瓷材料

陶瓷材料也是MJ 3D打印技术中常用的一种材料。这种材料的特点是耐高温、耐腐蚀和抗磨损,因此在制造需要在高温和腐蚀环境下工作的零件时非常有用。在MJ 3D打印技术中,陶瓷材料通常也以纳米颗粒的形式使用,通过纳米颗粒喷射技术制造零件,最后经过高温处理进行固化。目前,常用于MJ 3D打印技术中的陶瓷材料为氧化锆和氧化铝。

5.5.4　生物材料

生物材料是一种逐渐受到重视的新型材料。在MJ 3D打印技术中,生物材料通常也以树脂的形式使用,在打印过程中可以固化为对应工件。生物材料的特点是与人体组织相容性好,所以它们可以用于制造人工骨骼、心脏瓣膜等医疗器械。常见的生物材料包括聚乳酸(poly lactic acid,PLA)、聚己内酯(polycaprolactone,PCL)、明胶(gelatin)等。

5.5.5　其他类型的材料

除了上述几种材料外,MJ 3D打印技术还可以使用其他类型的材料,如玻璃、陶土和木材等材料。这些材料在MJ 3D打印技术中的应用范围较小,但是它们仍然有很大的潜力,在一些特殊领域(如艺术品和家居装饰)中得到应用。

5.6　材料喷射3D打印技术的典型应用

MJ 3D打印技术具有高精度、多材料打印能力和能够构建复杂几何形状的特点,因此在很多领域有广泛的应用。本节主要介绍 MJ 3D 打印技术在制造业、医疗领域、电子领域等的典型应用。

5.6.1 制造业

在制造业中，MJ 3D 打印技术被广泛用于快速原型制作、定制化零件制造和复杂结构组件制造等。例如，工程师可以使用 MJ 3D 打印技术快速制造出产品的原型，以进行设计验证和功能测试，还可以据客户的需求快速打印出定制化的产品。奥迪公司使用 Stratasys J750 全彩多材料 3D 打印机进行尾灯罩的原型设计，将这些多色、透明的零件进行一体打印，如图 5-11 所示，可以节省高达 50% 的时间。

图 5-11 J750 3D 打印机制作尾灯罩原型

5.6.2 医疗领域

MJ 3D 打印技术在医疗领域具有广泛的应用，为医疗器械、生物组织工程、手术规划等提供了创新的解决方案。

MJ 3D 打印技术可以根据患者的解剖数据制造个性化的假体。通过将患者的扫描数据转化为 3D 模型，可以精确打印出适合患者的假体，提高适配性和舒适性。例如，使用 MJ 3D 打印技术制造的个性化假肢可以更好地模拟人体结构，提供更好的运动功能。图 5-12 所示为根据患者鼻腔计算机体层成像(CT)的 MJ 打印模型。

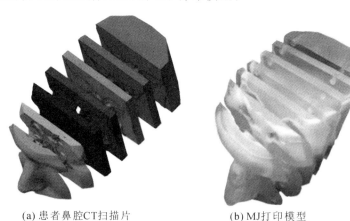

(a) 患者鼻腔CT扫描片　　　(b) MJ打印模型

图 5-12 基于患者鼻腔 CT 的 MJ 打印模型

MJ 3D 打印技术还广泛应用于生物组织工程，用于制造人造组织和器官模型。科研人员可以使用 3D 打印技术将载有细胞的生物材料一层一层地叠加打印，以构建复杂的生物组织结构。这种技术有望用于器官损伤治疗、器官移植等领域。例如，MJ 3D 打印技术可以制造出具有血管结构的肝脏模型，以用于药物测试和器官研究。医生可以制造出患者的解剖模型,以用于手术规划和模拟。这些模型可以帮助医生更好地了解患者的病情,优化手术方案,提高手术成功率。

基于 MJ 3D 打印技术的 Objet Eden260VS Dental Advantage 3D 打印机的打印精度可达 16 μm,使用可溶性支撑材料,通过在微小裂缝、悬垂或空腔等棘手区域溶解支撑材料来进一步简化工艺。该功能可以降低每个部件的人工成本,从而为牙科实验室带来的更多优势。该 3D 打印机打印的有支撑材料填充的牙具模型如图 5-13 所示,将支撑材料去掉后,牙具模型表面十分光滑,如图 5-14 所示。

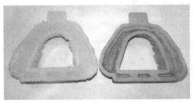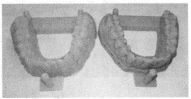

图 5-13 有支撑材料填充的牙具模型

图 5-14 去除支撑后的牙具模型

图 5-15 所示为利用 MJ 3D 打印技术打印的心脏模型,该心脏模型颜色分明,不仅可以用于药物测试和器官研究,还可以用于手术规划和模拟。

图 5-15 MJ 3D 打印的心脏模型

5.6.3 电子领域

在电子领域,MJ 3D 打印技术被广泛用于制造电子元件。通过将导电材料喷射到特定位置,可以实现电子元件的制造和电路的组装。通过 MJ 3D 打印技术还可以直接制备微小的回路。图 5-16 所示为高压放大器喷墨打印过程。

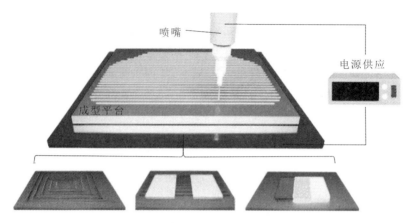

图 5-16　高压放大器喷墨打印过程

综上所述，MJ 3D 打印技术在制造业、医疗领域、电子领域等有广泛的应用。通过结合不同材料和打印工艺，MJ 3D 打印技术可以实现复杂结构组件的制造。

5.6.4　多材料应用

能够在同一结构中实现复杂的几何形状和多样化的材料组合的多材料增材制造技术具有巨大的潜力。为了进行多材料的打印，MJ 3D 打印技术需要配备额外的打印头来精确分配和固化不同的材料。材料在结构中的局部变化能够显著提升产品的抗拉强度、生物相容性、柔韧性以及颜色和不透明度等视觉效果。除了美学效果外，多材料制品通常还被设计用来增强晶格结构的能量吸收能力。例如，研究人员通过多材料打印技术设计补充晶格结构，以提高能量吸收性能。通过这种技术，可以在同一结构中结合不同类型的材料，从而实现更精确的功能化设计。具体来说，在压缩方向上使用刚性材料制造强度更高的韧带，这些韧带能够有效吸收冲击能量。通过在不同区域合理配置材料，多材料打印技术能够显著优化整体能量吸收性能。

5.7　材料喷射 3D 打印技术的发展趋势

MJ 3D 打印技术作为增材制造领域的重要技术，具有广阔的发展前景。随着科学技术的不断发展和创新，本节列举了未来 MJ 3D 打印技术在以下五个方向的发展趋势。

5.7.1　多材料打印与多功能性

MJ 3D 打印技术在多材料打印领域的发展将为产品设计和制造带来革命性的改变。目前，MJ 3D 打印技术已经实现了两种及以上材料的混合打印，例如将不同颜色的塑料或金属材料同时打印在同一个构件中。未来，通过研发新型的喷头和材料供给系统，多材料打印的能力将进一步扩展。例如，通过同时打印不同的聚合物或金属材料，可以在同一个构件中实现材料的组合应用。这将极大地拓宽 MJ 3D 打印技术的应用范围。

功能性材料的拓展也是 MJ 3D 打印技术未来发展的重要方向。功能性材料是指具有特殊功能或特性的材料，如导电材料、光学材料、磁性材料等。将这些材料应用于 MJ 3D 打印技术中,可以赋予打印产品更多的功能和特性。例如,利用导电材料,可以打印出具有电子功能的元件,如传感器和导电通路,这在电子器件制造和智能传感器领域具有潜在的应用前景。光学材料可以用于打印光学透镜和微型光学系统,这拓展了光学器件的制造方法。功能性材料在 MJ 3D 打印技术中的应用将推动该技术在电子、光电子、生物医学等领域的广泛应用。

5.7.2 高分辨率和高精度的实现

高分辨率和高精度是 MJ 3D 打印技术的关键发展方向之一。高分辨率意味着喷墨粒径更小,打印出的构件表面更加光滑,细节展现得更加精细。高精度则意味着能够更精确地控制构件的尺寸和形状,确保打印的准确性。要实现高分辨率和高精度,MJ 3D 打印技术需要在喷头、打印控制系统和材料供给系统三个方面进行改进。

首先,改进喷头是实现高分辨率和高精度的关键。新型喷头将采用更小的喷嘴,能够喷射更精细的墨滴,从而提高打印的分辨率和精度。这有助于实现更细致的打印细节和更光滑的表面。同时,喷头的稳定性和可靠性也是关键因素,它们保证了打印过程的一致性和可靠性。其次,打印控制系统的改进也是关键。通过采用更先进的打印控制算法和实时反馈机制,可以更准确地控制墨水的喷射位置和体积。在打印过程中,对喷头的运动轨迹、喷射频率和速度进行精确调整,实现更精细的打印效果。最后,材料供给系统的稳定性和一致性对打印结果同样重要。该系统需要确保材料能够均匀、稳定地供给,同时在多材料打印中实现顺畅的材料切换和转换。

高分辨率和高精度的 MJ 3D 打印技术在微纳加工、精密器件制造、高精度零件打印等领域具有广泛的应用前景。

5.7.3 快速原型验证和小批量生产

快速原型验证和小批量生产是 MJ 3D 打印技术的一大优势。未来,随着科技的发展,MJ 3D 打印技术的打印速度和效率将进一步提升,实现更快速的原型验证和更短的生产周期。

首先,打印速度将通过多方面的改进来提升。一方面,增加喷头的数量,以提高喷射频率和打印速度。另一方面,进一步提升材料的喷射速度和加热速度以缩短打印时间。在这个方面,高性能的喷头和高效的加热系统是关键。其次,工艺优化和新型打印材料的应用也将缩短打印时间和降低成本。通过优化打印参数和工艺流程,可以缩短打印时间,并提高打印的成功率。同时,开发新型的打印材料,如高效的光固化树脂、快速固化的金属粉末等,也将进一步提升打印速度和效率。最后,数字化制造和自动化生产也将推动原型验证和小批量生产的加速。在数字化制造中,产品的设计和制造流程将实现数字化,从设计到打印的全过程将更加高效和智能化。自动化生产将通过引入自动化控制系统和智能传感器,实现打印过程的自动化和智能化,提高生产效率和质量。

对于新产品的快速原型验证和小批量生产,MJ 3D 打印技术将成为首选技术。

5.7.4 生物医学应用的拓展

生物医学领域对 MJ 3D 打印技术的需求持续增长。未来,MJ 3D 打印技术在生物医学领域的应用将进一步拓展。

首先,在生物组织和器官打印方面,MJ 3D 打印技术将实现更复杂的生物组织和器官的打印。目前已经有研究表明,通过将生物材料和细胞混合打印,可以实现人造组织和器官的构建。未来,通过优化生物材料和细胞,可以实现更复杂的生物组织打印,如肝脏、心脏和肺等。这将为生物医学研究和组织修复提供更多的解决方案。其次,个性化医疗器械的应用也将得到进一步推广。个性化医疗器械是指根据患者的体型和病情制造的定制化医疗器械。例如,根据患者的牙齿形状打印个性化的牙套,或者根据患者的脊柱形态打印定制化的椎间盘。这将提高医疗器械的适配性和治疗效果,为患者提供更加个性化和精准的医疗服务。

除了以上应用外,生物医学领域对 MJ 3D 打印技术在生物相容性和材料可降解性方面的要求也很高。未来,MJ 3D 打印技术将进一步改进材料的生物相容性,开发更多可生物降解的材料,以满足生物医学领域对材料的特殊要求。

5.7.5 可持续性和绿色制造的追求

未来,MJ 3D 打印技术将更加关注可持续性和绿色制造。随着环保和可持续发展意识的增强,MJ 3D 打印技术将在以下方面持续改进。

首先,材料的选择将更加注重环保、可循环利用和可生物降解性。例如,开发可生物降解塑料用于食品包装和一次性用品,从而减少对环境的污染。同时,研发可回收利用的材料,实现对废弃构件和材料的回收再利用。其次,优化打印工艺将减少资源的浪费。通过改进打印工艺和优化构件的支撑结构,可以减少材料的浪费。例如,采用智能支撑结构的设计,可以在打印过程中减小支撑材料的使用量,从而减少废料的产生。此外,节能和高效的生产也是实现绿色制造的重要手段。例如,采用低能耗的加热系统和高效的喷头,可以降低打印过程中的能源消耗,提高生产效率。

总结而言,MJ 3D 打印技术的未来发展将涵盖多材料打印、高分辨率、快速原型验证和小批量生产、生物医学应用以及可持续发展等多个方面。这些发展趋势将推动 MJ 3D 打印技术在制造业、医疗领域和其他领域的广泛应用。要顺应这些发展趋势,仍需要持续的研发投入、合作和技术交流,以推动该技术不断向前发展。通过不断的创新和发展,MJ 3D 打印技术将不断革新我们的生活方式和产业结构,为社会创造更多的价值。

本章课程思政

材料喷射 3D 打印技术由于具有个性化定制、复杂结构精细制造能力和多材料打印模式等特点在医疗器械、生物组织工程以及手术规划等方面得到了广泛应用,带来了创新的解决方案。特别是多材料打印模式的运用使得材料喷射 3D 打印技术得以制造出具有不同颜色血管结构的心脏模型,为器官研究和医学教学提供了生动的三维模型。医生能够运用这一技术制造患者的解剖模型,通过对模型的深入研究更全面地了解患者的病情,进而优化手术方案,提高手术的成功率。通过持续推动材料喷射 3D 打印技术的发展,将其科技成果普及,为人们提供更先进、个性化的医疗服务,从而助力我国走向更加健康、美好、幸福的未来。

思 考 题

1. 材料喷射 3D 打印技术的基本原理是什么?
2. 材料喷射 3D 打印技术可分为几类?
3. 简述喷墨打印技术与材料喷射 3D 打印技术的区别。

4. 连续材料喷射技术和材料喷射 3D 打印技术有何不同？
5. 列举材料喷射 3D 打印技术的应用案例。
6. 材料喷射 3D 打印技术可以使用哪些材料？
7. 纳米颗粒喷射技术是如何实现高分辨率打印的？
8. 你认为材料喷射 3D 打印技术的优缺点是什么？
9. 材料喷射 3D 打印技术的未来发展方向是什么？
10. 固化程度对材料喷射 3D 打印零件的精度与质量有何影响？

第6章 熔融沉积成型

6.1 引　　言

熔融沉积成型(fused deposition modeling,FDM)概念最早出现于20世纪80年代。1988年,Scott Crump 成功开发了FDM工艺,并于次年与妻子共同创立Stratasys公司。1992年,Stratasys公司推出了世界上第一台基于FDM技术的3D打印机,自那时起,Stratasys公司始终走在3D打印技术创新的前沿,并开发出了一系列吸引大型制造商和相关领域专家的打印系统。2009年,FDM关键技术专利到期,人们可以自由采用这种打印技术而无须向Stratasys公司支付专利费用,这为商业、私人订制(do it yourself,DIY)以及开源(RepRap)3D打印机的应用开辟了新天地。不过,Stratasys公司仍然拥有"FDM"一词的商标,FDM又被称为FFM(fused filament modeling)或FFF(fused filament fabrication),这两个术语的提出主要是为了避开FDM一词的商标问题,它们的核心技术原理与应用是相同的。

6.2 基本原理

6.2.1 系统组成

FDM设备一般由框架支撑系统、三轴运动系统、喷头打印系统、硬件系统和软件系统组成(见图6-1)。

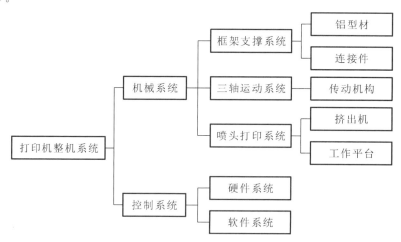

图 6-1　FDM 设备组成

1. 框架支撑系统

框架支撑系统可分为开放、半封闭和全封闭三种形式。开放式框架支撑系统由底座及移动支撑组件构成;半封闭式框架支撑系统在开放式框架支撑系统的基础上增加了部分框架板及辅助支撑结构,而操作和观察的窗口仍为开放式;全封闭式框架支撑系统采用全封闭机箱结构,用透明可升降的门板进行操作和观察。框架支撑系统是保证机器稳定运行的装置。

2. 三轴运动系统

移动系统保证运动的可靠性和移动精度,其移动精度是保障最终制件成型精度的前提。三轴运动系统主要分为龙门式、三角洲式、矩形箱式,如图 6-2 所示。

(a) 龙门式　　　　　　(b) 三角洲式　　　　　　(c) 矩形箱式

图 6-2　三轴运动系统

龙门式三轴运动系统为最常见的移动系统,矩形龙门架控制 X/Z 轴移动,打印平台控制 Y 轴移动。龙门式三轴运动系统的优点为结构简单,成本较低,对装配精度要求不高,安装和维修较为容易;缺点为打印精度差,打印过程中模型易脱落,打印速度慢。

三角洲式又称并联臂式。打印平台不动,通过并联臂实现 $X/Y/Z$ 三轴的运动控制。由于采用三个并联臂的设置,电机很小的移动距离就能让喷头改变较大的距离和角度,打印速度快,传动效率高。三角洲式三轴运动系统的占地面积较小,但 Z 轴空间利用率较低,打印精度稍低,稳定性不好,机器的调平较为困难。

矩形箱式三轴运动系统由 X/Y 轴步进电机协同工作来控制三轴移动,按照滑块的安装方式和皮带的缠绕方式不同又分为 X/Y 轴单独控制(Hbot 结构)和 X/Y 轴协同控制(CoreXY 结构)。对于具有双臂并联结构的打印机,电机位置固定,惯性小,有较高的打印速度和精度。但由于使用皮带传动,精度受皮带弹性形变的影响较大,需要注意皮带的选用及日常维护。

3. 喷头打印系统

喷头打印系统由挤出机构和喷头组件等组成,如图 6-3 所示。

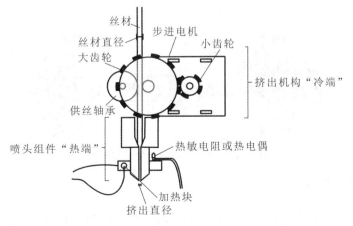

图 6-3　挤出机构与喷头组件示意图

控制系统必须确保控制过程的高精度、稳定性和响应速度,而挤出机构则需要输出足够的挤出压力,有效减少材料"打滑"的情况。

喷头组件位于进料系统的终端,负责将丝材加热、熔融、挤出,故又被称为"热端"。喷头组件是 FDM 设备的核心部件,其结构的设计直接影响挤出丝的精度和稳定性,进而影响制件成型质量。理想的喷头组件应满足以下几点要求:

(1) 能够达到丝材熔融温度以上;
(2) 能够在高温环境下稳定工作;
(3) 工作过程中喷嘴不堵塞;
(4) 保证材料连续稳定的挤出;
(5) 有良好的开关响应特性并能实时调节,以保证成型精度。

在配备加热块的"热端"中,挤出机构也常被称为"冷端"。在大多数桌面 FDM 3D 打印机中,冷端电机通常采用步进电机。尽管各类挤出机构在外观上存在差异,但它们基本上由电机齿轮、减速齿轮、挤出齿轮、供丝轴承、松紧弹簧和螺栓等核心部件组成。

按照布局来分,常见的挤出打印系统可分为近程挤出和远程挤出两种。

在近程挤出系统中,冷端直接固定在热端之上,丝材通过挤出机构后直接送入热端。这种布局最大限度地减小了丝材推送的距离,可以更好地打印柔性材料或具有磨损性的材料,且在打印常规材料时也可以更好地实现给料和回抽的精准控制,反映在打印件上就是更少的拉丝。图 6-4 所示为 Ender 3 S1 打印机的近程挤出系统。

图 6-4　Ender 3 S1 打印机的近程挤出系统

从原理上讲,将冷端直接安装在热端上方会显著增大打印头的质量,并且电机产生的振动也会直接传递给打印头。这种额外的质量和振动可能导致打印速度减慢、摆动增加以及运动精度降低。此外,将冷端和热端组合在一起还会使维修过程变得更加复杂。

在远程挤出系统中,冷端固定在轴上并随轴移动。与近程挤出系统相比,打印头总质量更小,同时电机振动干扰更小,使热端在运动控制的准确性和打印速度上更有优势。图 6-5 所示为 Ender 3 Neo 打印机的远程挤出系统。

图 6-5　Ender 3 Neo 打印机的远程挤出系统

6.2.2　工作原理

FDM 是一种使用热熔性丝状材料(如 ABS、尼龙等)加热熔化成型的方法。借助材料的热熔性、黏结性，原料被制成方便运输和储存的长丝状。如图 6-6 所示，丝状材料放置于卷线轴中，由驱动轮拉动，通过从动辊和主动辊的协同作用，被送入导向套中。导向套摩擦系数低、润滑性能好，确保丝状材料能够精确且连续地进入温控喷嘴，并在那里被加热至半流动状态。喷嘴将半流动状态的热熔性材料挤出，同时根据计算机软件的指令，沿零件截面轮廓和内部轨迹移动，形成薄薄的一层。一层沉积完成后，打印平台与喷嘴的间距增加一个层厚度，进行叠加熔喷沉积。挤出材料温度低于固化温度时，层轮廓迅速固化并与周围材料相互黏结，层层堆积以实现零件的沉积成型。

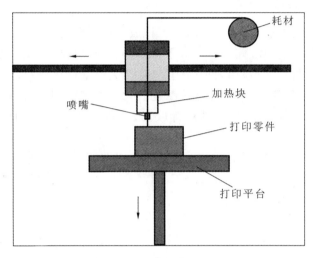

图 6-6　FDM 工艺原理图

6.3　成型材料及其要求

6.3.1　材料要求

根据 FDM 工艺的原理及特点，所使用的材料应满足以下几点要求。

1. 黏度

为使丝状材料流畅地从喷嘴中挤出，材料需具有一定的流动性。材料的流动性通常用黏度表征。材料黏度高时流动性变差，可增大送丝压力并延长喷头的启停响应时间；材料黏度较低时流动性好，阻力小，有利于半熔融状态的丝状材料的挤出。但黏度过低时将发生流延，使挤出的材料不均匀并难以控制。

2. 熔化温度及玻璃化转变温度

为使成型件具有较高的成型精度，延长机械系统的使用寿命，材料应有较低的熔化温度。较低的熔化温度能减小材料挤出前后的温差和热应力，从而提高打印精度并降低打印成本。材料从喷嘴中挤出后，应快速冷却凝固，与上一层固化材料黏结，这就要求材料有适当高的玻璃化转变温度，以保证打印精度。

3. 收缩率

材料的收缩率是影响成型件外形质量重要的因素之一。材料挤出时，喷头会对材料造成挤压，若材料的收缩率较大，由挤压造成的丝材直径误差就比较大。另外，材料固化时较大的体积变化也会导致零件内部产生内应力，使零件发生翘曲变形，甚至层间剥离和开裂。

4. 黏结性

影响零件强度的重要因素之一是材料的黏结性。黏结性与两层之间的黏结强度紧密相关，若黏结性过差，层与层之间不能紧密黏结，将导致开裂。

5. 制丝要求

为了便于保存和运输，材料将被制成细丝保存。制成的丝材应表面光滑，直径均匀，内部均匀，常温下应具有良好的力学性能和柔韧性，摩擦轮牵引驱动时不会轻易折断和变形。

6.3.2 主要的成型材料

材料是熔融沉积成型的重要基础。熔融沉积成型可使用的材料非常广泛，如尼龙、石蜡、铸造蜡、人造橡胶、低熔点金属、陶瓷及高分子材料等。通过熔融沉积成型技术使用蜡材料制造出的零件，能够用于熔模铸造；用丙烯腈-丁二烯-苯乙烯（ABS）塑料成型的模型具有较高的强度，一定程度上改善了 FDM 零件的力学性能；在 20 世纪末，开发出的聚碳酸酯（PC）以其卓越的强度脱颖而出，其强度比 ABS 材料高 60%。同时，聚纤维酯（PPSF）不仅耐热性卓越，还具备高强度和高抗腐蚀性，能够用来制造功能性零件或产品。以高分子化合物为基础的可黏结材料是 FDM 工艺最常用的材料，它的发展速度与熔融沉积成型的进一步发展息息相关。

本节主要介绍聚乳酸（PLA）、丙烯腈-丁二烯-苯乙烯（ABS）塑料、聚碳酸酯（PC）三类用于 FDM 工艺的高分子材料。

1. 聚乳酸（PLA）

PLA 是一种极具创新性的生物可降解材料。可再生植物资源（如玉米、甘蔗）中提取的淀粉经由糖化和菌种发酵制成高纯度的乳酸，乳酸再经过化学合成即可转化为聚乳酸。聚乳酸有良好的热稳定性、耐溶剂性、延展性、抗拉强度、生物相容性和生物可降解性。PLA 流动性好，不容易堵住喷头，在熔化时不产生难闻气味，是一种非常适于 3D 打印的材料。使用 PLA 打印的成型件透明而富有光泽。PLA 还是一种生物可降解材料，使用后能被微生物自然降解，不会对环境造成污染。当然，PLA 也存在一些缺点。例如，PLA 打印件力学性能不好，脆性大，韧性和抗冲击性较差。另外，PLA 的耐热性较差，结晶度低，非结晶 PLA 材料的热变形温度为 55℃左右，限制了其使用范围。

现有许多改善 PLA 性能的研究。Bleach 团队将双相磷酸钙（BCP）与 PLA 复合，提升了 PLA 的机械强度。Kaynak 团队在 PLA 中加入热塑性聚氨酯（TPU）弹性体和玻璃纤维构建增强复合材料，提高了拉伸模量和弯曲模量，并且增加了韧性。Wang 团队将氮化硼（BN）纳米片加入 PLA 中，提升了 PLA 的力学性能和促成骨分化能力。Feng 团队将天然的珍珠粉（pearl powder）加入 PLA 基体，提高了 PLA 的力学性能和矿化能力。Wang 团队将氧化石墨烯（graphene oxide）填入 PLA 基体，使其力学性能提升，同时细胞响应性能也得到提高。某研究团队在 PLA 中加入聚羟基丁酸（PHB）促进了 PLA 结晶。德国 FKuR 公司与荷兰 Helian 公司在 PLA 中加入天然纤维来提高 PLA 的强度和尺寸稳定性。还有研究团队用低温粉碎混合反应技术改性 PLA，提升 PLA 的力学性能和热变形温度，改性后的材料打印时收缩率小、无气味，制品尺寸稳定、富有光泽。

2. 丙烯腈-丁二烯-苯乙烯（ABS）塑料

ABS 塑料是目前使用最广泛也是最早应用在 FDM 中的材料。ABS 由美国 Marbon 公司于 20 世纪 50 年代作为苯乙烯-丙烯腈共聚物的替代品开发。ABS 是由丙烯腈、丁二烯和苯乙烯三种单体组成的共聚物，其相对含量可以任意变化，从而赋予其复杂的特性。丙烯腈提升了 ABS 的耐蚀性、耐热性和表面硬度；丁二烯则赋予其高弹性和韧性；苯乙烯则为其提供了热塑性塑料的加工成型特性，并改善了电性能。ABS 材料由于综合性能优异、原料易得、成本低廉和加工容易等优点，在各个领域得到了广泛应用。然而，由于三种单体在 ABS 中的比例和作用各不相同，ABS 在某些方面性能较差。例如：ABS 的收缩率较大，导致成型件容易发生收缩变形、层间剥离和翘曲；耐热性较差；打印过程中还可能产生异味。

目前有许多改善 ABS 成型质量的手段。Aumnate 团队通过溶剂混合的方法研制了含 2%氧化石墨烯的 ABS 复合长丝，提高了 ABS 的抗拉强度和杨氏模量，弥补了其在力学性能上的不足。Stratasys 公司推出的 ABS-M30i 材料较 ABS 具有更高的力学性能与层间黏合强度，使打印件具有良好的热稳定性和尺寸稳定性。仲伟虹团队用短切玻璃纤维对 ABS 改性，减小了 ABS 的收缩率，同时大幅提升了 ABS 的强度和硬度，虽然加入短切玻璃纤维会使 ABS 韧性下降，不过可以通过加入增韧剂和增容剂降低这一影响。图 6-7 所示为 ABS 打印成品。

图 6-7 ABS 打印成品

3. 聚碳酸酯（PC）

PC 是一种高分子聚合物，其分子链中含有碳酸酯基。根据醇结构的不同，PC 可分为脂肪族、芳香族和脂肪族-芳香族等类型。其中，脂肪族和脂肪族-芳香族聚碳酸酯的力学性能较差，而广泛用于工业生产的是芳香族聚碳酸酯，它几乎具有工程塑料的所有优良特性，成为市场上需求和应用领域增长速度最快的工程材料。PC 无色无味，透明且富有光泽，具有出色的抗冲击和耐高温性能，以及良好的力学性能，与聚甲基丙烯酸甲酯（PMMA）性能相近。然而，PC 的缺点在于难以着色，高温时可能析出致癌物，这限制了其在医疗工程领域的应用，同时过高的打印温度也超出了大部分桌面 FDM 打印机的能力范围。

Stratasys 公司开发了一种工程材料——PC/ABS，这种复合材料结合了 PC 的高强度和 ABS 的高韧性，大幅提升了其力学性能。随后，该公司又推出了 PC-ISO 材料，该材料不仅继承了 PC 的所有优点，还具备良好的生物相容性。Polymaker 与 Covestro 共同开发出了 Polymaker PC-Plus，降低了打印温度，解决了 PC 丝材难以适用桌面 FDM 打印机的问题，同时减少了成型件的翘曲变形。

6.3.3 支撑材料

在加工中空结构或者悬空结构时，需要一些辅助材料制成制品起支撑作用，加工完成后再去除，这些材料就是支撑材料。支撑材料不能被折断，并且要容易与成型材料分离。根据分离方法的不同，支撑材料可分为剥离型和水溶型两种。

1. 剥离型支撑材料

剥离型支撑材料要求对成型材料的亲和力小、黏结力小。在支撑的部位将这种材料打印成疏松结构，全部打印完成后用小刀等分离工具将该部分与成型件分离。这种方法操作简单，但容易造成支撑材料残余，并且容易损坏成型件。

2. 水溶型支撑材料

水溶型支撑材料要求水溶性好，在限定时间内溶于碱性水溶液，常见材料有聚乙烯醇、丙烯酸类共聚物等。将打印完成的成型件浸泡于碱性水溶液中,待支撑材料全部溶解后即可得到所需成品。这种方法能保证成型件的表面质量,适合制造具有空心及微细结构的零件,避免手工剥离时因这些结构太脆弱而损坏成型件。但是水溶性支撑材料溶解前的溶胀过程有时会对打印件造成损伤。

6.4 影响 FDM 打印件机械强度的因素

在 FDM 过程中,很多因素会影响打印件的机械强度,如喷嘴温度、层厚度、热床温度、打印速度等。广西大学的 Wang 团队使用 Ender-3S Creality 打印 PLA 样品,通过改变 3 种因素(层厚度、打印温度、打印速度)来探究其对样品抗拉强度和抗压强度的影响。

由图 6-8(a)可知,FDM 打印 PLA 材料的抗拉强度随着层厚度的增加先减小后增大。由于当层厚度增加时,FDM 打印件的层数减少,打印件相邻层间的相互作用力减小,因此打印件的抗拉强度减小。当层厚度超过 0.20 mm 时,由于 PLA 丝材结构损坏减少,打印件抗拉强度增大,当层厚度为 0.25 mm 时,抗拉强度最大为 61.723 MPa。此外,打印件的抗压强度随着层厚度的增加一直增大,其中层厚度为 0.20~0.25 mm 时,增幅趋于平缓。当层厚度为 0.15~0.20 mm 时,PLA 丝材结构损坏增加的影响大于层间相互作用力对打印件的影响,抗压强度增大。当层厚为 0.20~0.25 mm 时,层间相互作用力对打印件的抗压强度影响逐渐变大,抗压强度增幅减小。其中当层厚度为 0.25 mm 时,抗压强度达到 56.64 MPa。

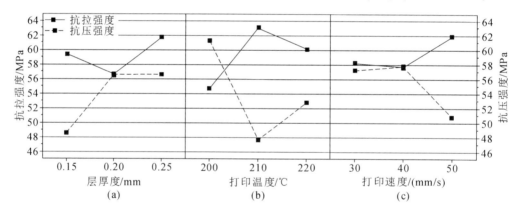

图 6-8 抗拉强度(实线)和抗压强度(虚线)的变化曲线

打印温度是指 FDM 打印机喷嘴的温度,这一温度会直接影响 PLA 在喷嘴中的熔融状态。如图 6-8(b)所示,随着打印温度的升高,打印件的抗拉强度先增大后减小。当打印温度在 200~210 ℃时,喷嘴温度升高,熔丝在堆积过程中的熔合强度增大,从而提升了层间作用力和抗拉强度。然而,当打印温度升至 210~220 ℃时,抗拉强度开始降低,这可能是由 PLA 材料热降解的影响所致。值得注意的是,在 210 ℃时,打印件具有最大的抗拉强度,达到 63.043 MPa。另外,打印件的抗压强度随着打印温度的升高先减小后增大,其中在 200 ℃时最大,为 61.307 MPa。

打印速度是指 FDM 打印机填充网格的速度。如图 6-8(c)所示,随着打印速度的增大,打印件的抗拉强度先减小后增大,而抗压强度则先增大后减小。具体而言,在 50 mm/s 的打印速度下,打印件具有最大的抗拉强度,达到 61.89 MPa;而在 40 mm/s 的打印速度下,打印件具有最小的抗拉强度,为 57.78 MPa。打印速度会影响挤出丝材层间的熔合和黏结质量,进而影响打印件的抗拉强度和抗压强度。可以推测,在 50 mm/s 和 40 mm/s 的打印速度下,上述打印件分别在拉伸和压缩过程中显示出最佳的黏结质量。

6.5 FDM 技术的优缺点

6.5.1 优点

(1) 制造成本低。FDM 技术相较于光固化、粉末烧结等技术,不采用激光系统,制造成本低,工艺简单,仅需少量的人工操作。

(2) 材料来源和用途广泛。用于 FDM 打印的成型材料广泛,可选择范围大,如 PLA、ABS、TPU、PC、PE 等聚合物;FDM 设备维护方便,自动化程度高。

(3) 设备占地面积小,绿色清洁可回收。FDM 加工过程无有毒气体的释放和化学物质的污染,且设备的占地面积小,可用于桌面办公;FDM 打印件可一次成型,不易产生垃圾;仅需一次支撑,易于装配,可快速构建瓶状或者中空零件;材料回收利用率高,支撑材料也可回收。

(4) 原材料补充方便。原材料以卷轴丝的形式提供,易于搬运和快速更换。

(5) 后处理简单。成型过程中加入的支撑材料和部件,在打印完成后简单剥离即可。

6.5.2 缺点

(1) 力学性能受限。FDM 打印件在截面垂直方向上的力学强度较低,悬臂结构需要额外的支撑。

(2) 打印时间长。FDM 技术需按横截面形状逐步打印,成型过程受到一定限制,不适于制造大型零件。

(3) 打印精度较低。相较于其他 3D 打印技术,FDM 技术的最高精度仅为 0.127 mm,打印出的零件有明显条纹。

6.6 典型应用

6.6.1 教育教学

近年来,3D 打印技术在中小学课堂中的应用日益广泛。其中,FDM 技术具有操作简便、成本低的优势,为课堂教学的转型提供了新的可能。为了使学生更清楚地理解一些抽象的理论和原理,FDM 技术能将课本上的内容具象化,实现立体教学用具和模具的快速个性化制作,辅助学生进行创新设计、强化互动和协作学习。FDM 技术制备的教学用具,在中学教学中可应用于物理、化学等课程,能更好地帮助学生了解物质的微观结构。图 6-9 所示为教学用具图。

6.6.2 工业设计

FDM 技术可以快速、直接、精确地将虚拟数据模型转化为具有一定功能的实体模型,实现复杂形状产品的制造。其还可以验证产品设计的合理性,缩短产品的研发周期,降低研发成本。FDM 技术不需要夹具或者模具等辅助工具,能便捷地实现数十件到数百件零件的小

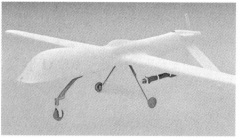

图 6-9 教学用具图

批量制造。此外,FDM 技术的安全性高,在工业生产过程中不易出现安全事故。图 6-10 所示为工业设计图。

图 6-10 工业设计图

6.6.3 生物医疗

患者个体在身体结构、组织器官等方面存在一定差异,医生需要采用不同的治疗方法、使用不同的药物和设备才能达到最佳的治疗效果。FDM 技术则可以根据由 CT、核磁共振等扫描方法得到的人体数据打印出人体局部组织或器官模型。这些模型能用于确定临床上的治疗方案、帮助医生与病患进行术前沟通、制造解剖学体外模型或者骨组织工程细胞载体支架,以解决当前供体稀少和自体骨移植免疫排斥等问题。传统的义齿和托槽制造通常需要烦琐的手工工艺和多次的试戴过程,成品与患者的适配精度同手工工艺息息相关。然而,利用 FDM 技术,牙医可以通过患者口腔的数字扫描数据,快速生成精确的数字模型。然后,借助打印机,将材料逐层堆叠,制造出个性化的义齿和托槽。随着 3D 打印技术的不断发展,其应用也扩展到了医药行业,用于药品(药物产品、植入物、药物传递系统等)的制造。相比于传统一刀切的给药方法,3D 打印技术在个性化药物产品的制造方面具有显著优势,更加符合精准医疗的概念模式。图 6-11 所示为小臂镂空支架和手术导板。图 6-12 所示为 FDM 打印的耳朵和下颌。图 6-13 所示为 FDM 打印的缓释双层药片。

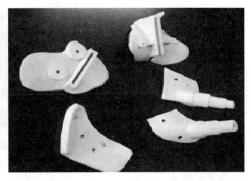

图 6-11　小臂镂空支架和手术导板

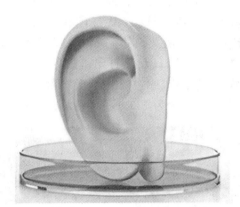

图 6-12　FDM 打印的耳朵和下颌

　　(a)　　　　　　　　(b)　　　　　　　　(c)　　　　　　　　(d)

图 6-13　FDM 打印的缓释双层药片

6.6.4　建筑、艺术行业

　　FDM 技术可以用于建筑结构的定制化制造。传统的建筑结构生产通常需要大量的能源和资源，并会产生大量的废料和二氧化碳排放。然而，利用 FDM 技术，可以根据具体的设计需求，精确控制材料的用量，避免浪费和过度消耗。此外，通过使用可再生材料或回收材料，可以进一步降低对有限资源的依赖，实现循环经济和可持续发展的目标。建筑结构可以直接以层层堆叠的方式打印，减少了传统施工中的浪费和误差。此外，通过设计优化和材料选择，可以实现建筑结构的轻量化，减少能源消耗，提高建筑能效。

　　FDM 技术还可用于定制小型雕像等艺术作品，便于收藏或企业间进行文化交流。荷兰 Naturalis 生物多样性中心拥有自己的 3D 打印实验室，使用两台 Builder Extreme 1500 PRO 3D 打印机制作了霸王龙复制品。图 6-14 所示为 FDM 打印的建筑和霸王龙复制品。

图 6-14　FDM 打印的建筑和霸王龙复制品

6.6.5　食品加工

随着 FDM 技术的不断发展，人们尝试用 FDM 技术制造食品。3D Systems 公司与好时公司合作，开发了可以制作巧克力与糖果的打印机。3D 食品打印机主要有 ChefJet 和 ChefJet Pro 两款。Natural Machincs 公司推出了一款消费级的 Foodini 3D 食品打印机。

ChefJet 系列打印机使用糖作为打印材料，Foodini 3D 食品打印机则可以打印出糕点、肉饼、巧克力等食品。食品打印机将食材原料搅拌成泥状，通过喷头将泥状食材按预先设定好的形状及图案喷出，打印出所设计的形状。图 6-15 所示为 FDM 打印的糕点和糖果。

图 6-15　FDM 打印的糕点和糖果

2013 年，美国国家航空航天局（NASA）投资 3D 打印机。3D 打印机将碳水化合物、蛋白质和各种营养品都制成粉末状，把水分去除，制成比萨饼，保质期延长至 30 年左右，且这些食物可以带上太空，以改善航天员的膳食。

6.6.6　文物保护

随着 FDM 技术的不断突破，其应用领域扩展至文物保护领域。北京森迅兄弟文化传播有限公司将基于 3D 打印技术的超大体量不规则型面制品成型工艺成功应用于国内石窟复制工程中，解决了大体量不可移动文物的异地等比例展陈问题，为此类文物的保护提供了更好的技术支持。

6.7　FDM 技术的产业进展

基于桌面 FDM 技术的工艺种类正在逐渐细化，其区分度也日益增大，目前，已经分化出了消费级、专业级和工业级三种主要类型。根据市场研究公司 CONTEXT 的分类标准，消费级（入门级）3D 打印机的价格通常低于 2500 美元，专业级 3D 打印机的价格为 2500～20000 美元，而工业级 3D 打印机的价格则超过 100000 美元。图 6-16 所示为消费级（左）、专业级（中）与工业级（右）3D 打印机。

消费级 3D 打印机受到制造成本和客户适用范围的限制，通常采用开源架构。它们的成型尺寸较小，一般为 200～300 mm；打印速度适中，质量可接受。在精度方面，部分品牌可达

图 6-16　消费级（左）、专业级（中）与工业级（右）3D 打印机

到 0.1 mm。这些打印机能够处理的材料对外部环境没有特殊要求，PLA、ABS、TPU 等材料均可用作打印材料。

专业级 3D 打印机主要应用于中小型企业和专业生产领域。它们具备与消费级设备相似的尺寸，但能够打印 PC、PA 等工程塑料甚至纤维增强材料，适合制造具有高强度、耐用性和刚度的功能性原型以及最终用途零件。

与消费级和专业级相比，工业级 FDM 设备增加了恒温腔室和高温喷头，打印舱的温度甚至可以达到 300 ℃。这些设备专门用于打印 PEEK、PEKK、PEI 等高性能材料，以满足应用端对耐高温、抗腐蚀和抗高冲击力材料的需求，以及对大尺寸和高效率的工业级需求。

无论是消费级、专业级还是工业级设备的厂商，其营收主要来源于海外市场。国外媒体甚至指出，大部分消费级 3D 打印机实际上是由中国制造的。同时，许多高端应用案例也主要来自国外用户。这表明国内制造商的技术实力已经能够与国外品牌竞争，并在市场中占据一席之地。随着国内市场对 3D 打印技术认知水平的提高，市场增长空间巨大，这也是设备厂商对国内市场加大投资的原因。

6.8　困难和挑战

FDM 技术作为一种简单、经济、实用的 3D 打印技术，在不同领域得到了广泛的应用，但同样也面临一些挑战。

（1）选择合适的材料是关键。材料应具有良好的力学性能，还应具备良好的耐热性，能够在高温环境下保持稳定性。

（2）面临表面粗糙、翘曲、喷嘴堵塞、打印时间较长、层黏结（层移位）、强度较低和需要经常校准床平面等问题，如图 6-17 所示。虽然这些问题都有解决方案，但要获得理想的成品外观可能需要多次尝试。

（3）需要优化打印参数，以实现最佳的强度和耐热性。这包括调整打印温度、打印速度、填充密度、层厚度等参数，以确保材料能够充分熔融和附着，通常需要经过多次调试，方能选出最合适的参数进行打印。

（4）还有一个挑战是扩大生产规模。由于大多数台式 FDM 3D 打印机都被设计用来同时打印一个零件或少量零件，且打印耗时较长，因此扩大生产规模可能会面临挑战，而且批量

图 6-17 FDM 打印质量问题

管理大量的 3D 打印文件也十分棘手。3D 打印过程的一个普遍问题是：在正式打印前需要设置大量的参数来确保 3D 打印文件的正确性。审查和修复 3D 打印文件、检查几何模型常见问题以及分析特定材料的可打印性需要一些专业知识和专业 3D 建模软件。若每天处理数十个零件甚至上百个零件，则前期模型处理工作将变得非常麻烦。

对于需要精密加工的零件，FDM 技术显得难以应对和应用。FDM 技术的精度最高为 0.127 mm，在手表、航空航天领域，0.1 mm 的精度显然不够。针对高精度领域，选择激光烧结技术或光固化技术更合适。

6.9 未来展望

FDM 技术显示出了巨大的应用潜力和价值。虽然 FDM 技术还相对年轻,其发展历程不满 40 年，但随着第一个 3D 打印假肢的出现，人类第一次搬进 FDM 打印的房屋内居住，第一次打印出人体器官等，3D 打印技术在媒体上出现的频率不断提高，人们发现 3D 打印技术的潜力竟然如此之大。2009 年 FDM 关键技术专利到期，各种基于 FDM 技术的 3D 打印公司开始大量出现，行业迎来快速发展期，相关设备的成本和售价也大幅降低。数据显示，FDM 关键技术专利到期之后，桌面 FDM 打印机从超过一万美元下降至几百美元，销售数量也从几千台上升至几万台，为 3D 打印大众化铺平了道路。

许多专家认为，FDM 技术有望使许多产业的制造业发生革命性的变化。与其他主要的 3D 打印技术相比，FDM 技术提供了更简单的制造过程和更具成本效益的方法，但仍能以合理的尺寸精度制造复杂的几何形状产品和空腔。FDM 技术发展速度不断加快，所能使用的材料类型不断增加，能够制造出的零件类型也越来越丰富。FDM 技术正朝着精密化、智能化、通用化、便捷化的方向发展。FDM 技术将来可能会在以下方面得到改进：① 其效率和精度提升；② 与工业设计软件等无缝相连；③ 设备尺寸减小，使之更加适应设计与制造一体化及家庭应用的需求。一个发展要点在于，FDM 技术一定要将焦点从技术转移到满足真实应用场景的实际需求上。

本章课程思政

熔融沉积成型（FDM）技术是一种应用广泛、便捷的 3D 打印技术。随着 FDM 技术的发展，研究人员致力于开发用途更广、更复杂的材料用于打印。除了传统的塑料和金属，FDM

材料还涉及生物材料、陶瓷等。这种材料的创新推动了FDM技术在医疗、生物制造等领域的应用。在高精度领域，FDM技术也得到了应用，如航空航天和汽车工业。制造耐高温、高强度和高耐蚀性的零部件，如航空发动机部件等，成为FDM技术的重要应用方向。自动化程度的提升和智能化技术的发展使得FDM技术更易于应用。我们要提高自主研发能力和创新精神，共同为FDM技术的发展和相关问题的解决做出贡献。

思 考 题

1. 简述熔融沉积成型技术的原理。
2. 熔融沉积成型技术对打印材料有何要求？并简要说明理由。
3. 熔融沉积成型技术相较于其他3D打印技术有何优势和劣势？
4. 熔融沉积成型技术是否可以用于打印高精密加工零件？为什么？
5. 熔融沉积成型技术对支撑材料有何要求？为什么会有这些要求？
6. 哪些因素会影响熔融沉积成型打印样品的机械强度？
7. PLA和ABS是熔融沉积成型技术最常用的打印材料，试比较这两种材料。
8. 查阅相关资料，可以通过什么方法改善PLA和ABS的打印成型质量？
9. 举出一种你在生活中见到的由熔融沉积成型技术打印的成品。
10. 你觉得将来熔融沉积成型技术还可以用于哪些领域？并说明理由。

第 7 章 定向能量沉积

7.1 定向能量沉积技术

定向能量沉积(directed energy deposition,DED)技术作为一种主流技术逐渐发展成熟,在医疗器械、航空航天、海洋工程、大型零件修复等领域有着广阔的应用前景。定向能量沉积技术可以在基体材料表层喷射粉末材料,利用光纤激光、电弧、等离子体等能量源将粉末材料熔融后凝固形成致密的沉积层,可用于修复或者成型零件。目前,基于该技术的定向能量沉积装置的附加功能越来越完善,常见功能有:同轴成型,电荷耦合器件(CCD)相机实时监控熔池大小和形状等;闭环反馈控制,将熔池信息反馈至控制系统实时调节加工参数,保证加工的稳定性;光斑整形,通过光学器件将激光光斑整形为椭圆形、长条形等形状以提高成型效率;调焦模块,添加电机和运动机构根据粉末汇聚情况实时调节激光焦点。

7.1.1 定向能量沉积的原理

DED 技术运用激光、电子束、等离子体或电弧等高能量密度热源,精确地将热量聚焦于基板之上,形成细小的熔池。同时,粉末或金属丝形态的原料被连续地输送至该熔池中并迅速熔化。随着热源沿预定的路径移动,熔融的金属材料在基板上层层固化,形成紧密并行、相互叠加的金属轨迹,并且这些轨迹严格遵照预设图案进行排列。每完成一层的沉积,热源便精准地垂直上升一定距离,以便于进行下一层材料的沉积。此过程循环进行,直至整个三维近净形状的组件被完整地构建出来。最终得到的组件结构,与预先设计的计算机辅助模型保持了极高的相似性。沉积前,使用软件对三维数字模型进行切片,以指定切片厚度、图案填充间距和每层的沉积路径。DED 技术理论上可成型不锈钢、钛合金、钴铬合金等材料,具体原理如图 7-1 所示,送粉器可源源不断地供给原材料。针对激光定向能量沉积的研究和应用越来越深入和广泛。

激光定向能量沉积也被叫作激光熔化沉积(laser melting deposition,LMD),美国桑迪亚国家实验室称其为激光近净成形(laser engineered net shaping,LENS),美国密歇根大学称其为直接金属沉积(direct metal deposition,DMD),英国伯明翰大学称其为直接激光制造(directed laser fabrication,DLF),中国西北工业大学黄卫东教授称其为激光快速成型(laser rapid forming,LRF)。

此外,由于电子束熔丝增材制造设备成本高、设备保有量低的原因,国内外从事该领域研究的学者较少,不过该技术已用于先进装备制造;电弧熔丝增材制造工艺由于具有高沉积速率和大型结构的生产灵活性,在航空航天领域的高强度铝结构制造方面受到了更多的关注。目前,电弧熔丝增材制造工艺存在多种成型缺陷,而且成型件在表面质量、微观组织、力学性能等方面也有待改进。

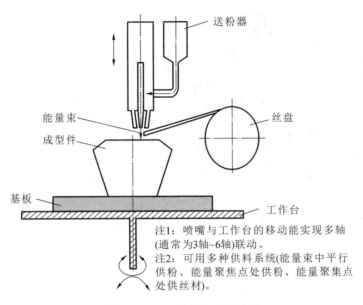

图 7-1 DED 技术原理示意图

7.1.2 定向能量沉积工艺

DED 零件的质量和性能取决于 DED 工艺的类型(包括原料和热源的类型)、建造环境(真空、惰性气体)、热源-材料相互作用、沉积参数等。此外,在逐层沉积过程中,DED 零件会经历快速重复的加热-冷却循环,从而产生独特的微观结构特征、非平衡相、凝固开裂、定向凝固、残余应力、气孔、分层和翘曲。一般来说,由于沉积具有方向性,DED 零件通常在力学性能和非均匀微观结构方面表现出各向异性。因此,DED 工艺的热历史对 DED 零件的宏观与微观结构起着塑造性作用,从而深刻影响其力学性能。精细调控这一过程不仅对于提高零件的强度和韧性至关重要,也直接关系到其在实际应用中的可靠性与耐久性。通过工艺优化、现场监测和反馈控制,可以消除或至少显著减少与金属增材制造相关的一些缺陷,从而获得优异的成型质量。

DED 工艺的优点如下:① 原料范围广泛;② 可加工多种材料,如复合材料和功能梯度材料;③ 零件的局部特性可就地调整;④ 在同一台设备上既能打印完整零件,也能进行局部特征打印、熔覆涂层以及破损部位修复;⑤ 沉积速率高;⑥ 相较于 PBF 工艺,可打印更大的零件;⑦ 在设计自由度方面,通常比传统制造方法高;⑧ 与其他增材制造工艺相比,技术成熟水平高或制造成熟水平高;⑨ 部分 DED 设备支持混合式生产,即融合增材制造与减材制造;⑩ 可以在非水平表面上使用;⑪ 与 PBF 工艺相比,可以使用粒度更大的粉末。

DED 工艺的缺点如下:① 局部温差会导致收缩、残余应力和变形;② 与 L-PBF 工艺相比,其分辨率较低,表面波纹度较大;③ 在吹粉系统中,获得了比 L-PBF 工艺更高的表面粗糙度;④ 零件的复杂性可能会受到限制,尤其是对于只有三个自由度的设备;⑤ 常需要后期加工;⑥ 与 PBF 工艺相比,粉体可回收性较低,特别是在打印混合粉体时。

DED 材料的特性、机器规格、试验环境的初始条件和需要监控的实时过程状态(腔室条件、气体流量、温度)同样对 DED 零件有影响,目前研究人员正在积极探索中。早期的激光-DED 研究表明,扫描速度、激光功率、送粉速率、层间停留时间、激光束直径和激光扫描模式等会直接影响 DED 成型件的质量与性能。其中,选择合适的工艺参数对成型件获得最佳结

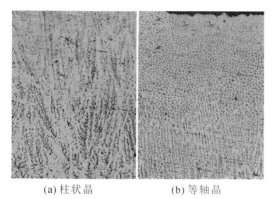

(a) 柱状晶　　　(b) 等轴晶

图 7-2　DED 成型件的典型微观组织

构和性能尤为重要。相关研究发现,"择优生长的柱状晶"和"顶部等轴晶"是 DED 成型件的典型微观组织,如图 7-2 所示。

微观组织与材料的力学性能紧密相关,包括微观形态、晶粒取向和晶粒尺寸等。其中,等轴晶和柱状晶分别与各向同性和各向异性相关。在实际应用中,微观组织的选择要符合实际需求。例如:成型件要承受多方向的载荷时,其内部微观组织应尽可能由等轴晶组成;高性能的航空航天发动机涡轮叶片则需要定向凝固的柱状晶,而非等轴晶。总之,力学性能的要求通过调控微观组织来实现,这显然与工艺参数的选择密切相关。下文将以激光-DED 技术为例,探讨激光-DED 参数如何影响成型件的微观组织。

大多数研究证实,在 DED 单道多层沉积过程中,激光功率和扫描速度对微观组织的影响远超过热源上升距离和送粉速率。沉积的试样中均存在柱状晶,柱状晶沿着沉积方向外延生长。在一定范围内,扫描速度越大,激光功率越小,沉积组织的晶粒越小。随着沉积厚度的增加,柱状晶的晶粒变细且开始出现等轴晶。此外,相关试验发现,单因素作用时,每个工艺参数均会影响层厚度和稀释率。送粉速率对层厚度和稀释率的影响最为显著,较高的送粉速率会导致层厚度增加与稀释率降低。通过增大激光功率和送粉速率,以及减小搭接距离与扫描速度,可以获得最低的稀释率。

DED 成型过程是一个多物理场耦合过程,材料熔化、凝固、冷却时间极短,温度变化剧烈,熔池凝固速率大,导致热应力非常显著。因此成型件容易出现气孔、熔化不良、裂纹等内部缺陷。在核电、船舶和航空航天等极端应用环境下,这些缺陷可能进一步发展,造成零件失效,甚至带来严重的安全隐患。

孔隙缺陷是 DED 成型过程中常见的缺陷。为了隔绝空气,使用保护气是 DED 工艺的一个必要步骤。沉积时,粉末与保护气共同进入熔池会导致孔隙缺陷产生;同时,粉末内部的气体元素(如氮、氧、氢、碳等)在高温熔池中发生反应产生气体,也会导致孔隙缺陷的产生。随着沉积的进行,热累积会导致温度急剧升高,使熔池变得不稳定,金属溶液的气化也会导致孔隙缺陷产生。孔隙缺陷会降低成型件的致密度,增大开裂风险,因此控制孔隙缺陷的产生是 DED 成型过程中所必须考虑的问题。目前,主要从粉末材料选择和工艺参数优化两个方面来消除或减少孔隙缺陷。

有学者对比分析了利用气雾化法和等离子旋转电极法分别制备的镍基 718 合金粉末,发现利用气雾化法制备的合金粉末存在卫星粉、不规则颗粒和破碎颗粒,利用等离子旋转电极法制备的合金粉末的圆度、流动性和密度均优于利用气雾化法制备的合金粉末。使用这两种粉末以相同的参数进行 DED 块状成型后发现,气雾化法粉末在沉积方向和扫描方向上都有明显的孔洞,而使用等离子旋转电极法粉末打印后,块体中孔洞极其微小(见图 7-3)。其他学者研究发现,增大激光功率会增强熔池对流,加速熔池中气体的溢出,使成型件中孔隙减少;增大扫描速度,会使熔池温度降低,熔池存活时间缩短,熔池中的气体难以逸出,从而导致成型件中孔隙缺陷增多且体积增大。

未熔合同样是 DED 成型件的常见缺陷,其通常发生在道间和层间搭接处,由粉末熔融不

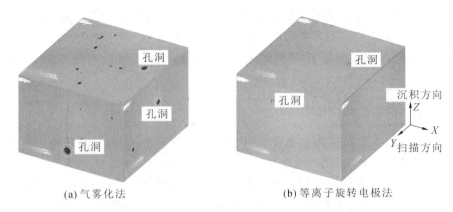

(a) 气雾化法　　　　　　　　　(b) 等离子旋转电极法

图 7-3　不同制备工艺粉末打印件的微观形貌图

充分造成。由于高斯分布的激光能量在边缘处的能量密度较低,如果沉积道之间的距离设置过大,那么道间的搭接区域将形成能量较弱的区域,导致粉末熔融不充分。若激光头层间提升量过大,超过沉积厚度,会导致离焦量的逐层增大,进一步使沉积层底部的能量密度降低,当某一沉积层底部能量不足时,粉末未熔合缺陷就会产生(见图7-4)。选择合适的搭接率和激光头层间提升量能避免此类缺陷的产生。

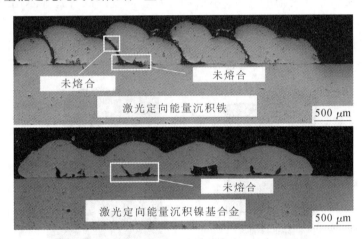

图 7-4　未熔合缺陷

裂纹是 DED 技术中最棘手的问题。裂纹的起因多种多样,孔隙和未熔合缺陷均可能在零件服役过程中成为裂纹源。DED 过程中剧烈的温度变化形成了不均匀的温度场,这会导致较大的热应力产生。极快的凝固速度又会导致热应力无法释放,从而产生较大的残余应力。残余应力则是裂纹萌生与发展的促进因素。目前针对抑制裂纹的研究主要包括:调节粉末成分、优化工艺和基体预热处理等。例如,有学者利用 DED 技术制造镍基738合金的过程中,通过微调该合金粉末成分,使得晶枝间析出大量纳米强化相粒子,降低了内应力的总体水平,缓解了晶界处的应力集中,进而阻止了裂纹的产生。

为了使零件获得理想的组织性能,关于利用热处理等辅助工艺来改善 DED 成型件质量与性能的研究屡见不鲜。例如,有学者通过对 DED 镍基625零件进行热处理来获得更多的等轴晶。但是,经过固溶和时效热处理后,零件的伸长率反而降低,所以热处理工艺也需慎重选择。值得注意的是,热处理、机加工等辅助工艺往往需增添设备、更换场地、增加工序,而 DED 技术需要更便捷的优化辅助手段。

综上所述,DED 零件的缺陷很难完全避免,而减少缺陷提升 DED 零件质量和性能的方法主要是优化工艺参数和借助各类辅助工艺。只有了解工艺与组织性能的内在规律,才能在性能提升上有的放矢。了解零件内部缺陷的形成机理,才能有针对性地对其进行预防和修复。

7.1.3 定向能量沉积的应用

迄今为止,DED 工艺已成为修复受损部件的常用工艺之一,因为与传统工艺相比,激光-DED 工艺在热量输入、翘曲和变形、精度方面表现得更为优越。

航空航天领域使用高性能材料生产的零件,如 Ti6Al4V 和 Inconel,由于制造困难和几何形状复杂,非常昂贵。通过维修受损零件而不是更换零件来大幅降低成本的可能性是该领域维修应用的驱动力。激光-DED 工艺因其卓越的制造精度和在修复过程中部件所产生的最小变形特性,能够在尺寸偏差和冶金结合方面取得令人满意的结果。因此,它被广泛认为是航空航天领域的首选修复技术。

此外,正如美国普渡大学的学者在受损涡轮叶片的维修过程中所证明的那样,在航空航天领域使用激光-DED 工艺可以减少材料浪费,从而带来环境效益(见图 7-5)。利用激光-DED 机器来修复尖端部分受损的 316L 不锈钢叶片。修复后的叶片显示出良好的结果,相对于标称几何形状,精度约为 0.03 mm。此外,生命周期评估显示了在维修作业中使用激光-DED 工艺的有效性。具体而言,当维修量约为 10% 时,采用激光-DED 工艺与更换新部件相比,能显著减少温室气体排放,最高可达 45%,并总体节约约 36% 的能源。

(a) 受损　　　　　　　　(b) 修复后

图 7-5　316L 涡轮叶片宏观图

在航空航天领域,对零件质量的极致追求推动了多项激光-DED 工艺的可行性研究及其应用。学术界和工业界的研究人员通过实际案例分析,证实了该技术的应用潜力。例如,Optomec 公司运用激光-DED 工艺修复了受损的 AM355 钢 T700 整体叶盘,该叶盘因翼型前缘被侵蚀而损坏(见图 7-6)。修复后的叶盘经历了 50000 次低周疲劳旋转试验和 60000 r/min 的旋转试验,其力学性能得到充分验证。

在模具和工具的使用过程中,热裂纹和磨损等缺陷可能会限制其使用寿命。维修由常用材料制成的模具和工具时,低焊接性和高碳含量及合金元素可能导致脆性相的形成,从而带来挑战。优化工艺参数和进行表面预热,可以有效地减少裂纹的形成。

密苏里科技大学的研究人员为了提高修复操作的准确性和可靠性,将自适应锯齿形刀轨模式与 3D 对准技术相结合。他们在 Spartan Light Metal LLC 的模具修复中对所提出的修复策略进行了测试。图 7-7 显示了损坏的模芯、沉积后的模芯和精加工操作后的模芯。该研

(a) 受损　　　　　　　　(b) 修复后

图 7-6　T700 整体叶盘

究展示了激光-DED 工艺的修复操作能力。此外，与原始零件和使用焊接技术修复的零件相比，使用激光-DED 工艺生产的零件具有高导热性。

(a) 损坏　　　　(b) 沉积后　　　　(c) 精加工操作后

图 7-7　Spartan Light Metal LLC 模芯

除了修复作业的可行性外，其可持续性和环境影响也受到广泛关注，通常通过能源消耗、环境污染、材料浪费、交付周期和成本等因素，以及生命周期分析来评估。从经济角度出发，修复作业的经济优势已得到广泛证实。例如，InssTek 公司维修了一个热锻模（见图 7-8），修复后模具的使用寿命是原始模具的 2.5 倍。

(a) 损坏　　　　　　　　　(b) 修复后

图 7-8　热锻模

在汽车行业，可持续发展的重要性日益增加。钢和灰铸铁是制造汽车零件的常用材料，因此，修复这些零件对延长其使用寿命至关重要。然而，这些材料因易产生裂纹而难以修复。针对这一问题，美国西北大学的研究人员采用激光-DED 工艺，使用不锈钢修复了灰铸铁柴油发动机（见图 7-9），采用螺旋沉积策略以及通过在预热和后加热阶段控制加热和冷却速率，成功减少了裂纹。研究发现，相较于未受损零件的伸长率，使用传统工艺时，修复零件的伸长率降低约 20%，而使用激光-DED 工艺时，修复零件的伸长率提高了约 60%。

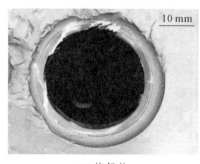 

(a) 修复前　　　　　　　　　(b) 修复后

图 7-9　灰铸铁柴油发动机

由于恶劣的环境条件，海洋部门的组件常遭受腐蚀、侵蚀和氧化，影响运营成本。传统焊接技术如熔化极气体保护焊和埋弧焊虽被用于维修，但常导致变形、较大的热影响区和较低的重复性。相比之下，激光-DED 工艺在维修操作中具有快速、高效和安全的优势。使用激光-DED 工艺时，由于残余应力较低，未观察到裂纹且零件变形极小。此外，该工艺还适用于海洋部门常见的超大尺寸组件修复，这些组件的尺寸往往超过 400 mm。使用常规修复工艺，如非熔化极气体保护焊，不可能在船上修复这些组件，必须将其运输到车间或实验室，而且这项活动既耗时又昂贵。因此，在不将这些组件从壳体结构中移除的情况下，就地修复这些组件非常重要。都灵理工大学的研究人员成功修复了船用活塞（见图 7-10），证明了激光-DED 工艺的经济效益。此外，他们还证明，修复后的组件具有更高的硬度和耐蚀性，活塞的使用寿命也得以延长。

图 7-10　使用激光-DED 工艺修复的船用活塞

众所周知，修复内部缺陷（如裂纹）比修复外表面更困难。德国弗劳恩霍夫研究所的学者证明了激光-DED 工艺在修复内部缺陷方面的有效性。他们使用一种新型内径沉积头修复了大型火炮身管的腐蚀缺陷。

通常，修复时需要在受损区域加工凹槽。英国曼彻斯特大学的学者分析了凹槽几何形状（U 形和 V 形）对沉积过程的影响（见图 7-11）。研究表明，U 形槽的垂直壁是一个问题。后来，德国弗劳恩霍夫研究所的学者在不同的凹槽形状中沉积了不锈钢和钛粉。他们通过改变工艺参数研究了其对热影响区和微观结构的影响。研究结果显示，如果凹槽尺寸足够大，修复操作能够达到无气孔的效果。此外，采用低热量输入的策略，可以在不额外使用惰性气体的条件下有效沉积钛粉。

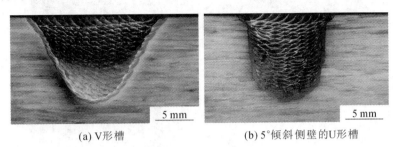

(a) V形槽　　　　　　　(b) 5°倾斜侧壁的U形槽

图 7-11　凹槽的不同形状

7.2　定向能量沉积的发展现状

7.2.1　新材料的发展

当前,众多学者致力于功能梯度材料的研究,他们通过精心设计材料成分,将多种物理性能相近的材料进行配比,探索熔覆后的组织结构和性能,并已取得显著成果。例如,用传统方法设计的合金往往需要卓越的高温性能和大量原材料。而 DED 技术能够在受控环境中组合沉积多种合金,快速筛选出有潜力的成分进行深入分析。借助多料斗 DED 系统和程序化送粉系统,即使是单一零件,也能沿其长度方向由不同成分制成,形成经典的多材料分级结构。这些特性使 DED 设备成为冶金学家的理想工具,能够创造出具有特定局部性能的结构。

图 7-12(a)所示为使用 DED 技术制备多材料结构的概念示意图。该技术使用激光作为热源,对送粉器同步送入的金属粉末进行熔化,其送粉方式有两种,即同轴送粉和侧向送粉。高能激光束照射在基体表面从而形成熔池,送粉器将金属粉末送入熔池中使其快速熔凝,从而与金属基体形成冶金结合层覆盖在基体表面,形成新的金属层。图 7-12(b)则展示了使用 DED 技术制备的铝合金块。某研究揭示了一个典型的挑战:在 5 系铝合金的 3D 打印过程中,由于 Mg 的选择性蒸发,其化学成分可能从 Al 合金 5083 变化为 Al 合金 5754。这种成分变化需要在设计具有不同熔点的合金元素系统时予以考虑。图 7-12(c)展示了在镍基 718 合金上沉积的高温铜合金 GRCop-84,这种合金具有高冶金性的界面,能够显著提升高温合金的导热性。具体来说,GRCop-84 层可使其导热系数提高 300% 以上。图 7-12(d)展示了通过激光-DED 技术在钢管上沉积的不同成分材料(从磁性铁素体不锈钢 430 到非磁性奥氏体不锈钢 316)。这些示例突显了激光-DED 技术在制造先进材料方面的变革,不仅仅是基于 CAD 文件打印 3D 形状,更在于其在材料科学领域的创新应用。

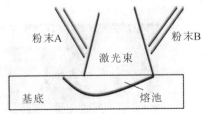　

(a) 使用DED技术制备多材料结构的概念示意图　　(b) 不同成分梯度的铝合金块

图 7-12　DED 在合金设计和多材料结构中的应用

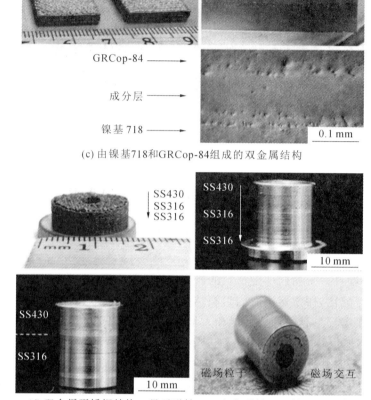

(c) 由镍基718和GRCop-84组成的双金属结构

(d) 双金属不锈钢结构，显示磁性(430)和非磁性(316)的不同区域

续图 7-12

7.2.2 新结构的发展

DED技术在新结构的发展中展现出巨大潜力，不仅能够高效制造和修复大型、高价值金属零件，还支持多种功能性涂层的沉积，从而提升材料的耐磨性、耐蚀性和生物相容性。其高自由度的材料沉积功能使得复杂结构和内部缺陷的修复更加灵活，为航空航天和医疗器械等领域的精密制造提供了支持。DED作为一种熔融铸造技术，实现了优良的冶金结合，使新型复合材料和多层结构的制造更加高效和可靠，从而推动制造业的创新和进步。

图7-13展示了DED技术在大型零件的制造、维修和涂层方面的一些独特应用。在工业中，对于大型、高价值的金属零件维修通常采用焊接方式，之后还需要进行表面修整。相比之下，DED技术不仅能修复受损的结构，还能在修复过程中添加材料，以尽量减少未来的侵蚀或损坏。

(a) 修复大型管状结构

(b) 用于航空航天领域的大型火箭喷管

图 7-13 应用于大型零件的制造、维修和涂层

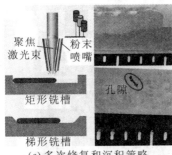
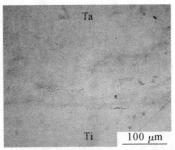

(c) 多次修复和沉积策略　　(d) 钽(Ta)涂层在钛(Ti)表面表现出强大的结合力并显著提升了生物活性

(e) 在Ti上包覆磷酸三钙(TCP)，提高生物活性　　(f) 用于刀具的硬质金属碳化物涂层和金刚石增强层

续图 7-13

7.2.3 新工艺的发展

通过将 DED 金属增材制造技术与成熟的传统制造系统和数控机床相结合，并整合工艺流程，显著提高了自动化水平、结构复杂性和生产效率。

西北工业大学的林鑫教授、谭华教授团队与华中科技大学、长安大学和南方科技大学合作，试图探究锻造和激光-DED 混合制备 35CrMnSiA 钢时不同区域显微组织的形成机制，并对整体拉伸性能进行评估。通过这种混合制造技术得到的 35CrMnSiA 钢的屈服强度为 708 MPa，抗拉强度为 959 MPa，伸长率为 15.2%。然而，目前用该技术制造的 35CrMnSiA 钢在力学性能上表现出"木桶效应"，即不同区域的力学性能不匹配，导致拉伸变形过程中应变分布不均匀，较弱区域出现应变集中，最终可能导致失效。

日本的精密设备制造商杉野机械推出了一种名为"XTENDED"的混合制造系统（见图7-14），该系统结合了数控加工与激光-DED 技术。据报道，"XTENDED"系统能够以更高的产量和精度来生产、加工零部件。由于对镍基高温合金、钴基高温合金和不锈钢的良好兼容性，该系统可以制造满足航空航天严苛应用要求的零部件。在实际操作中，该系统不仅可以加快产品从设计到制造的转换过程，还适用于原型制作和金属零部件的修复和表面处理。此外，它还能兼容不同合金，以提高零部件的抗腐蚀或耐热性能。

此外，DED 增材制造技术与其他增材制造技术相结合，能够充分发挥各自的优势。例如，将粉末床熔融（PBF）技术与 DED 技术相结合，可以显著缩短集成涡轮叶片的生产时间。还有学者从宏观、细观和微观尺度上研究了由 PBF-DED 技术制造的镍基 625 合金的拉伸行为。结果表明，混合零件的整体屈服应力是由两种材料之间屈服应力的差异决定的。还有激光-DED 技术与喷丸工艺相结合的研究。通过逐层喷丸的方式，将喷丸表面强化原理与 DED 增材制造原理相结合，形成了一种旨在减少工件缺陷并消除拉应力的复合

图 7-14　XTENDED 混合制造系统

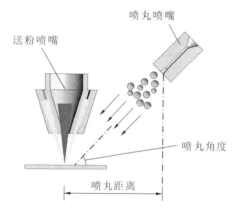

图 7-15　激光-DED 技术和喷丸工艺的混合制示意图

制造工艺(见图 7-15)。

对该复合制造工艺与激光-DED 技术在成型 FeCrNiBSi 合金试样时的加工性能与质量进行比较,结果表明:复合制造工艺成功地将成型件表面的拉应力转变为压应力。与激光-DED 技术相比,通过复合制造工艺成型的试样的密度提高了 8.83%,表面粗糙度降低了 35.7%,抗拉强度与屈服强度分别提升了 12.13% 和 53.24%。在激光-DED 成型过程中,随着沉积层数的增加,热应力逐渐累积,导致沉积层内部产生孔洞。在该过程中还容易形成氧化皮,从而造成层间氧化。通过结合喷丸工艺和激光-DED 技术,喷丸向成型材料引入压应力,改变材料的表面应力状态,使材料发生塑性形变,减少了微观孔洞。同时,利用喷丸的磨蚀作用去除材料表面的氧化皮,从而降低表面粗糙度。通过逐层喷丸的方式,复合制造工艺将表面强化技术转变为实体强化技术(见图 7-16)。

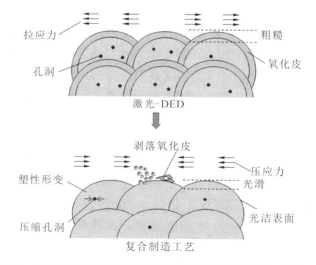

图 7-16　激光-DED 技术和喷丸工艺相结合的复合制造工艺的原理

7.3 定向能量沉积的挑战

尽管 DED 技术在全球范围内发展迅速,但要使该技术平台更加通用,还需要克服许多挑战。为了满足零件严格的公差要求,近年来,混合制造技术正变得越来越普遍。在动态加工系统中,数字化加工头与计算机数控加工中心相结合。在沉积几层材料后,进行车削或铣削操作以满足公差要求。这一过程的最终结果看起来更像是机械加工,而非传统的增材制造。虽然混合制造技术因沉积和加工在同一操作中完成而令人兴奋,但构建时间相对较长。此外,根据零件的几何形状和复杂性,需要对每个零件进行详细的数控编程和工艺规划,以决定何时进行机床加工和材料沉积。这种复杂的操作可能需要更多的经验。再者,在混合制造系统中,机械加工过程中产生的金属屑可能会与沉积头周围的多余粉末混合,导致每次构建操作产生较大的材料损失。

对于多材料部件,根据沉积头的不同,通常有 20%~75% 的吹散粉末会被实际捕获并沉积在部件上,而其余的粉末则分散在沉积托盘上。这种混合粉体的分离可能是一个挑战,会导致粉末浪费和 DED 操作成本增加。为了避免这个问题,有时首选预混合的粉末,而不是在 DED 操作中动态混合,这样可以回收未使用的粉末,以减少原始粉末的浪费。在这方面,粉末的可回收性是 DED 技术需考虑的。原始粉末可以重复使用的次数或与新鲜粉末混合的次数,以及经过 DED 操作后粉末的流动性的变化,都是需要详细说明的。

冶金兼容性是 DED 技术的另一个关键因素,需要更深入的理解以推动多材料零件的制造。与其他金属增材制造技术一样,DED 技术涉及快速冷却速率,受到非平衡热力学和相关动力学的控制。因此,基于平衡热力学推导出的标准相图在 DED 技术中的适用范围有限。自然地,在打印多材料结构时,可能需要进行大量的试错试验,以确定一个加工窗口,使所有成分都可以在没有开裂和其他缺陷的情况下成功沉积。

未来几年,利用计算材料科学、机器学习、现场监测以及自适应控制技术,可以提升不同合金的热性能,从而提升冶金兼容性,以制造整体和多材料零件。其他一些问题与 DED 设备相关。例如,大多数 DED 沉积头有 3 个自由轴。然而,具有更多自由轴的沉积头的设备可以制造更复杂或多样化的结构。类似地,大多数 DED 系统采用 500 W 或 1000 W 的激光器作为热源,虽然高功率激光器可以提高打印速度,但其可能会在分辨率上做出一些妥协。最后,虽然在大多数的 DED 操作中使用金属粉末作为原料,但更便宜的金属丝材也是一个可行的选择。金属丝材不仅便宜得多,而且更安全,更易于储存。然而,熔化金属丝材需要更高的激光功率,这使得 DED 送丝系统相对昂贵。

本章课程思政

定向能量沉积(DED)技术的发展,带动了国家经济的增长,提高了我国自主研发能力。我国自主研制的 C919 大飞机中就应用了大量使用 DED 技术制造的零部件,其中机头主风挡窗框,不仅打破了欧洲的技术垄断,而且其总成本不及欧洲锻造模具费用的十分之一,生产周期也从超过 2 年缩短至 55 天。这不仅突破了国外的技术封锁,还降低了时间和经济成本,对于提升我国科技水平和促进经济发展具有重要的战略意义。DED 技术逐渐成为研究热点,我们应当努力推动这项技术的发展,打破国外技术垄断,让中国科技走在世界前列。

思 考 题

1. 什么是定向能量沉积?
2. 按热源分类,定向能量沉积可分为哪几类?
3. 定向能量沉积的优点有哪些?
4. 定向能量沉积的缺点有哪些?
5. 定向能量沉积可与哪几种制造技术相结合?
6. 激光-DED主要应用于哪些领域?
7. 激光-DED功能梯度材料时常出现裂纹,为什么?
8. 激光-DED为什么在小型构件中应用较少?
9. 激光-DED成型铝合金时面临哪些缺陷问题?
10. 简述激光-DED的未来发展趋势。

第 8 章 叠层 3D 打印

8.1 引 言

目前,增材制造技术主要以激光、粒子束和等离子体作为热源,以金属粉末为原材料进行逐层成型和制造,但这种通过高能束驱动工艺制造的微观几何形状具有显著的热/应力畸变以及大量的孔隙和裂纹缺陷。为了应对高能量密度束流的挑战,叠层 3D 打印技术应运而生。按照不同的制造工艺,叠层 3D 打印可分为分层实体制造(laminated object manufacturing,LOM)、超声波固结(ultrasonic consolidation,UC)和电化学增材制造(electrochemical additive manufacturing,EAM)。

分层实体制造技术和设备由美国 Helisys 公司的 Feygin 于 1986 年开发成功,并推出商业化的机器且得到迅速发展。由于 LOM 技术多用纸材、成本低廉,而且制造出来的纸质原型具有外在的美感和一些特殊的品质,因此受到了广泛关注而迅速发展。例如,有学者采用 LOM 技术制造了聚合物基复合材料的树脂传递成型用模具,以缩短产品开发周期和降低成本。研究人员还使用 LOM 工艺制造苯乙烯-丙烯酸乳胶黏结剂,结果表明,层压产品具有光滑的表面、良好的韧性和均匀的结构以及通过辊连续卷绕的能力。

超声波固结技术源于 19 世纪 30 年代的超声波金属焊接技术。当时研究人员在做电流点焊电极加超声波振动试验时发现,不通电流也能进行焊接,因此开发出了超声金属冷焊技术。但目前应用较广的还是超声波塑料焊接,这是因为超声波塑料焊接对焊头质量和换能器功率的要求比金属焊接低得多。由于受超声波换能器功率的限制,多年来超声波焊接技术在金属焊接领域没有得到很好的应用和发展,主要局限于金属点焊、滚焊和封管等。美国成功制造的 9 kW 大功率超声波换能器使得超声波焊接技术能够对一定厚度的金属箔材实现大面积快速固结成型,为超声波固结技术的发展奠定了技术基础。

电化学增材制造技术源于电沉积技术。20 世纪 50 年代,美国的 Zimmerman 率先提出了喷射电沉积(jet electrochemical deposition,Jet ECD)技术,该技术是以高速射流为基础的局部电沉积技术。喷射电沉积技术虽然沉积速度快,但是在处理复杂三维零件时还存不足。20 世纪 60 年代末,掩模电沉积(through-mask electroplating)技术用于集成电路、印制电路板等领域的金属互联结构体(如线、连接柱)的制备。但该技术一般仅应用于低精度和低深宽比的结构。为实现高精度、高深宽比微细结构与零件的制造,德国卡尔斯鲁厄原子能研究所于 1986 年率先提出LIGA(光刻、电铸和注模)技术。但该技术所需的高能同步辐射 X 射线光源设备昂贵,推广受限。随后,美国 Guckle 等人提出了以紫外光代替 X 射线作为曝光光源,即 UV-LIGA 技术,这样掩模版中吸收体材料可以采用标准 Cr 掩模版,从而降低生产成本,缩短生产周期。虽然 LIGA技术能通过二维图案来加工三维微结构,但是一般只能加工一层且需要超净室等严格的工作条件。针对这一问题,美国加利福尼亚大学的 Cohen 等人在自由实体成型(solid freeform fabrication,SFF)技术基础上结合即膜电沉积(instant masking plating,IMP)技术,率先提出了 EFAB(electrochemical fabrication)技术。EFAB 技术同样需要制作掩模版,在制备高深宽比的零件时,需要多次进行选择性电铸、常规覆盖式电铸、平坦化处理,且每次都有较高的定位要求。20 世纪 90 年代,美国麻省理工学院 Madden 和 Hunter 提出了局域电沉积(localized electrodeposition,LECD)技术,该技术在沉积过程中不需要掩模版,工艺过程比较简单,理论上只要控制好阴、阳极之间的位置,就能按照设计好的方案沉积出各种微小金属零件,具有很大的发展潜力。21 世纪初,Suryavanshi 等人在定域电沉积技术的基础上提出了弯月面约束电沉积(meniscus-confined electrodeposition,MCED)技术。弯月面约束电沉积技术虽然能用于制备微小、精密的零件,但是对环境和设备精度都有较高的要求,且沉积速度极慢。

8.2 基 本 原 理

8.2.1 分层实体制造的基本原理

图 8-1 所示为分层实体制造原理示意图。用激光器在刚黏结的新层上切割出零件截面轮廓和工件外框,并将无轮廓区切割成方形小网格以便在成型之后能剔除废料。激光切割完成后,升降台带动已成型的工件下降,与带状箔材分离;供料机构转动废料轴和供料轴,带动箔材移动,使新层移到加工区域;升降台上升到加工平面,热压辊进行热压,再在新层上切割截面轮廓。如此反复,直至零件的所有截面切割、黏结完,得到完整的三维实体零件。

分层实体制造工艺试验表明,分层实体制造零件的抗拉强度主要取决于层厚度,而且层压板的厚度极大地影响了分层实体制造零件的应力分布。此外,较大的辊直径更有利于良好的黏结。

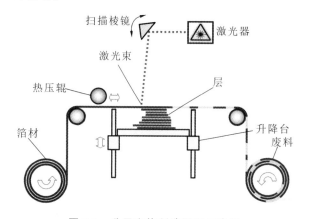

图 8-1 分层实体制造原理示意图

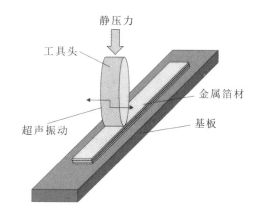

图 8-2 超声波固结原理示意图

8.2.2 超声波固结的基本原理

图 8-2 所示为超声波固结原理示意图。使用增材制造软件对三维模型进行分层,设计单层加工路径和工艺方案;按照工艺方案,将层状金属材料进行固结,结合减材制造技术按照单层加工路径对其进行加工,在完成单层的增材、减材工作之后,再进行下一层的工作,最终实现模型的一体成型。

超声波固结技术的核心是金属材料的固结成型。常采用大功率超声波能量,以金属箔材为原料,利用经过超声振动系统转化、聚能传递而来的高频机械振动和施加的静压力带动金属材料之间振动摩擦产生热,使之表面发生塑性变形,促进界面间金属原子的相互扩散并形成固态冶金结合，从而实现逐层累加的增材制造。其中，超声振动系统主要包括超声波电源、换能器、变幅杆和加工头等。首先由超声波电源发出频率不小于 20 kHz 的超声电信号，通过换能器中的压电陶瓷将电信号转换成频率相同的纵向机械振动信号，经由变幅杆将机械振动信号振幅放大到一定程度后输出至加工头，加工头通过与待加工零件接触实现金属固结。由换能器、变幅杆以及加工头组成的超声振动系统用轴承支撑，并通过支撑结构提供固结过程中所需的静压力。超声波固结属于连续焊接工艺，因此，需要调速电机驱动加工头连续转动，通过平面运动和转动速度的协调和匹配实现超声波固结过程中对焊接速度的有效控制，避免加工头在箔材表面出现打滑现象。

众多研究揭示，超声波固结技术能够使金属界面处实现原子尺度上的紧密结合，这主要得益于该技术的两个关键阶段。

(1) 压实阶段。在该阶段中被连接材料在旋转加工头所施加的垂直作用力下产生紧实的线连接。压实阶段是超声波固结的基础阶段，只有实现箔材之间紧密的贴合，才能为后续工艺过程的实现提供保障。

(2) 连接阶段。当箔材受到垂直力和横向剪切力的瞬间耦合作用及界面摩擦作用时，箔材界面处的温度达到熔点的 50% 左右，箔材表面金属氧化膜的变形抗力降低，并且由于高速摩擦和剪切力的共同作用，箔材表面会产生裂纹并最终碎化。在箔材内部的近表面区域（约 20 μm 范围内），在垂直力的作用下，未氧化的金属发生位错滑移所需的能量降低，足以克服存在的障碍，从而激活位错滑移。这种现象在宏观层面表现为基体材料的塑性变形。随着塑性变形的进行，基体材料向箔材表面移动，逐渐取代并移除其表面的金属氧化膜及其他附着物。此过程促进了原子层面的扩散和连接，最终实现了牢固的原子级结合。因此，通过这种方式，能够显著减少金属间化合物的形成，将不同种类的金属固结成高性能的金属复合材料。冶金变化被有效限制在界面区域，从而最小化对温度敏感的金属或部件的影响。这使得这些金属或部件可以被灵活地组合或嵌入复杂的金属结构中，而不会对其性质产生不利影响。

8.2.3 电化学增材制造的基本原理

电化学增材制造技术是基于电沉积发展起来的一种典型的以逐层堆积方式成型的增材制造方法。基于水溶液的电化学增材制造一般具有适用材料广泛、操作温度低（一般 70 ℃ 以下）、组织-形貌-性能可协同控制、应用形式灵活等工艺优势。理论上，只需诱导经氧化还原反应而成的金属原子或晶粒按设计意图可控地堆叠起来，就能利用电沉积来加工或打印任意形状的金属基结构与零件。至今，已有近 10 种面向金属基三维微结构与零件制造的电沉积技术被开发出来，主要有 Jet ECD、掩模电沉积、即膜电沉积（IMP）、LIGA、EFAB、局域电沉积（LECD）、弯月面约束电沉积（MCED）、电流体动力氧化还原打印（electrohydrodynamic redox printing，EHD-RP）和尖端纳米制造（tip-based nanofabrication，TBN）等。根据是否使用掩模，电化学增材制造通常可以分为两类：基于掩模的电化学增材制造和无掩模的电化学增材制造。因此，掩模电沉积、LIGA、IMP 和 EFAB 应归类为基于掩模的电化学增材制造技术，LECD、Jet ECD、MCED、EHD-RP 和 TBN 应归类为无掩模的电化学增材制造技术。

掩模电沉积的基本原理如图 8-3 所示。其通过将金属材料电沉积到预先图案化的光刻胶模具中，进而生成微型实体几何形状，实现光刻胶模具形状的反向复制。因此，最终沉积出的结构的几何精度和尺寸精度在很大程度上取决于所使用掩模的质量。因此，掩模电沉积的制造能力取决于光刻胶光刻工艺的水平，并且随着光刻工艺的发展不断提升。掩模电沉积一般主要包括基底预处理(包括导电化)、涂敷光刻胶、前烘、曝光、显影、后烘、电沉积、光刻胶去除等工艺环节。

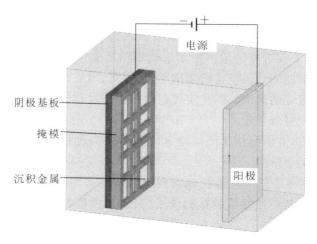

图 8-3 掩模电沉积的基本原理

LIGA 以高能同步辐射 X 射线为曝光光源,主要包括制备掩模版、匀涂光刻胶、曝光、显影、微电铸、去胶等多道工序。图 8-4 所示为 LIGA 原理。第一步为曝光,首先将光刻胶均匀涂在导电基底上,其中光刻胶主要由聚甲基丙烯酸甲酯(PMMA)、引发剂、交联剂等组成,聚甲基丙烯酸甲酯为主体材料。根据所沉积的金属构件高度,均匀涂抹相应厚度的光刻胶。依据光刻胶的厚度,选取合适的 X 射线曝光剂量。再将合适的高能同步辐射 X 射线垂直照射在掩模版上,X 射线照射到掩模版上设计好的图案时会被吸收,不能照射到底部光刻胶上。X 射线将透过掩模版的孔隙区域,照射到底部光刻胶上。第二步为显影,导电基底上的光刻胶被 X 射线曝光一段时间后,将其浸没在显影液中,在显影液的作用下,被曝光区域的光刻胶分子长键断裂,溶于显影液中,其余未被 X 射线照射的光刻胶则保留在导电基底上,这样就形成了具有与掩模版相同的图案和高深宽比的三维结构。第三步为微电铸,将显影后的光刻胶和导电基底放入高精密电沉积槽中,电沉积槽中含有待沉积金属阳离子的电解液。然后将导电基底连接电源负极,进行微电铸,把显影后的区域完全沉积上金属。第四步为去胶,首先去除电铸层底部的导电基底,然后将电铸层放入含有溶解光刻胶的溶液中,去除未被曝光的光刻胶,这样就制成一个高深宽比的金属结构,也可以把这个金属结构当作模具,用以快速制作金属、塑料、陶瓷等材料的微结构。

即膜电沉积是一种能实时选择性高速电沉积金属结构层的技术,其基本原理如图 8-5 所示。即膜电沉积时,将含有待复制图形结构特征的电绝缘掩模固定在阳极上,阳极周期性地压贴在阴极基底上,即在压贴时通电沉积、在分离时断电换液。

EFAB 实质上是金属结构层电沉积、平坦化和牺牲层电沉积 3 个主要工艺环节的组合与复用,以层层叠加的方式来加工三维金属微结构和零件。EFAB 原理如图 8-6 所示。第一步,利用即膜电沉积技术在阴极基底上沉积金属层(结构层或牺牲层);第二步,利用常规电沉积工艺在上述金属层上叠加新的金属层(若第一步的沉积层为牺牲层,则叠加结构层,反之为牺牲层);第三步,利用微细铣削、精密磨削等手段对上述材料层进行平坦化处理;第四步,根据需要,不断地循环上述 3 个加工步骤,直到满足结构层数的要求;第五步,用电化学或化学腐蚀法去除所有牺牲层,最终获得所需的金属微结构或零件。

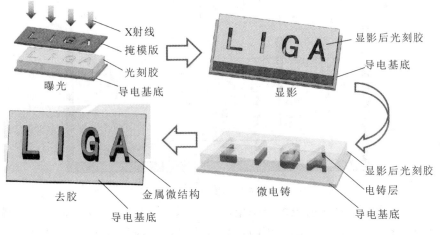

图 8-4 LIGA 原理

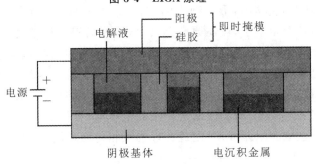

图 8-5 即膜电沉积原理

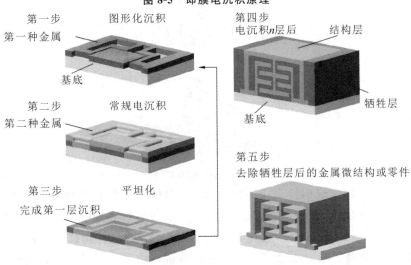

图 8-6 EFAB 原理

LECD 是利用尖端定向的局域电场来诱导电化学反应的技术,它能够在导电基底上成型具有三维形状特征的金属、合金、导电聚合物或半导体结构与零件。LECD 的核心在于将电场分布局域化,使沉积金属仅局限在与阳极(铂、金等不溶性导电体)正对的微小阴极区域内,如图 8-7 所示。若驱动阳极相对于阴极做精细的空间运动,以诱导金属层按设计的方向生长,便可形成所需形状的微尺度特征体。理论上,LECD 能够实现的最小截面尺寸与成型精度主要由阳极端部的几何形状与大小决定,这使得它能够制造出形状复杂的三维结构。

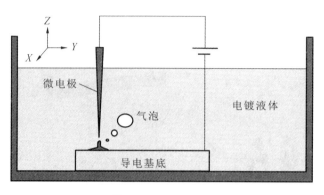

图 8-7　LECD 原理

Jet ECD 是一种基于高速射流的局部电沉积技术，其原理如图 8-8 所示。在喷射电沉积过程中，阳极和阴极基底留有一定的加工间隙，并在其两端施加电压，阳极极化的电解液在外界压力的作用下从喷嘴高速喷出，形成细小的液柱，这些液柱冲击阴极表面。液柱中的金属阳离子在阴极基底附近获得电子，被还原成金属原子，并沉积在阴极表面，而没被液柱冲击的区域不会有沉积物生成，因此喷射电沉积技术也是一种选择性电沉积技术。在高速射流的不断冲击下，沉积过程中产生的气泡（氢气）很难吸附在沉积层上。这种冲击不仅对沉积物产生机械活化作用，减少针孔、麻点等缺陷，还有助于减小扩散层的厚度，从而细化晶粒，提高镀层性能。同时，高速射流能够持续向阴极输送新鲜的电解液，提供更多的金属阳离子，降低因金属阳离子迁移缓慢而造成的浓差极化，创造良好的液相传质环境，从而提高沉积速率。

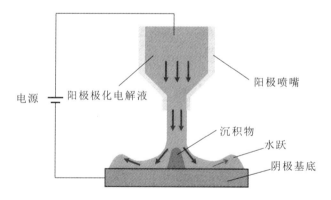

图 8-8　Jet ECD 原理

MCED 是一种定域电沉积技术。该技术涉及流体力学和传热物理学，其原理如图 8-9 所示，阳极一般采用化学性质稳定的超细金属丝，其置于微型移液管中，其中移液管的出口直径为一百纳米至几微米。将移液管固定在高精度位移台上，通过控制移液管的位置和出液量，在移液管的出口和阴极之间形成稳定的弯月形微液桥。然后在阴、阳两极之间施加一定的电压，在电场力的作用下，微液桥中的金属阳离子向阴极区域运动，在阴极表面附近获得电子，发生还原反应，生成金属原子，沉积在阴极表面。理论上只要控制好阴、阳两极之间的位置和出液量等，就能制备出各种金属微结构。

EHD-RP 是将高空间分辨率电流体动力学打印和原位电化学反应相结合的复合技术。在该技术中，金属可以在同一液体溶剂中以电化学方式溶解和再沉积。其原理如图 8-10 所示，涉及三个过程。首先，将金属电极 M^0 浸没在液体溶剂中，通过电腐蚀作用在打印喷嘴内部生成溶剂化的金属离子 M^{z+}。随后，这些带有金属离子的溶剂液滴在电流体动力学条件下

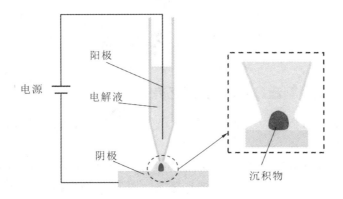

图 8-9 MCED 原理

被喷射出来。最终,当这些液滴降落到基板上时,金属离子 M^{z+} 通过从基板接收电子而被还原成纯金属 M^0。

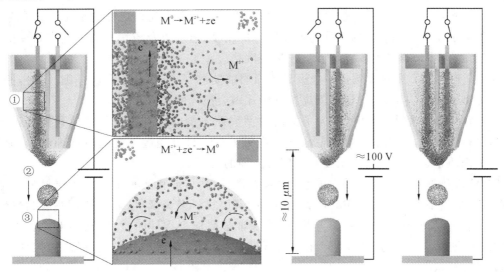

图 8-10 EHD-RP 原理

TBN 原理如图 8-11 所示。在物理/化学作用下,当纳米级尖端与阴极表面足够紧密或直接接触时,在极小空间内就会形成纳米结构。迄今为止,基于不同的形成机制,已经开发出了多种 TBN 技术。其中,电沉积 TBN 是一种纳米级增材制造技术,可分为基于扫描隧道显微镜(scanning tunneling microscope,STM)的 TBN(STM-based TBN)和基于原子力显微镜(atomic force microscope,AFM)的 TBN(AFM-based TBN)。

图 8-11 TBN 原理

8.3 工艺特点

8.3.1 分层实体制造(LOM)的工艺特点

LOM 的全过程可以概括为三个主要步骤：前处理、分层叠加成型和后处理。具体来说，LOM 的工艺流程如下。

(1) 图形处理。首先通过三维造型软件（如 UG、SolidWorks）构建产品的三维模型，然后将得到的三维模型转换为 STL 格式，并将其导入专用的切片软件中进行切片处理。

(2) 基底制作。由于工作台需要频繁升降，为了确保 LOM 原型与工作台之间的牢固连接，必须制作一个基底。通常设置 3~5 层的叠层作为基底，为了使基底更稳固，可以在制作基底前对工作台进行预热。

(3) 原型制作。制作完基底后，快速成型机就可以根据事先设定好的加工工艺参数自动完成原型的加工。工艺参数的选择与原型制作的精度、速度以及质量有关。其中重要的参数有激光切割速度、加热辊温度、激光能量、破碎网格尺寸等。

(4) 余料去除。余料去除是一个极其烦琐的辅助过程，需要工作人员仔细、耐心，并且对制件的原型有充分的了解，这样在剥离过程中才不会损坏原型。

(5) 后处理。余料去除以后，为了提高原型表面质量或为进一步翻制模具做准备，需要对原型进行后处理，如防水、防潮、使表面光滑等处理。只有经过必要的后处理步骤，原型才能满足表面质量、尺寸稳定性、精度和强度等方面的要求。

LOM 成型材料涉及三个关键因素，即薄层材料、黏结剂和涂布工艺。薄层材料包括纸、塑料薄膜、金属箔等。目前 LOM 成型材料中的薄层材料多为纸材，而黏结剂一般为热熔胶。在选取纸材、配置热熔胶及涂布工艺时，既要保证最终成型零件的质量，又要考虑成本效益。要求 LOM 纸材厚度均匀、具有足够的抗拉强度，以及黏结剂有较好的润湿性、涂控性和黏结性等。具体要求如下。

LOM 纸材的要求如下。

(1) 抗湿性。保证纸原料(卷轴纸)不会因长时间暴露而吸水。纸张施胶度可用来评定纸张的抗水性能。

(2) 良好的润湿性。保证纸材具有良好的涂胶性能。

(3) 抗拉强度。保证纸材在加工过程中不被拉断。

(4) 收缩率小。保证在热压过程中不会因部分水分损失而导致变形，这一点可用纸的伸缩率参数衡量。

(5) 剥离性能好。剥离时破坏发生在纸张内部，要求纸的垂直方向上的抗拉强度不宜过大。

(6) 易打磨。表面光滑，便于后续处理。

(7) 稳定性。成型零件可长时间保存。

LOM 成型材料多为涂有热熔胶的纸材，层与层之间的黏结是靠热熔腔保证的。热熔胶的种类很多，其中 EVA 型热熔胶的需求量最大，占热熔胶消费总量的 80% 左右。在热熔胶中还要添加一些特殊的组分以满足特定要求。LOM 纸材对热熔胶的要求如下。

(1) 良好的热熔冷固性(在 70~100 ℃时开始熔化，室温下固化)。

(2) 在反复"熔融-固化"条件下,具有较好的物理化学稳定性。
(3) 熔融状态下与纸材具有较好的涂挂性和涂匀性。
(4) 与纸材具有足够的黏结强度。
(5) 良好的废料分离性能。

LOM 的涂布工艺涉及涂布形状和涂布厚度两个方面。涂布形状可以是均匀涂布或非均匀涂布,非均匀涂布又有多种形状,如条纹式和颗粒式。一般来讲,非均匀涂布可以减少应力集中,但涂布设备比较贵。涂布厚度指的是在纸材上涂覆的胶层厚度。选择涂布厚度的原则是在保证可靠黏结的情况下,尽可能涂得薄,以减少变形、溢胶和错移。

总之,LOM 的优势主要在于原材料易于获取且工艺成本较低,并且其加工过程不涉及化学反应,非常适合制作大尺寸产品。它在产品概念设计、造型设计、装配检验、熔模铸造型芯、砂型铸造木模、快速制作母模以及直接制模等方面得到了广泛应用。但由于传统的 LOM 技术中 CO_2 激光器的成本较高、原材料种类有限、纸张强度较弱且容易受潮等缺点,随着其他 3D 打印技术的迅速发展,LOM 技术的优势逐渐减弱,目前已逐渐退出 3D 打印的主流市场。

8.3.2 超声波固结(UC)的工艺特点

UC 技术是一种实现先进材料与结构的低成本、绿色制造的新方法。它以逐层叠加的方式通过超声能量的低振幅、高频率、机械搅拌及摩擦等将金属材料直接连接成型。UC 技术融合了超声焊接和叠层 3D 打印的特点,具有高度的设计灵活性。一方面结合计算机数控铣削技术,根据 CAD 图形的数据信息,驱动刀具进行平面加工,实现三维金属零件的加工与制造。另一方面通过不同材料的组合,制备出单一材料难以实现的高性能结构。与传统的金属基复合材料制造方法相比,该技术具有以下特点。

(1) 在大气条件下完成结构的制造,工艺简单,制造成本低。与数控系统相结合,可实现三维复杂形状零件的叠层制造和数控加工一体化。
(2) 属于固态连接技术,成型过程中的温度较低,一般是金属熔点的 25%~50%,材料内部不发生熔化以及大范围的冶金变化,保证了材料的优良性能。
(3) 节能环保。固结过程中不产生弧光、焊渣、粉尘、有害气体、污水等废弃物,减少了环境污染。
(4) 通过优化工艺参数,可以获得 100% 的界面结合率,从而确保结构的性能。
(5) 原材料为金属箔材,与传统的金属铸造工艺和沉积方法相比,可以明显缩短产品制备周期,并且在少量或不进行表面预处理的情况下,成功连接不同材质的金属。
(6) 适用材料范围广泛,包括航空用钛合金、铝合金和镁合金等。该技术不但能实现同种材料的叠层制造,而且能实现多种材料梯度、混杂及智能结构的制造。

8.3.3 电化学增材制造(EAM)的工艺特点

EAM 技术是一种利用电化学沉积原理来制造微米级以及更小尺寸金属结构的技术。其通常在低温或中温的水性电解质环境中逐个原子地生成金属基涂层和组件,从而形成具有极低内应力、极少孔隙和裂纹等内部缺陷的微观几何结构。下面是各种 EAM 技术的工艺特点。

掩模电沉积技术的核心是光刻胶,其可分为湿膜光刻胶和干膜光刻胶。湿膜光刻胶适合形成精细/超精细和高分辨率的掩模图案,厚度范围为几纳米到几十毫米。然而,由于光刻胶在制备过程中的黏性效应和边缘效应，大面积均匀厚度的光刻胶薄膜极难实现，这使得湿膜掩模电镀很难大规模同步生产大范围的超高精度金属微观几何结构。干膜光刻胶是一种预制的固定厚度薄膜，能够直接粘贴于大面积的阴极基板上，以形成高度一致的掩模光刻胶层。然而，这种干膜光刻胶的使用对阴极基板的尺寸存在一定的限制。因此，干膜掩模电镀在普通工业应用中更受欢迎。但干膜光刻胶的分辨率相对较小，不能以超薄膜形式提供，在一定程度上限制了超薄干膜掩模电镀的发展。

LIGA 的关键是必须采用专门制备的超深宽比透光掩模。与传统光刻不同，LIGA 使用的是超厚光刻胶和高能 X 射线。虽然成本较高，但可以通过复制步骤生产大量产品，降低成本并扩大材料应用范围。LIGA 能够制造深宽比高达 500、侧壁垂直度超过 89.9°、表面粗糙度低至 5 nm 的结构。

IMP 为了维持相对理想的电化学反应环境，必须在断电的同时定期将阳极从阴极上抬离，以更新电解质和去除电解产物。与掩模电镀相比，IMP 电镀更简单、成本更低。理论上，由于 IMP 采用了可重复使用且能自由移动的掩模阳极工具，因此它具备了高度灵活的制造能力。然而，在被广泛接受之前，IMP 至少需要解决两个内在缺陷。第一，阳极掩模组件很难与先前形成的结构重复对齐，可能导致电沉积过程不能始终很好地保持。第二，由于阳极掩模与阴极之间形成了几乎封闭的反应空间，导致施加的电流密度极小，从而使得沉积速率非常低。此外，在非沉积时间需要反复移动阳极，这也进一步降低了 IMP 的效率。

EFAB 理论上可制备任意形状的微观几何结构，并能堆叠更多的金属层以促进高深宽比的复杂金属结构和组件的生产。然而，由于按顺序堆叠一系列金属层的层间对准操作难以准确地实现，因此容易形成微台阶形状表面。这使 EFAB 生产的有形产品的后处理成本高昂且具有挑战性。另一个问题是 EFAB 过程中的沉积和平坦化操作是间歇交替的，加工表面容易形成氧化层，而且牺牲金属和结构金属不是同一种材料，使得层间附着力较弱，经常出现分层现象。此外，这种混合型 EFAB 技术因封闭的牺牲层很难被蚀刻而无法制造完全封闭的中空结构。

LECD 可实现的最小尺寸（高度）取决于电极过程中的定位水平，主要受阳极尖端的几何形状、尺寸和空间移动以及极间间隙尺寸的控制。事实证明，LECD 可以形成特殊的微型特征（超细微柱、悬垂结构和 T 形结构等）。由于沉积行为对阳极的电沉积参数和运动参数的变化非常敏感，因此 LECD 过程的实时和精确控制是制造自由形式微型结构的先决条件。

Jet ECD 具有生产成本低、沉积速度快等优点，但沉积的镀层中存在晶粒过大、裂纹、气孔等问题，且易混入杂质，影响镀层的性能。同时在加入复合颗粒进行喷射电沉积时，复合颗粒容易发生团聚，影响沉积质量。针对上述沉积现象，有学者提出利用外力场辅助的方法来消除沉积过程中产生的气泡、突起、结瘤等缺陷。

MCED 在制造微米级和纳米级三维零件上表现出色，但需要苛刻的加工环境，且单一喷嘴使得其沉积速度极慢。采用多个移液管或者阵列喷嘴可提高加工效率。此外，为了保证加工精度，阴、阳极之间需要实时保持稳定的半月形沉积池，这就对运动系统和控制系统提出了较高的要求。

EHD-RP 可以制造多种材料的亚微型结构，比如包含不同元素成分的微柱、纳米柱阵列、纳米线、悬垂结构、纳米级同心正弦波结构。然而，EHD-RP 仅处于初步探索阶段，还需要更深入的研究。

TBN 目前也仅可制备简单的几何纳米结构，需要进一步的研究和开发。

8.4 可打印材料

8.4.1 分层实体制造的可打印材料

传统的分层实体制造技术大多使用纸材,这使得工件力学性能不高。因此该技术在工业上主要用于产品概念设计可视化、造型设计评估和熔模铸造型芯。分层实体制造工件难以作为真正的产品零件使用。随着分层实体制造设备的改进,该技术也可打印陶瓷、金属和复合材料。其可打印材料的详细情况如表 8-1 所示。

表 8-1 分层实体制造的可打印材料

材料种类	特征性能	典型应用	材料供应商
纸材			
纸、塑料薄膜	热辊压	产品概念设计可视化、造型设计评估	厂家众多
陶瓷			
氧化铝陶瓷	圆孔直径为 $80\ \mu m \pm 5\ \mu m$、孔隙率为 51.5% 的微米级多孔结构陶瓷	固体氧化物燃料电池、生物支架和过滤膜	国药集团、东莞市钧杰陶瓷科技有限公司、山东奥克罗拉新材料科技有限公司等
TiC、SiC	原位生成复杂几何形状的陶瓷 Ti_3SiC_2	高温结构齿轮	H. C. Starck、ESK-SIC GmbH 等
金属			
不锈钢薄板	电阻焊代替热压辊	模具模芯	厂家众多
复合材料			
热滤纸 SiC、酚醛树脂	热解	传感器	厂家众多

8.4.2 超声波固结的可打印材料

研究人员已证明超声波固结技术可打印多种材料,包括金属、聚合物、陶瓷和复合材料等。其可打印材料的详细情况如表 8-2 所示。

表 8-2 超声波固结的可打印材料

材料种类	特征性能	典型应用	供应商
陶瓷			
SiC	高温时能抗氧化	混合动力汽车原件、轴承	三安光电股份有限公司、杭州士兰微电子股份有限公司
ZrO-AlO-MgO	通过使用淀粉固结铸造工艺和烧结工艺对多孔结构生物陶瓷复合材料进行有效加工	淀粉缩合铸造、模具材料	河南尊荣环保科技有限公司

续表

材料种类	特征性能	典型应用	供应商
金属			
铝	动态界面应力使氧化层致密,在焊缝界面处能形成脆性陶瓷键(离子键和共价键的组合)	汽车发动机	厂家众多
316L 不锈钢	优异的耐蚀性、低碳含量、良好的可加工性、高强度和高韧性	运输管道、天然气管道	厂家众多
复合材料			
CF-Ti/Al$_3$Ti-MIL	高强度、高模量和低密度	航空发动机叶轮	哈尔滨工程大学超轻材料与表面技术教育部重点实验室
C(金刚石)/Cu	高导热性和在一定温度区间变化的热膨胀系数	半导体器件	哈尔滨工业大学先进焊接与连接国家重点实验室

8.4.3 电化学增材制造的可打印材料

电化学增材制造技术是基于离散-堆积原理的一种选区电沉积技术,因此其可打印材料一般为金属或金属基复合材料。其可打印材料的详细情况如表 8-3 所示。

表 8-3 电化学增材制造的可打印材料

材料种类	特征结构	典型应用	供应商
金属			
Ni	LIGA、微针阵列(每平方厘米 900 个)	药物运送	厂家众多
Ni-W 合金	LIGA、厚 20 μm 的微结构	齿轮	厂家众多
Ti/Au/Ni	UV-LIGA、深宽比为 5 的微结构	致动器、传感器、微流体	厂家众多
Ni	EFAB、深宽比大于 100 的微结构	陀螺仪	厂家众多
Ni	LECD、微米级弹簧	精密结构	厂家众多
Cu	MCED、微米级互联线	精密结构	厂家众多
复合材料			
Ni-P/SiC	Jet ECD、Ni-P 和 Ni-P/SiC 复合涂层	表面工程	厂家众多
Ni/GNs	超声辅助 Jet ECD、Ni-GNs 复合涂层	表面工程(负极材料)	厂家众多
Cu/Ag	EHD-RP、嵌入"Ag"图案的铜墙	多材料微结构	厂家众多

8.5 科研进展

8.5.1 分层实体制造的科研进展

目前,分层实体制造向多材料、部件组装以及机电一体化制造的方向发展。例如,基于机器人的分层实体制造具有高速、低成本的优势,还能处理多种材料,能够在零件制造过程中集成预制部件,并轻松制造大型零件(见图 8-12)。

(a) 板材放置　　　　(b) 板材切割　　　(c) 外部生产部件的组装　　(d) 黏结

图 8-12　基于机器人的分层实体制造

8.5.2　超声波固结的科研进展

超声波固结的最大优势为固结工作区域的温度一般远低于待固结金属材料的熔点,因此被称为"低温焊接";利用这一特性,可以将微型电子元件、集成芯片、传感组件等"智能组件"嵌入基体材料中,从而实现智能材料制造。此外,超声波固结技术还能够加工具有复杂内部结构的微流体器件,如沟槽和通道结构等,不仅节省材料,还能使产品的外观和性能显著提升。例如,采用超声波固结技术已成功地在铝基体中嵌入了具有三维通孔连接器的电子器件。尽管如此,利用超声波固结技术制造功能梯度材料(如 Ti/Al、Ti/Al$_3$Ti、Cu/Al、Ti/Cu)的工艺研究仍处于初期发展阶段。图 8-13 所示为超声波固结实例。

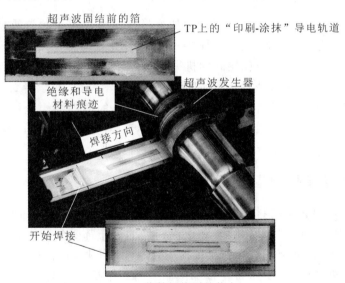

图 8-13　超声波固结实例

8.5.3　电化学增材制造的科研进展

电化学增材制造能够在原子级别上制造出具有优良电气和力学性能的无杂质金属导体,在小型装饰、电子、光学、传感器、纳米机器人等领域的制造方面具有广阔的应用前景。在大规模生产中,金属铜微观结构装饰品(如绘画、植物叶子)的传统制备方法已被弯月面约束电沉积技术所代替。有学者通过构建含有不同化学成分的电解液装置,采用电化学增材制造技术制备了分级镍钴铁铜微支柱结构。电化学增材制造技术能够一步到位地制备结构复杂的还原氧化石墨烯片,这大大减少了传统方法(先打印氧化石墨烯,再通过化学或热处理进行还原)所需的资源和能源消耗。

8.6 挑战与发展趋势

8.6.1 分层实体制造的挑战与发展趋势

分层实体制造的生产时间受到加工速度的限制。片材的放置、切割,外部部件的组装,黏结剂的分配、黏结,以及材料修剪的速度都会影响其生产时间。例如,片材放置的速度受限于片材放置的精度要求,激光切割片材的操作速度则受到边缘粗糙度参数的限制。对于黏结剂的黏结速度,它取决于干燥/固化时间,而这又取决于黏结剂的类型。材料修剪的速度也与切割工具的材料、被切割材料的性质、工具/工件的进给速度以及工具的运行速度有关。这些工艺步骤显著制约了分层实体制造的效率。此外,所制造零件的精度受板材切割、板材厚度和位置的影响;零件强度受层间黏结质量、各层材料的表面粗糙度、黏结剂的类型、施加在黏结剂表面上的压力、黏结时间和黏结过程中的各种缺陷的影响。总之,随着其他增材制造技术的快速发展,分层实体制造技术正面临瓶颈,相关技术问题还有待于进一步突破。

8.6.2 超声波固结的挑战与发展趋势

超声波固结界面上相对较软的金属的剪切变形在固结过程中起着重要作用。通常情况下,金属的塑性流动能力是保证剪切变形的关键因素。充分的塑性流动对破坏和重新分配氧化层、填充界面上的孔隙,以及形成层间的机械互锁是必要的。因此,增强塑性流动以实现界面结合是至关重要的。为深入理解超声波固结的物理化学过程,有学者对固结界面的微观结构特征进行了详细的表征。只有掌握了超声波固结界面的微观结构特征及其对部件力学性能的影响,我们才能放心地应用超声波固结部件。然而,在超声波固结过程中,高应变率条件下的微观结构演变仍然是一个存在挑战和备受关注研究热点。

8.6.3 电化学增材制造的挑战与发展趋势

对于基于掩模的电化学增材制造技术来说,当在跨尺度的掩模内进行沉积时,实现均匀的沉积厚度是最大的挑战。质量传输率和电流密度的分布都受到阴极处掩模的尺度效应和掩蔽效应的显著影响,而且沉积层在跨尺度掩模处通常是不均匀的。在进行基于掩模的高深宽比的电化学增材制造时,减少质量传输的限制是另一个挑战。虽然已经使用了各种方法,但在跨尺度掩模上形成高度均匀的沉积层仍然难以实现。此外,由于光致抗蚀剂掩模的光刻成型能力的限制,基于掩模的电化学增材制造技术难以制造具有三维复杂微观几何形状的结构。而且,具有三维复杂形状的掩模也很难用该技术制造。

对于无掩模的电化学增材制造技术来说,实现小空间或间隙内的金属沉积精确定位是一个挑战。此外,大多数无掩模电化学增材制造技术在电沉积过程中需要维持动态平衡,即阳极的溶解速度需与沉积物的实时生长速度相匹配。除了这些常见的问题外,一些无掩模电化学增材制造技术还有一些独特的问题需要解决,具体如下。对于 LECD 技术来说,由于需要均匀的电场定位和质量运输率,生成非圆形(如方形、多边形等)截面的三维微观几何结构仍然十分困难。对于 Jet ECD 技术来说,由于无法保证高速喷射的电解质在局部微观区域内保持均匀分布的流场,这使得制造高精度微观几何结构变得很困难。对于 MCED 技术来说,在电沉积过程中保持形成的电解液弯月面的形状和体积不变是非常关键的,而影响电解液弯月面稳定性的因素有很多,包括阳极的运动、电解液的流入速度、电沉积速度、温度和湿度等,对这些因素很难进行协同控制。

综上所述,基于掩模的电化学增材制造技术在工业应用中的需求日益增长。发展低成本、超耐热的掩模工艺将促进超高功率微机电系统(MEMS)、高功率微尺度或中尺度设备等领域的发展和应用。对于无掩模电化学增材制造技术,使用非圆形(如方形、多边形等)截面的阳极或多阳极来制造 3D/4D 微结构预计将成为学术界的发展方向。

本章课程思政

叠层 3D 打印技术是高精度制造的基石,也是缩短生产时间和降低成本的关键。发展这项技术有利于我国实现制造业的变革目标,推动制造业的转型升级,并引领制造业向高端发展。目前,我国制造的产品的平均成本损耗相对较高,与发达国家相比产品精度仍有一定差距,一些制造业还处于国际下游水平。通过推动叠层 3D 打印技术的发展,可以为我国制造业的更新换代提供新思路,有助于提升我国制造业的整体水平,实现以高精度、高效率、低成本的高端制造业为主导的制造强国目标。

思 考 题

1. 叠层 3D 打印按制造工艺可以分为哪几类?
2. 简述分层实体制造的基本原理。
3. 简述分层实体制造的工艺特点。
4. 简述超声波固结的基本原理。
5. 简述超声波固结的工艺特点。
6. 简述电化学增材制造的基本原理。
7. 简述电化学增材制造的工艺特点。
8. 分层实体制造的原材料有哪些?
9. 超声波固结的原材料有哪些?
10. 电化学增材制造的原材料有哪些?

第 9 章 数据处理与路径规划

9.1 引　　言

增材制造(AM)技术是以三维模型为基础,采用材料逐层累加的方法来制造实体零件的技术。相比于传统的减材制造技术,增材制造技术通常采用"自下而上"的方法,按照三维CAD切片模型中规划好的路径,进行扫描,将材料熔融或添加到路径所在的位置,最终获得所设计的零件。本章针对增材制造过程中的数据处理部分,从基本流程开始,对支撑设计、模型切片、路径规划的各部分内容进行了分析与总结。

9.1.1 基本流程

增材制造软件数据处理的基本流程如图 9-1 所示,包括模型设计、模型导出、支撑添加、模型切片、切片填充五个阶段。

(a) CAD模型

(b) STL模型

(c) 支撑添加

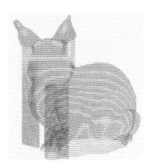
(d) 模型切片

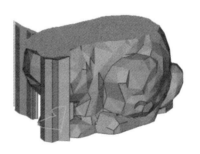
(e) 模型层层打印

图 9-1　增材制造软件数据处理的基本流程

(1) 模型设计:利用计算机软件设计待成型零件的三维模型。常用三维造型软件有 Pro/Engineer、Unigraphics、CATIA、SolidWorks 等。

(2) 模型导出:模型设计完毕后,使用 SolidView、RapidTools 等软件导出零件的三维模型描述文件,一般为 STL 文件。

(3) 支撑添加(可选):对于有悬垂面的模型,为便于成型,需要在悬垂面添加相应的支撑。

(4) 模型切片:沿某一方向对零件的三维模型进行分层离散处理,将零件的三维数据信息转换为一系列二维数据信息。

(5) 切片填充:依据每一层轮廓几何特征,生成激光扫描路径信息控制文件。

9.1.2 模型文件格式

目前常用的三维模型数据格式有 4 种。

1. STL 格式

STL 是一种用若干三角面片表达实体表面数据的文件格式,每个三角面片用三角形的三个顶点和指向模型外部的法向量表示和记录。

STL 文件优点如下。①文件生成简单:几乎所有的商业 CAD 软件均具有输出 STL 文件的功能,同时还可以控制输出 STL 模型的精度。②文件应用广泛:几乎所有的三维模型都可以通过表面三角化生成 STL 文件。③切片算法简单:由于 STL 文件数据简单,其切片算法也相对简单很多。

STL 文件缺点如下。①模型表示和计算精度不高。②缺失了模型颜色信息。

2. AMF 格式

AMF 是一种基于 XML 语言的文件格式,弥补了 STL 文件无法存储颜色信息的缺陷。它不仅可记录单一材质,还能分级改变异质材料的比例,使不同部位具有不同的材质特征。AFM 文件可以用数字公式描述物体内部结构,包含物体表面的高分辨率图像,还可记录作者名字、模型名称等原始数据。

AMF 文件优点如下。①包含了模型的多种参数(材质、纹理、结构参数等),弥补了 STL 文件不可存储颜色信息的缺陷。②文件可读性强、便于扩展。③相较于 STL 文件,模型精度更高,读写速度更快。

AMF 文件缺点是:文件格式更复杂,相应地提高了切片算法的复杂度。

3. OBJ 格式

OBJ 文件格式的定义包括顶点的位置、纹理坐标的二维 UV 位置、顶点法线和面的定义。OBJ 文件支持使用曲线和曲面来定义自由几何形状,如 NURBS 曲面。

OBJ 文件优点如下。①文本结构非常简单,易于在应用程序中读取。②具有几种不同插值的高阶曲面,模型精度较高。③包含模型颜色信息。

OBJ 文件缺点是:缺少对任意属性和群组的扩充性,因此只能转换几何对象信息和纹理贴图信息。

4. 3MF 格式

3MF 是由微软、惠普、欧特克、3D Systems、Stratasys 等公司联合推出的一种文件格式,与 AMF 文件相同的是,采用了 XML 语言,可以保存模型颜色、材质、纹理等信息,但相比于 AMF 文件去除了一部分功能,使得文件格式相对简单。

3MF 文件优点是:大部分 3D 打印软件支持该格式,应用相对广泛。

9.2 增材制造支撑设计

基于逐层添加的增材制造技术,已成型的层部分可为未成型的层部分提供支撑。但当未成型层超出原有层形成"悬垂结构"时,材料难以堆积成型。常见悬垂特征示意图如图9-2所示,其下表面不和基板或工件其他部位在成型方向上接触。根据悬垂结构的形状特征,悬垂结构可分为面悬垂、锥形悬垂、楔形悬垂等,其中面悬垂可根据其倾斜角度分为水平朝下、向上倾斜、向下倾斜等形式。

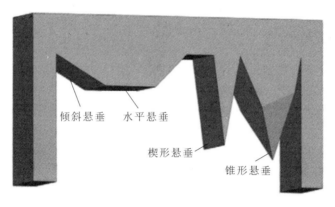

图 9-2 常见悬垂特征示意图

对于 SLM、DED 而言,虽然粉末层能够给成型层一定的支撑,但由于粉末层散热能力差,在扫描过程中容易产生温度集中,从而导致沉积层塌陷、挂渣,并且由于温度梯度大,悬垂结构容易产生翘曲变形,影响成型件质量,如图9-3所示。

(a) 塌陷、挂渣

(b) 翘曲变形

图 9-3 缺失支撑的悬垂结构打印缺陷

以上问题通常采用添加支撑的方法来解决,从而减少悬垂结构的变形;在一定程度上防止发生翘曲变形,保证工件始终固定在平台上;增强局部热传导,防止因内应力累积而产生过度变形。

9.2.1 支撑生成一般过程

在加工过程中,在获取模型数据后,如果模型上存在悬臂结构,必须考虑在悬臂下方添加支撑。如何根据模型设计算法确定支撑区域是软件数据处理过程中的重要问题。

图9-4所示为倒"L"形悬臂结构模型,可以发现,当 $0°<\alpha<90°$ 时,若 α 较大则悬臂自身的强度能够抵抗塌陷,此种结构称为自支撑结构;若 α 较小,则需要添加支撑,α 的临界值称为临界支撑角;而当 $\alpha<0°$ 时,必须添加支撑。

STL模型由多个三角面片组合而成,每个三角面片除描述自身位置的三个坐标点外,还有一个表示面片方向的法向量。面片法向量与成型方向（Z向）之间的夹角θ实际上等同于面片与水平面之间的夹角。结合临界支撑角α_0的定义，可以认为当$\theta > \alpha_0$时，三角面片为安全面片；当$\theta < \alpha_0$时，三角面片为危险面片。在实际打印过程中，通常根据打印工艺类型及材料属性设置α_0。

根据临界支撑角α_0的定义，结合各三角面片法向量，软件可以轻易找出模型中所有危险面片。对每个危险面片而言，它的支撑区域就是位于其下方的竖直投影的三棱柱，如果不加以处理，直接对每个危险面片使用竖直投影法生成支撑空间，则将会得到一系列瘦长的三棱柱，特别是三角面片尺寸较小的时候，三棱柱会更加细长，难以提供足够的支撑力量。因此，需要将相邻三棱柱空间连成一体，得到尺寸相对较大的成片支撑空间，以便在内部生成支撑路径，如图9-5所示。

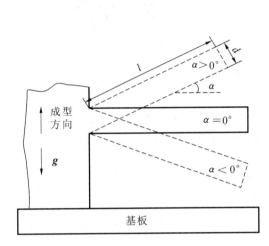

图9-4 悬臂结构示意图

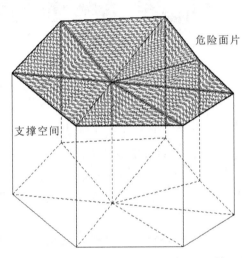

图9-5 危险面片形成的三棱柱支撑空间

9.2.2 支撑结构设计

支撑结构与零件的接触形式主要分为完全接触、小面积接触等，其中小面积接触如点接触、齿形接触等便于后续去除支撑，而完全接触则可降低因零件翘曲而拉断支撑的风险。

目前，支撑结构有晶格支撑、单元细胞支撑、蜂窝支撑、树枝状支撑等，如图9-6所示。

这些支撑结构需要遵循以下设计准则：

（1）支撑应能防止零件发生塌陷/翘曲，特别是需要支撑的外轮廓区域；

（2）对于金属材料，需要考虑应力和应变对支撑的影响，可以通过热模拟建模进行设计；

（3）支撑和最终零件之间的连接应具有最小的强度，以保证支撑功能的同时易于拆除；

（4）支撑和最终零件之间的接触面积应尽可能小，以减少支撑拆除后的表面劣化；

（5）在设计支撑时，材料消耗和建造时间应视为衡量最终打印质量的重要因素。

目前研究较多的支撑结构有树形、晶格等结构，其在生成效率、可制造性、可去除性和实用性上相较其他支撑结构有所提升，并且特殊设计的晶格支撑还具有负泊松比等性能，能够进一步降低因零件翘曲而拉断支撑的风险。

9.2.3 支撑优化设计

虽然存在悬垂结构的复杂零件在成型时添加支撑是必不可少的环节，但目前所使用的支

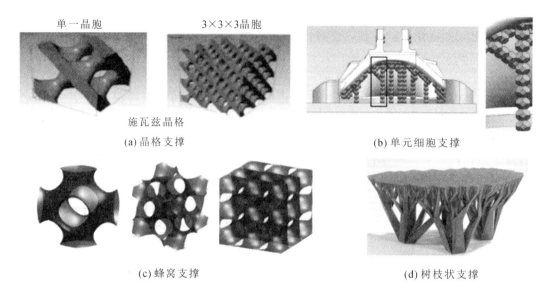

图 9-6 SLM 中常用支撑类型

撑结构仍然存在很多缺点。

（1）打印完毕后通常需要大量的后处理工作以拆除支撑结构，尤其是金属打印，打印后需要额外的时间对支撑结构进行切割、研磨或铣削，导致制造零件的人力和时间成本增加。

（2）支撑结构不可重复使用，如果不可回收，会导致原材料浪费。

（3）零件添加支撑结构后，除了打印零件主体外还需要打印支撑结构，所以打印时间会更长。

（4）由于增材制造过程的能源成本通常随材料用量的增加而增加，因此增加支撑结构会导致能源成本上升。

针对上述缺点，目前有以下几种常用的支撑结构优化方法：一是使用目标函数来改变支撑零件的方向；二是使用遗传算法来缩短构建时间；三是使用拓扑优化算法来克服零件工艺上的限制。

支撑结构的未来展望：①做好支撑结构建模，对支撑结构的热应力、材料热行为变化进行建模分析及预测，从而改善支撑结构，提高零件质量；②支撑结构的拓扑优化可以大大减少所需的支撑数量，并可根据材料性能优化支撑结构；③建立不同支撑结构的比较标准，用以评估不同支撑结构的支持性能。

9.3 增材制造无支撑研究

在传统的制造过程中，通常采用 2.5 轴配置，利用分层叠加的方法将 CAD 模型转换成一组相对薄的层，这种方式在制造过程中会存在阶梯效应、支撑设计复杂等问题，采用多轴的方式可有效缓解上述问题。现有的多轴无支撑方法主要有以下几种：基于悬垂结构分解、基于骨架化、基于约束优化、基于曲面层分解的方法。

基于悬垂结构分解的方法 在选择构建方法后，用构建方法识别和分解悬垂特征，确定每个构建体积的构建方向，再对其进行排序与无碰撞分析，随后进行切片与路径生成，这种方法的核心在于区分核心部分与悬垂特征，如图 9-7 所示，在此之后的大多数方法都沿用了这一思路。

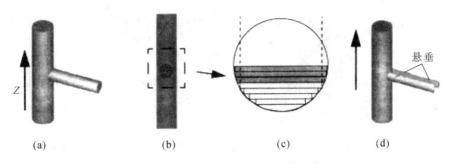

图 9-7 核心部分与悬垂特征的区分

基于骨架化的方法是利用模型的几何信息获取形态学骨架或质心轴,从而将模型分割成无须支撑的子结构并切片,能够有效处理管状结构和多分支结构的无支撑打印。

骨架化的分解方法虽然能够有效处理多分支结构,但无法处理无明显骨架特征的模型(如球),因此仅仅依赖于模型的几何特征来分解是不够的。针对此问题,可以引入图 9-8 所示的**基于约束优化的方法**,先对模型进行粗分割,再确定初步打印顺序,在此基础上根据碰撞及约束进行微调,使之能处理更复杂的模型。

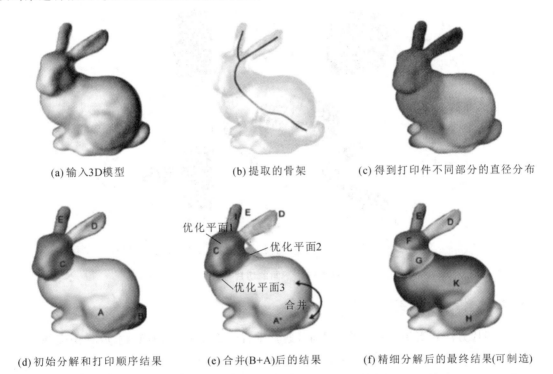

图 9-8 基于约束优化的方法流程

尽管前几种方法实现了无支撑制造,但基于平面层的约束为更复杂的零件制造施加了限制。由此,为充分利用多自由度的优势,即采用多轴联动的方式,开发了**基于曲面层分解的方法**,用以实现复杂结构的无支撑制造。研究人员从弯曲层切片中获得灵感,将模型体素化,采用降维策略,通过计算累积场来获得可制造的有效曲面层序列,通过曲面层生成有效曲面层路径,如图 9-9 所示。使用基于曲面层分解的方法,实现了更复杂零件的无支撑打印,但增大了整体的控制难度。

(a) 输入3D模型　　(b) 体素化和体素累积序列　　(c) 基于图(b)生成曲面层　　(d) 计算出的路径细节描述图

图 9-9　基于曲面层分解的方法流程

9.4　模型切片

根据待制造零件的结构特征，一般有三种切片方法：传统切片、多向切片和非分层切片方法，如图 9-10 所示。

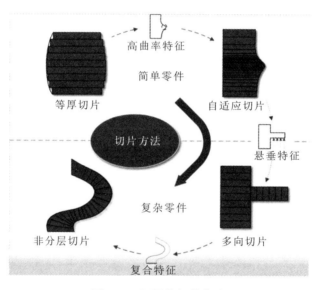

图 9-10　不同的切片方法

9.4.1　传统切片方法

传统切片方法是指用一系列平行平面（通常垂直于 Z 轴）截取模型，求取封闭交线。加工过程中的分层方法主要分为两类：等层分层法与自适应分层法。

等层分层法使用等距平面对模型进行求交，获得恒定层厚度的切片层，其具有较高通用性，算法鲁棒性好，但是精度差，只能处理简单几何零件，阶梯效应明显。

1994 年，Dolenc 和 Mäkelä 提出尖点高度法进行切片，该方法根据预设的尖点高度 C 计算层厚度。尖点高度是指 CAD 模型表面和沉积层之间沿表面法线的最大高度，如图 9-11 所示。由用户定义与表面质量相关的最大允许尖点高度 C_{max}，并在此基础上计算相应的层厚度 t。

但该方法存在严重的阶梯效应，因此，Suh 和 Wozny 于 1994 年首次引入轮廓外推法，根据零件几何结构使用可变层厚度对实体模型进行自适应切片。层厚度通过前一层的外部轮廓确定。在前一层的基础上，使用拟合球体近似下一层的真实表面，层厚度由该球体根据预

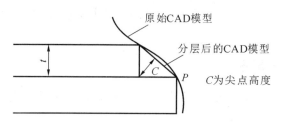

图 9-11 尖点高度法

设的尖点高度公差确定。

虽然,研究人员为保证模型外部轮廓的精确性做了一定研究,但阶梯效应的存在始终影响着模型的表面质量与精度,为尽可能减小阶梯效应的影响,自适应分层法被提出。

自适应分层法在局部进行自适应分层,可以根据表面复杂性或精度要求改变层厚度,从而细化外部轮廓。自适应分层法可以获得更好的表面质量,同时在构建方向上实现更复杂的结构,易于应用,但是无法处理悬垂结构,对复杂模型的处理仍然受到限制。

9.4.2 多向切片与非分层切片方法

使用传统的单向切片方法时,支撑结构是不可避免的。然而,一些支撑结构很难去除,后处理成本很高。单向切片方法会使悬垂区域产生阶梯效应,导致表面质量和轮廓精度降低。

针对相对复杂的形状,研究人员提出了图 9-12 所示的多向切片方法,对模型的不同部分沿不同方向进行切片,旨在实现对复杂几何表面的更好近似,提高表面质量和轮廓精度,消除支撑结构,减少传统切片方法产生的一些固有缺陷。除了能够构建复杂零件外,它还可以简化设计程序,减少对支撑结构的依赖并缩短构建时间。

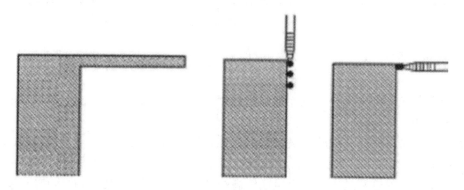

图 9-12 多向切片打印

传统切片方法和多向切片方法,是将整个或部分模型切割成厚度均匀的平行层的分层方法。分层方法忽略了几何特征,使得复杂零件的制造变得困难。非分层技术有助于消除支撑结构,提高复杂零件的可生产性和表面质量,并拓宽 AM 的应用范围。

9.5 路径填充

对基于分层叠加制造原理的快速成型技术而言,将零件切分为层面,并在每一层内生成扫描路径,是增材制造的关键步骤。在增材制造过程中,扫描路径会直接影响材料的熔化、传热以及凝固,进而影响温度梯度以及残余应力的分布,这些因素将直接影响成型件的表面粗糙度、尺寸精度和力学性能。增材制造发展至今,已出现许多路径填充策略,如栅格、之字形、分区、螺旋线、轮廓偏置等。

9.5.1 栅格路径填充

栅格扫描策略的扫描线为一组等距平行线,两平行线间的距离为扫描间距。其填充线由一组平行直线与切片轮廓求交运算获得。

优点:栅格路径生成算法简单可靠、适应性强、成型效率高,常用于商业增材制造系统。

缺点:当截面轮廓内部存在空腔时,激光器需要频繁跨越空腔而产生较多的空行程,降低了加工效率;单一的扫描方式会使沿扫描线方向产生的最大拉应力方向相同,从而使成型件发生翘曲变形,甚至出现裂纹;由于扫描线存在一定宽度,因此在轮廓边界平面上也会出现"阶梯效应",影响成型件侧(垂直分层方向)表面质量;成型件组织均匀性差,具有各向异性,且各层单方向的扫描可能会使得缺陷在同一位置积累,最终影响成型质量。

为避免缺陷以及层间应力积累,研究人员提出了层间旋转的扫描策略,如图9-13所示。此外,研究人员还研究了 Inconel 625 合金逆时针旋转90°与67°两种扫描方式。目前,在构建方向上具有更细晶粒的67°层间旋转扫描策略已得到广泛应用。

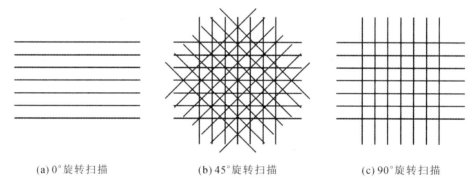

(a) 0°旋转扫描　　　(b) 45°旋转扫描　　　(c) 90°旋转扫描

图 9-13　三种旋转扫描角度

栅格路径填充算法一般包含两个输入变量:填充区域轮廓以及填充线序列。栅格路径填充算法流程如下。

(1) 获取所需填充区域的轮廓最小包围盒:遍历存放轮廓数据的所有线段列表以收集所有线段,遍历所有线段点后对比获取点 $X_{\min}$、$X_{\max}$、$Y_{\min}$、$Y_{\max}$。

(2) 根据获取的轮廓最小包围盒生成等高线填充线段(填充间距),并将填充线进行升序排列。

(3) 将遍历后获得的外轮廓线段按 Y(或 X)进行排序。

(4) 遍历所有填充线段,并移除不再和扫描线相交的线段,将满足最低点小于 Y(填充线 Y 坐标),最高点大于或等于 Y 的线段添加至待求交线段,直至线段最低点大于 Y。

(5) 遍历所有待扫描线数据。

9.5.2 之字形路径填充

之字形扫描策略源于栅格扫描策略,目的是避免栅格扫描填充精度较差的问题。栅格扫描策略和之字形扫描策略的区别在于二者扫描方向的变化不同。之字形填充路径如图9-14所示。

优点：将单独的平行直线沿一个方向连接成连续路径，有效地减少了激光扫描路径通过的次数和缩短了路径填充的时间，极大地提高了增材制造过程中的生产效率。

缺点：由于与机器运动方向不平行的边缘存在离散化误差，因此栅格扫描策略和之字形扫描策略的轮廓精度都较差。

图 9-14 之字形填充路径

9.5.3 分区路径填充

研究表明，当扫描线较长时，扫描线在长度方向上容易收缩，发生翘曲变形。而当扫描线较短时，扫描路径的温差更小，应力分布更加均匀。因此，在加工过程中，为提高成型质量需要尽量避免长线扫描。为降低零件内部应力集中、减少零件变形，研究人员提出了分区扫描策略。

如何对需要成型的区域进行分区，是研究分区路径填充的重要内容。目前常用的分区方法有以下两种。

(1) 截面轮廓分区方法：主要以切片轮廓极值点作为分区依据，通过识别内轮廓极值点，使用水平引导线与外轮廓和其他内轮廓相交，进而获得划分区域，如图 9-15 所示。分区后所得子区域采取轮廓偏置方法进行填充。该分区方法虽然简单可靠，但分区后所得子区域可能存在轮廓自相交、狭长区域等问题，对后续路径填充造成不良影响。

(2) 自定义分区方法：由用户自定义分区大小，在模型最小包围盒范围内设定划分区域的大小（通常划分区域大小相等），然后将划分区域与所需填充区域做交运算。例如，Concept Laser 公司提出的岛式（棋盘）扫描策略，可以有效减少零件生产过程中应力的产生，并且已被广泛应用于商业生产，如图 9-16 所示。采用此类分区方法时，后续通常会采取栅格路径填充算法进行填充。

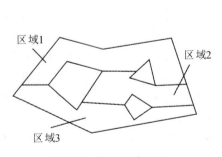

图 9-15 截面轮廓分区

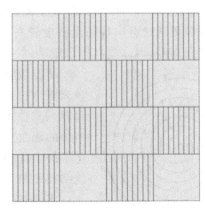

图 9-16 岛式扫描示意图

由于增材制造逐层叠加的特点，当成型件厚度达到一定值时，层面的散热逐渐变得困难，此时当前一个区域扫描完成后，会对周围区域产生预热效果，因此为保证良好的散热，需要对之后扫描的区域进行选择。由于残余应力主要是由高温度梯度引起的，因此将几何体分割成小岛，通过"区中选区"方式，避免连续扫描相邻岛来减小热量，极大减少了热应力集中，如图 9-17 所示。

分区扫描的一般路径规划算法相比于栅格扫描增加了区域的凹凸性识别，使得区域可以容易地被分割为多个单连通区域。分区扫描的输入一般为切片后的外轮廓以及内轮廓数据。

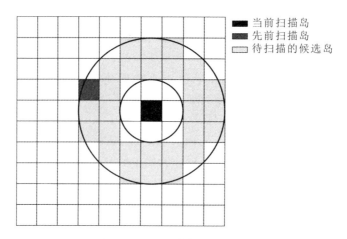

图 9-17 改进的岛扫描模式

分区扫描流程如下：

(1) 输入多边形区域，每个多边形区域方向符合"外顺内逆"的规定；

(2) 遍历轮廓数据点，若该点满足相邻两点向量叉积为负的条件，则该点为凹点，将满足条件的所有凹点加入数据点之中；

(3) 对每一个凹点，构造一条经过它的切分线段；

(4) 沿切分线段将多边形分割为若干单连通子区域；

(5) 将所有单连通子区域输出；

(6) 采用栅格路径填充算法，对所有子区域分别进行填充。

9.5.4 螺旋线路径填充

在进行激光加工时，一条扫描线上激光移动速度不同会导致局部区域能量密度不同，在扫描线起始位置通常会出现能量密度较高的区域。因此，在打印过程中，尽量避免激光器的启停与大转角路径，可以提高打印质量。

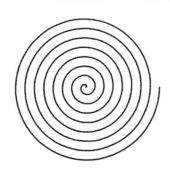

图 9-18 螺旋线路径

螺旋线路径填充是指从中心或边缘生成螺旋扫描线，直至填充整个扫描区域，再对多余环进行去除的扫描策略。扫描线具有一定曲率，使得残余应力不在同一个方向积累，减少了成型件的翘曲变形；由于扫描路径连续、平滑、没有交叉，因此避免了加工过程中激光的急转，提高了成型件的表面质量。螺旋线路径如图 9-18 所示。

当填充面内存在空腔时，如何生成连续且无交叉重叠的扫描线是螺旋线路径填充研究的重点。钱波等人提出了一种螺旋线扫描策略并将其用于发动机叶轮的 SLM 加工中，结合扩展波前传播算法与 Voronoi 多边形拓扑结构，递归生成带有边和对象拓扑关系的螺旋线路径，如图 9-19 所示。相比于栅格扫描，螺旋线扫描产生的残余应力较低，尤其降低了构建方向的残余应力。螺旋线扫描虽然降低了沿扫描线方向的残余应力，但会产生向心残余应力，导致成型件发生翘曲变形。

(a) 发动机叶轮模型　　　　　(b) 单层切片　　　　　(c) 区域放大

图 9-19　螺旋线扫描策略

9.5.5　轮廓偏置路径填充

采用栅格扫描策略时，扫描线的宽度累加不一定与轮廓大小完全一致，因此会出现平面内的阶梯效应(见图 9-20)，使得二维切片轮廓的精度降低，如此积累下来，会严重影响整个成型件的外部轮廓精度。因此采用轮廓偏置路径填充算法进行加工，以消除平面内的阶梯效应。

对于截面轮廓复杂的零件，在扫描线偏移的过程中容易产生因轮廓的自相交以及内外轮廓的交错而导致的模型错误等问题。为判断轮廓偏移量是否在可接受范围内，以及为提高算法效率，可以采用等距轮廓偏置扫描策略。相对于栅格扫描策略，该策略在路径加工质量和加工时间方面有所优化。栅格路径及等距轮廓偏置路径如图 9-21 所示。

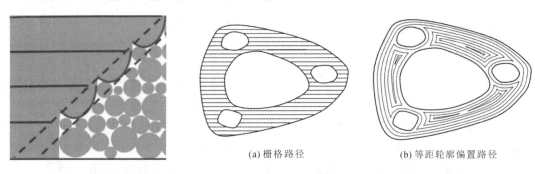

图 9-20　平面内的阶梯效应　　　　(a) 栅格路径　　　　(b) 等距轮廓偏置路径

　　　　　　　　　　　　　　　　　图 9-21　栅格路径及等距轮廓偏置路径

等距轮廓偏置扫描策略可以较好地保留模型的轮廓特征，有效解决边界轮廓引起的质量问题，但等距轮廓偏置扫描策略多次运行后会出现偏置后轮廓自相交等问题，解决此类问题是目前等距轮廓偏置扫描策略的研究重点。

轮廓偏置通常分为基于线段平移的偏置、基于角平分线的偏置、基于裁剪的轮廓偏置三种。

基于线段平移的偏置算法包含以下两个步骤。

(1) 判断线段平移方向：将线段沿法向量平移，计算法向量与线段的方向向量的叉积。如果叉积结果为正，则表示线段在法向量的逆时针方向；如果叉积结果为负，则表示线段在法向量的顺时针方向。

(2) 消除全局自相交环：首先，两两遍历计算偏置轮廓边的所有交点，然后根据交点对偏置轮廓进行分段，并根据每段偏置轮廓到原始轮廓的距离是否小于偏置距离来确定偏置轮廓线段是否需要保留，最后按照轮廓走向拼接偏置轮廓线段。

9.5.6 混合路径填充

混合路径填充算法是指综合采用两种或两种以上路径进行填充的扫描策略,起到优势互补的作用。例如,栅格扫描效率高,算法简单可靠,但边界精度不高;轮廓偏置扫描具有很好的边界精度以及温度梯度,但是因为其扫描线在偏置过程中会产生自相交问题,在算法上处理相对复杂。因此,将两种算法结合,在保证内外轮廓精度的同时也简化了算法,提高了打印效率。一种分区扫描和轮廓偏置扫描相结合的混合路径,如图 9-22 所示。

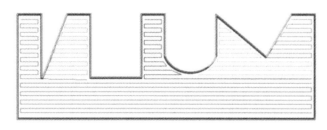

图 9-22 混合路径填充示意图

面对实际制造情况下复杂多变的截面形状,单一扫描策略往往会因自身局限性而存在相应缺陷。根据实际情况选取不同扫描策略的组合可以较好地完成打印任务。因此,多路径填充的组合也将成为未来研究的重点。

9.5.7 分形扫描

分形扫描是指利用分形曲线对截面进行填充。分形曲线从整体与局部的相似性特征出发,使得填充线的生成规律相同、分布均匀,保证了成型件表面的光滑平整以及材料的均匀分布。

Hilbert 曲线是增材制造中应用最为广泛的分形曲线,其生成原理是:首先将一个方形区域分割成四个小正方形区域,然后从左下角小正方形区域的中心开始,依次将小正方形区域的中心进行连接,直到连接到右下角小正方形区域的中心结束,这样就得到一条一阶分形曲线。以相同的原理,将方形区域分割成 16 个小正方形区域、32 个小正方形区域,并按一定规则将小正方形区域的中心依次进行连接,就可得到二阶和三阶分形曲线,如图 9-23 所示。

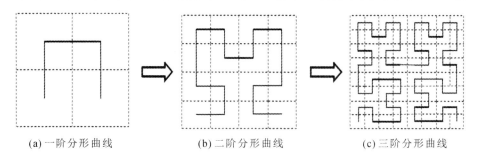

(a) 一阶分形曲线　　　　(b) 二阶分形曲线　　　　(c) 三阶分形曲线

图 9-23 Hilbert 曲线生成示意图

但 Hilbert 曲线中有大量 90°拐角,拐角位置的速度和加速度急剧变化,可能会导致拐角位置处激光能量集中,进而影响零件表面质量。针对 Hilbert 曲线中存在大量 90°拐角的问题,陈宁涛对 Hilbert 曲线的生成算法进行创新,利用二分技术更新了算法,按照复制的思想将具有"形"特征的曲线问题转化为具有"数"特征的矩阵问题,提升了传统的 Hilbert 曲线生成算法的计算速度,为大规模空间填充曲线的并行化计算奠定了基础。

分形扫描虽然能避免直线扫描的应力集中和轮廓偏置扫描的轮廓自相交问题,但由于90°拐角的大量存在,设备可能会产生震动,从而对其造成损害。

9.5.8 中轴提取

中轴路径是一种用于提取几何图形骨架的算法。多边形中轴是由 Blum 首先提出的,可用来描述图形,又称骨架。Blum 提出的用来定义中轴的草地火灾模型描述为:假设二维区域的轮廓上的点同时着火,火从轮廓向图形内部沿各个方向等速燃烧直至熄灭,所有熄灭的点的集合即构成了该图形的中轴。

多边形中轴有多种提取方法,对于一些简单的模型(如二维多边形或由圆弧构成的图形)而言,存在有效的方法可以精确提取中轴。然而,对于一般的几何模型,即便边界由解析式表示,计算其可靠中轴仍然十分困难。这些方法的核心目标是克服中轴转换的不确定性。多边形中轴如图 9-24 所示。

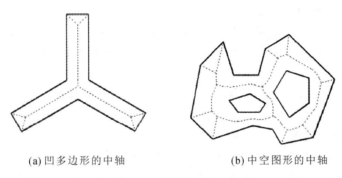

(a) 凹多边形的中轴　　　　(b) 中空图形的中轴

图 9-24　多边形中轴

对于复杂图形无法精确提取中轴的问题,也可以利用中轴变换生成偏移曲线的办法来解决。偏移曲线路径是由内而外生成的,而不是由边界往内部填充的。该方法可以计算路径,完全填充几何图形的内部区域,且可以通过在边界外沉积多余的材料来避免产生间隙。

在打印时边界噪声容易导致毛刺产生,可以采用中轴变换算法提取骨架特征来解决该问题。采用 Voronoi 图计算原始中轴,使用改进的二次误差度量方法去除毛刺。许多研究的结果表明,在二维及三维数据集上,中轴变换算法能够提取简洁、准确的骨架,且对边界噪声具有鲁棒性。

与栅格扫描和轮廓偏置扫描相比,中轴提取可以有效地提高具有复杂多边形结构的零件的成型质量。图 9-25 所示为三种路径的填充曲线。

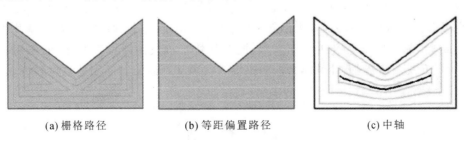

(a) 栅格路径　　　　(b) 等距偏置路径　　　　(c) 中轴

图 9-25　三种路径的填充曲线

9.6 路径规划研究进展与发展前景

增材制造的优势不仅在于能够制造出传统制造方法难以加工的复杂零件,还在于其加工过程中对工艺参数的控制可以影响零件的性能。然而,目前对众多工艺参数(激光功率、扫描速度、扫描间距、扫描方式等)与零件成型质量之间的关系研究还不够充分,同时缺乏较为系统的策略来避免或减少成型过程中的不稳定因素。为充分发挥增材制造定制化、个性化的特点,将各扫描策略与零件性能关联,个性化定制具有特定属性的零件,这也成为目前的研究热点。

随着医疗、电子、航天领域的飞速发展,激光增材制造技术得到越来越广泛的应用。市场对工业产品的复杂性、多功能性的需求不断增加,同时也对激光增材制造技术提出新的要求,如制造大尺寸、大幅面零件,以及具有复杂材料特性的零件;提升零件成型质量。因此,未来激光增材制造技术会更具有"柔性",能够更加方便地允许使用者进行调整。目前增材制造数据处理软件应朝以下功能方向发展。

(1) 不断优化切片分层时的切片参数,包括切片厚度和分层方向,提高模型构建精度,缩短模型构建时间,以提高模型构建效率,在同一构件中能够根据构件结构对不同区域进行分层。

(2) 提高同一构件的路径规划多样性,针对表面质量或力学性能选择不同的路径填充方式进行组合,以期达到效率、质量的均衡点。同时,也应该关注路径背后材料晶粒生长、熔池变化等机理,为新路径的提出奠定理论基础。

(3) 做好支撑结构建模,对支撑结构的热应力、材料热行为变化进行建模分析及预测,从而改善支撑结构,提高零件质量;建立不同支撑结构的比较标准,用以评估不同支撑结构。

(4) 在工业商用软件的开发过程中,应允许用户进行个性化的开发设计,如新路径的导入等,便于针对材料特性做加工方式的调整;在桌面级商用软件的开发过程中,应尽可能简化操作流程,使增材制造技术的用户群体更加广泛。

本章课程思政

数据预处理、切片与路径规划是增材制造三维数字化模型数据处理的核心步骤。目前切片软件与数据处理技术国产化逐渐成为热点,上海漫格科技有限公司推出的一系列具有自主知识产权的国产3D打印工业软件,填补了增材制造产业链中的重要空白,打破了3D打印工业软件被"卡脖子"的局面,真正实现了国产自主可控替代进口,并得到了政府和业界的大力支持和高度关注。因此,不断地自主创新和研发,做出稳定的国产软件,能够实现我国增材制造朝着低成本、高性能、智能化的方向发展,同时加快推进我国新型工业化,助力制造业转型升级,不断提升我国制造业国际影响力,加快推进我国从制造大国向制造强国转变,奋力谱写制造强国建设新篇章。

思 考 题

1. 增材制造数据处理软件的基本流程有哪些?请列举出来。

2. 支撑结构设计应遵循哪些准则？
3. 目前使用支撑结构有哪些缺点？
4. 无支撑设计有哪些优点？
5. 现有的多轴无支撑方法有哪些？
6. 模型切片方法有哪些？
7. 传统的模型切片方法有哪些缺点？
8. 路径填充有哪些方法？
9. 请简要阐述之字形路径填充的优缺点。
10. 请简要阐述对增材制造数据处理软件发展的看法。

第10章 在线监测技术

确保构件质量的可靠性、制造的可重复性是增材制造（AM）面临的最大挑战，也是限制其发展和工业应用的重要障碍。由于AM的材料、工艺不同，AM过程中的缺陷或质量问题是多种多样的，如孔隙、未熔合、球化、裂纹等。在线监测技术可以帮助人们尽早地识别和预测缺陷，从而减小废品率和简化后处理工序、缩短研制周期，还为提供全程可溯的加工信息创造了可能。

在AM过程中会产生光、声、热以及其他信号（如振动信号），这些信号中包含着丰富的信息，能够反映加工状态和构件内部缺陷。为了对AM过程进行有效的监测，常采用合适的传感器收集AM过程信号，以获取加工过程的实时状态数据。

本章将详细介绍基于光信号、声信号、热信号、其他信号以及多信号融合的在线监测技术，此外还将介绍AM在线监测中的计算成像和机器学习方法。

10.1 光学检测技术

激光选区熔化（selective laser melting，SLM）过程中，粉末层、金属蒸气、熔池、小孔、凝固层等产生的光信号可以通过相应的光学传感器进行监测。常用的光学检测技术包括光学测温、红外成像、高速相机成像、光学相干成像、3D视觉传感及CT检测等技术。目前，光学检测技术是监测AM过程最常用的手段。

10.1.1 基于高速相机的检测

高速相机是一种能将检测的光信号转化为电信号的设备，是SLM过程监测常用手段之一，可以直观地监测飞溅的行为以及熔池的蒸气羽烟等形态，还可以观测扫描区域的图像，进而实现熔池尺寸测量和表面球化、未熔合等缺陷检测。红外相机除了可以测量熔池的温度和尺寸外，还可以结合图像识别技术，检测零件的缺陷及熔池的冷却速率。

AM过程中常见的两种相机布置方式分为同轴和旁轴。典型的同轴系统如图10-1所示。加工激光通过分色镜进入振镜。振镜根据从CAD模型获得的几何信息构建光束的偏转路径，利用 $f\text{-}\theta$ 透镜将光束聚焦到加工平面上。照明激光通过分光镜发生偏转，并通过分色镜进行传输，根据加工激光的位置实现定位和聚焦。处理区域通过照明激光照明。处理区域的图像信息通过 $f\text{-}\theta$ 透镜、振镜、分色镜和分光镜向后传输到整个系统。

典型的旁轴系统如图10-2所示。高速相机和辅助照明系统置于成型腔体的顶部或者侧面，其视场一般可以照射到整个打印面。相较于同轴系统，旁轴系统具有光路和机械结构设计简单的优点，无须对已有的SLM设备进行较大程度的改装。

10.1.2 缺陷表面的光学相干成像检测

光学相干断层成像（optical coherence tomography，OCT）技术，简称光学相干成像技术，是近年来用于金属增材制造的监测方法。该方法可以监测熔化表面的形貌信息，包括粉末、

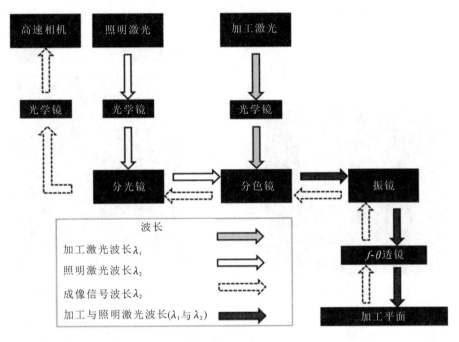

图 10-1 同轴式 SLM 在线监测系统

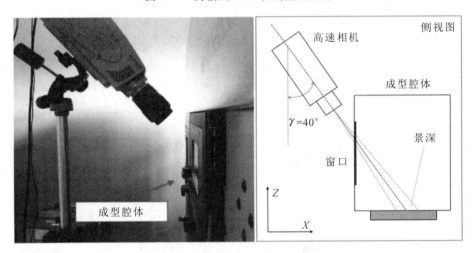

图 10-2 旁轴式 SLM 在线监测平台

熔道、熔池及球化缺陷的信息(即深度方向的信息),并具有较高的横向、纵向分辨率及灵敏度。德国汉堡-哈尔堡工业大学激光与系统技术研究所基于光学相干成像检测系统,提出利用低相干干涉成像技术来检测 SLM 工艺中粉末床的平整度。如图 10-3 所示,利用该技术检测粉末床的平整度,可识别粉末床上 50 μm 深度的沟槽。

10.1.3 三维形貌的视觉传感检测

随着基于机器视觉的三维形貌测量技术的发展,增材制造工件表面三维信息的监测得以实现。根据成像照明方式,三维形貌测量技术可分为主动三维形貌测量技术和被动三维形貌测量技术。

主动三维形貌测量技术的典型代表是结构光三维形貌测量技术。其工作原理是:通过投

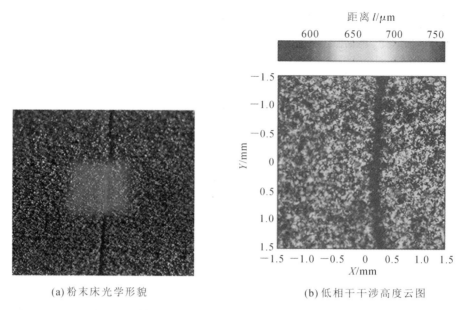

(a) 粉末床光学形貌　　　　(b) 低相干干涉高度云图

图 10-3　基于低相干干涉成像的 SLM 工艺粉末床检测

射装置将结构光照射到待测物体表面，然后利用图像接收器来获取经待测物体表面反射而发生形状畸变的图像，使用算法将畸变图像信息转换为待测物体的三维形貌数据。

图 10-4 所示为粉末床表面的三维形貌监测结果，在一层铺粉过程完成后，投影仪将一系列正弦条纹图像投射到粉末床上，两台相机同步采集条纹图像，然后使用基于条纹投影技术的相位移动算法处理图像，获得致密的粉末床三维形貌，并可据此直接观察或计算多种工艺特征，如平整度、均匀性、缺陷等。

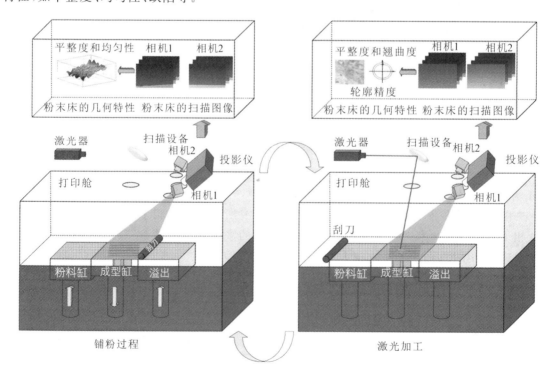

图 10-4　基于几何特征的 SLM 原位三维形貌监测原理图

被动三维形貌测量技术不需要借助任何外部光源,只需利用摄像系统捕获二维图像,再利用算法根据二维图像还原出物体表面的三维形貌,在三维形貌测量的基础上,通过对变形前后相机拍摄的物体表面图像进行相关计算,实现物体表面变形、位置、应力等的测量。其典型代表为双目立体视觉测量技术和数字图像相关技术。

10.1.4 CT 检测

CT 检测技术是一种检测工件内部缺陷的有效方法,可以对工件的孔隙率、孔隙分布、几何尺寸、密度、表面粗糙度、缺陷等进行检测或测量。CT 检测技术使用射线束穿透物体,通过对射线在物体内的衰减系数进行数学计算,得到物体的断层图像。断层图像可以直观、准确地反映物体的内部结构和缺陷分布情况,并且不受材质和形状等因素的影响。

与其他监测手段不同,CT 检测技术可以直观地反映内部缺陷的三维形貌和位置,例如气孔、裂纹的大小和位置等,但成本较高且需要加强防护,一般用于对其他监测手段的校核和验证。

一种在线 CT 检测设备如图 10-5 所示,微型粉末床夹在两个玻璃碳板之间,使用具有可高达 30 keV 的一阶谐波能量的射线束穿透金属样品进行成像,以实时观察激光-物质相互作用、粉末熔化/凝固现象以及气孔的演化过程等。此外,CT 检测设备还可以与其他监测手段(如红外成像、衍射成像)同时使用。

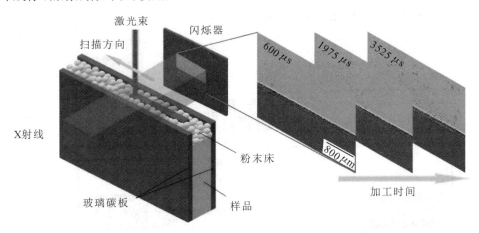

图 10-5 原位在线 CT 成像实验设备

10.2 声信号监测

超声检测技术是一种广泛用于材料内部缺陷检测的有效方法。超声波在被测零件中的传播会受到缺陷影响,因此可反映零件中的缺陷信息。超声检测技术通常包括常规超声检测技术、激光超声检测技术、声发射检测技术等。

超声检测技术具有穿透能力强、灵敏度高等特点,适用于检测形状、结构相对简单的规则制件,表面较光滑的制件及大型结构件等,能够检测毫米级的缺陷,如气孔、裂纹、未熔合和夹杂等缺陷。其中对于裂纹缺陷,超声检测技术只能检测垂直于声束方向的裂纹,为了全面检测裂纹,需要结合多方向检测方法或其他检测方法。

10.2.1 常规超声检测

常规超声检测技术是一种利用换能器进行超声波发射和接收的检测方法,通过计算缺陷回波出现的时间、超声波的传播速度和传播方向等信息之间的数学关系实现缺陷的定位。由于超声波传感器是以接触的方式进行测量的,材料表面存在的划痕、裂纹等都会使材料和传感器之间形成空气间隙,导致超声波衰减变大。为解决这个问题,通常在传感器与被测样品之间涂上耦合剂,常见的耦合剂有水、甘油、变压器油等。

常规超声检测技术主要用于增材制造离线检测,仅在特定条件下才能作为在线监测手段,可用于探伤、定位、测量,但不能用于检测高温(大于 300 ℃)物体,且不适用于检测局部非平面表面。

10.2.2 激光超声检测

激光超声检测技术是一种用脉冲激光器在样品表面激励超声波,然后用激光干涉仪接收样品表面超声脉冲信号的检测方法。激光超声检测系统主要由发射系统和接收系统两部分构成,其原理如图 10-6 所示。脉冲激光器发射激光至样品表面,产生超声脉冲信号,该信号可以反映物体相关的缺陷、应力及晶体结构等信息。检测器接收携带了超声脉冲信号的散射光与反射光,再由激光干涉仪检测其中细微的光程变化并进行信号解调、分析、处理,得到激光超声波形,从而探测出样品的内部或表面变化。

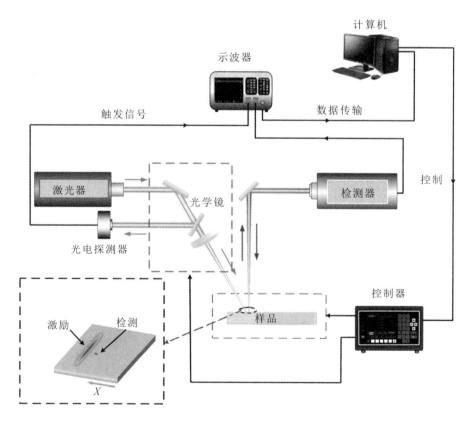

图 10-6 激光超声检测系统原理

10.2.3 声发射检测

声发射现象是指材料中局部快速释放能量导致弹性波的产生和传播的现象,声发射的频率一般为 1 kHz～1 MHz。SLM 过程中,由于缺陷的类型、尺寸、形态、位置等的差异,每一种缺陷都对应一种具有独特特征的声信号。材料内部的声发射源产生弹性波,传播到材料的表面并引起表面振动,可利用高灵敏度声发射换能器捕捉表面机械振动信号,并将该信号转换为电信号,再通过对接收信号进行放大、处理和分析,实现声发射源的定位和定性。

声发射检测技术是一种被动式检测技术,只需要在特定位置布置一定数量的接收传感器,即可实现 SLM 过程的声发射检测。声发射检测技术尤其适合检测正在出现和扩展的缺陷,能检测复合材料且不受试件的尺寸影响。声发射检测技术对缺陷信号监测的灵敏度可达 10 μm,远远高于常规超声等无损检测技术的灵敏度。同时,声发射检测设备具有数据处理速度快、价格便宜等优势。但凯泽效应限制了声发射检测技术的应用,即材料受到一定的应力作用时声发射开始,停止施加应力则声发射也停止,重新施加应力,如果应力值不超过原来的大小,材料就不会再出现声发射现象。因此,声发射检测技术更适用于监测对象萌生的缺陷。

10.3 热信号监测

热信号监测技术可以检测增材制造过程中可能存在的问题。该技术通过监测温度变化来识别潜在的问题。在增材制造过程中,通过热电偶或红外热成像仪等设备,可以实时监测工作区域的温度变化,并将其转换为数字信号。通过对这些数字信号进行处理和分析,可以检测到可能存在的问题,并及时采取措施进行调整。例如,在打印过程中,如果检测到温度过高或过低,则可以调整激光扫描速度或者激光功率来避免打印缺陷。

10.3.1 基于高温计的在线监测技术

高温计作为一种常用的温度传感器,可以实现对熔池等的在线监测。通过选择合适的高温计类型,可以提高热信号获取的精度和可靠性,从而保证增材制造过程的质量和性能。高温计利用物体的辐射强度与温度成正比的特性,通过测量热辐射信号的强度来计算物体的温度。

最早的熔池温度闭环控制系统使用比例积分微分(PID)控制器对熔池温度进行闭环控制,如图 10-7 所示,先使用高温计测量熔池温度,将设定值与测量值做差,得到误差信号,再将误差信号输入 PID 控制器中,通过 PID 控制器控制激光功率,使熔池温度在设定值上下波动。

10.3.2 基于光电二极管的在线监测技术

光电二极管也是一种增材制造常用的热信号获取传感器,它能够将热辐射信号转换为电流或电压等电信号。在增材制造过程中,光电二极管可以测量熔池表面的热辐射信号,从而实现对熔池温度的监测。由于光电二极管具有高精度、高灵敏度、易集成、响应速度快等优

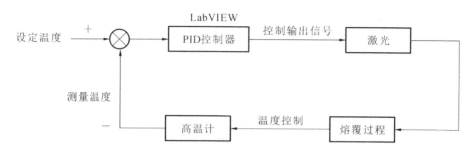

图 10-7 熔池温度闭环控制系统示意图

点,因此常应用于熔池温度闭环控制系统中。

将 CCD 相机与激光熔覆头同轴集成,并将光电二极管置于熔覆头内部,实时测量熔池温度,如图 10-8 所示。建立工艺参数与激光熔覆熔池温度之间的关系模型,研究发现激光功率对熔覆层质量的影响最大。对此,研究人员开发了一套熔池温度闭环控制系统,通过控制激光功率来实现对熔池温度的精确控制,从而有效提高了熔覆层的质量和性能。

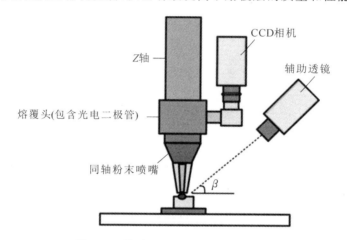

图 10-8 熔池温度闭环控制系统组成

10.3.3 基于红外相机的在线监测技术

随着图像处理技术和机器学习的快速发展,电荷耦合器件、金属氧化物半导体相机和近红外相机在增材制造中的应用越来越广泛,通常用于构建在线监测系统,以实现对增材制造中的热信号获取和温度控制。相比于光电二极管和高温计两种监测方式,基于红外相机的在线监测技术应用更为广泛。在增材制造过程中,近红外相机的安装方式有两种:同轴和旁轴。其中,同轴安装的近红外相机更有利于在线监测的实现,能够捕获熔池的微小动态信息,并实现对熔池的动态追踪。

如图 10-9 所示,通过旁轴安装的原位短波红外相机,可以获取零件在逐层加工过程中的表面热信号,将获取的热信号以体素的形式编码到三维模型中,以研究热历史对零件性能的复杂影响。此外,还探讨了由不同的激光加工参数和复杂的扫描路径导致的热特性偏差。

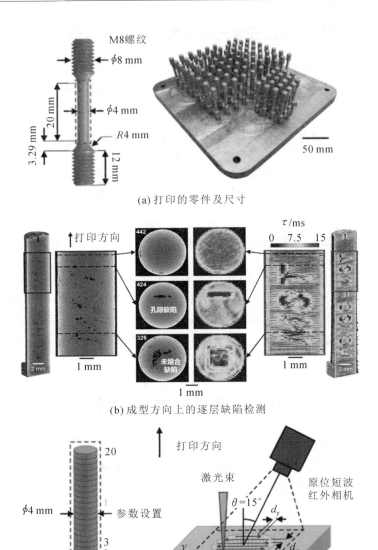

图 10-9 原位短波红外相机旁轴安装以及热信号在零件质量检测中的应用

10.4 其他信号监测

10.4.1 电压、电流信号检测在电弧增材制造中的研究

检测电压、电流的波形是研究电弧熔化成型过程最直接的方法。电信号采集装置简易，价格低廉，信息获取容易而且稳定，基本不受外界干扰，但是电信号包含的信息较少，无法反映熔化沉积成型过程中复杂的动态变化。电压、电流信号检测方法多用于电弧增材制造的在线监测，但只能作为辅助的监测手段。

10.4.2 电位差信号检测在激光熔丝增材制造中的研究

在激光熔丝增材制造过程中,会产生电位差信号,这种信号与等离子体有关。然而,在电信号检测中,电位差信号的测量受激光与工件之间距离的影响,使得测量过程十分困难。因此,在实际应用中,电位差信号的使用很少。

10.4.3 涡流检测在粉末床熔融增材制造中的研究

与原位传感技术相比,涡流检测(ECT)技术是一种标准化无损检测(NDT)技术。它是一种非接触式电磁检测方法,用于测量材料特性,如导电性,还可以检测表面和近表面缺陷,如金属部件中的孔隙或裂纹。

10.4.4 SEM 在电子束熔化过程中的应用

光电检测技术是一种独特的技术,常用于监测电子束熔化(EBM)过程中熔体层的形态。扫描电子显微镜(SEM)利用电子成像技术生成样品表面的高分辨率图像,它也可以用于 EBM 零件的检测。由于电子成像的高分辨率,SEM 在揭示微观结构和缺陷方面优于热像仪和光学显微镜,并且它能够通过分析不同元素的电子相互作用来分辨和分析不同材料或合金的微观结构。

10.5 多信号融合监测

单一的传感信号仅能反映加工过程中的某一方面信息,不能全面地反映加工状态和缺陷信息,导致监测的信息不全,且监测的准确性不高,而采用多种传感器采集多方面信号能够比较全面地反映加工状态,使监测准确性大大提高。多传感多信号融合正逐渐成为增材制造过程中缺陷监测研究的热点。

以 SLM 为例,表 10-1 总结了近年来基于多传感技术对 SLM 过程中缺陷进行监测的相关方法。

表 10-1 SLM 过程多传感信号和监测对象

信号类型	传感器类型	监测对象
光信号+温度信号	FASTCAM SA5 高速相机+双色高温计	粉末床和凝固层温度
多路光信号	3 个光电二极管	熔池
光信号+热信号	高速相机+光电二极管+红外热成像仪	熔池
光信号+热信号	光电探测器+高速相机+红外热成像仪	熔池
热信号+声信号	红外热成像仪+激光振动计+麦克风	裂纹

在 SLM 的多信号融合监测中,光信号和热信号融合监测是一种比较常用的方法。高温计和高速相机原本是各自独立的监测模块,与增材制造设备集成后,可以分别实现温度测量和熔池表面观察。两者均基于光学测量技术,当与 SLM 设备中的激光器和振镜集成时,利用 SLM 设备特有的光路系统,将这些光学检测装置与加工激光同轴排列,从而实现打印与检测的同步进行。例如,使用基于高温计的熔池温度测量光路来测量熔池的温度,使用基于高速

相机的熔池形貌测量光路来观察熔池的形状和动态变化。此外,还可以将高温计和高速相机集成在一起,形成一个温度-形貌监控系统,以更全面地监测打印过程。

基于高温计和高速相机的 SLM 熔池监测系统通常采用同轴布局,如图 10-10 所示,传感通道与成型激光束通道重叠,这样无须增加复杂的熔池跟踪系统就可实时获取熔池辐射信号。高功率激光束在 45°半反射镜表面反射后进入 SLM 扫描系统,而熔池辐射信号沿着相反方向传播,透过半反射镜后,通过滤波片筛选出特定波段信号进入传感器,或通过分光镜分成两束信号,供传感器采集。

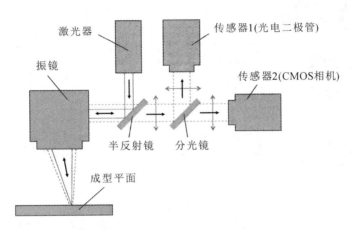

图 10-10 SLM 熔池监测系统示意图

由于工艺的特殊性,SLM 过程监测的难点在于:与激光焊接相比,SLM 材料熔凝速度快,熔池尺寸小,缺陷尺寸较小,监测的难度大;熔池周围存在羽烟、飞溅粉末等多种干扰源,严重影响监测信号的精确度。针对前者,需采用高分辨率、高采样频率的传感器;针对后者,可以采用辅助光源、滤波片和衰减片等。目前采用较多的是高速相机和红外热成像仪,其中红外热成像仪的测量精度急需提高。此外,麦克风、加速度传感器、激光超声、X 射线和光谱仪等也逐渐被用于 SLM 过程监测。为进一步提高监测和识别的精度,多信号融合已成为 SLM 过程监测的一个发展方向。

10.6 监测中的计算成像方法

计算成像是集光学、信号处理和数学于一体的新兴交叉学科,凡是在成像过程中,参与了计算过程的成像方式,都可以认为是计算成像。当前,大量计算成像方法已应用于军事领域,然而在制造领域这些方法还处在初级阶段。

10.6.1 基于双目视觉的计算成像方法

双目视觉是模拟人类视觉,基于视差原理并由多幅图像获取物体三维几何信息的方法。双目立体视觉系统一般由两台相机从不同角度同时获得被测物的两幅数字图像,或由一台相机在不同时刻从不同角度获得被测物的两幅数字图像,并基于视差原理还原出物体的三维几何信息,重建物体三维轮廓及位置。双目视觉算法流程如图 10-11 所示。

10.6.2 基于单目视觉的计算成像方法

传统单目相机没法获得深度信息,使得基于单目视觉的三维成像难以实现。然而,由于

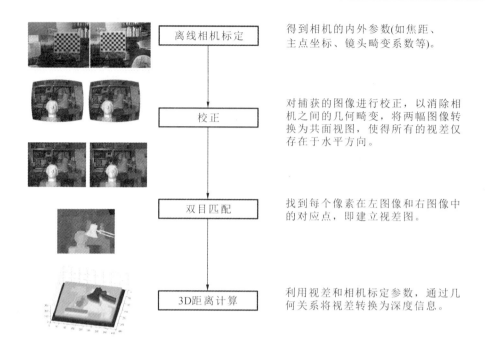

图 10-11　双目视觉算法流程

双目视觉可以实现目标的三维成像,因此可以通过改变成像光路来实现基于单个相机的虚拟双目视觉成像。

双棱镜的成像原理如图 10-12 所示。由于双棱镜的折射,从点 X_p 发出的光方向发生了变化,三维空间中的点就转化为像平面上的两个虚拟点。换句话说,在一个真实图像中形成了两个具有不同视点的场景或物体的立体图像对。与使用两台相机的传统立体视觉系统相比,双棱镜立体视觉系统的优点包括降低成本和减少空间占用,不需要外部同步,两个虚拟相机的参数相同,基线短。

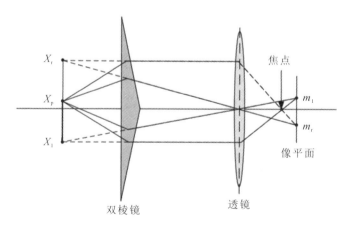

图 10-12　双棱镜的成像原理

10.6.3　基于结构光的计算成像方法

结构光投影法是目前比较受欢迎的非接触式三维形貌测量技术,其硬件配置简单、测量精度高、点云密度高、测量速度快、成本低,并且已经在工业和科学研究中得到了广泛应用。

条纹投影轮廓术(fringe projection profilometry,FPP)是最具代表性的结构光投影技术，其原理如图 10-13 所示。投影仪将光栅条纹投向物体，条纹经物体反射调制后变形，再由相机通过镜头采集条纹特征。从条纹特征图中可获取与物体相关的相位信息，根据相位信息便可顺利找出相机在投影仪中对应的特征点。最后根据三角函数关系求出物体的深度信息，进而按需求进行其他操作。

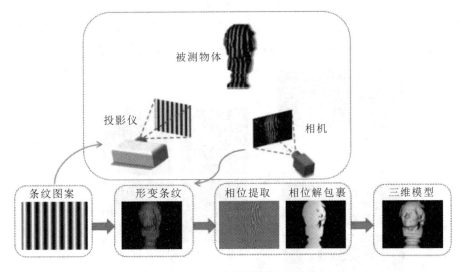

图 10-13 条纹投影轮廓术原理

10.7 监测中的机器学习方法

机器学习(machine learning,ML)是人工智能(artificial intelligence,AI)的一个分支，它通过算法对输入的数据进行解析，从中不断学习并改善自身的性能，类似于人类的学习行为以获得新的知识或技能，然后对某件事进行决定或预测。近年来，机器学习的迅速发展为深入研究 AM 过程提供了重要技术手段，它通常分为四类：有监督学习、无监督学习、半监督学习和强化学习。基于不同类型的机器学习建立的相关模型可用于性能预测、参数优化、缺陷识别、分类、回归等。

10.7.1 基于有监督学习的监测方法

有监督学习是使用最广泛的 ML 方法，通常包括一些传统分类器，如支持向量机(support vector machine,SVM)、k 近邻(k-nearest neighbor,kNN)、决策树(decision tree,DT)、贝叶斯分类器、逻辑分类和神经网络(neural network,NN)等。该方法的特点是需要对训练数据集的输入值和相应的输出值进行标记，然后在训练过程中，从标记数据集中学习输入数据和输出数据之间的关系。因为有监督学习模型旨在最小化预测值与真实值之间的差异，所以通常用于预测 AM 缺陷类别和区分 AM 零件质量。例如，密西西比州立大学应用多种传统 ML 方法，即 DT、kNN、SVM、线性判别分析(linear discriminant analysis,LDA)和二次判别分析(quadratic discriminant analysis,QDA)，使用激光粉末床熔融(L-PBF)中的熔池热图像预测单轨薄壁试样(Ti-6Al-4V)的孔隙率。在 SVM 方法中，选择多项式作为核函数时，孔隙率预测精度为 97.97%。

在有监督学习方法中,卷积神经网络(convoltional neural network,CNN)由于具有出色的图像处理和模式识别性能,广泛用于图像识别、图像分类和目标检测,是一种深度学习(deep learning,DL)算法。动态分割 CNN(dynamic segmentation CNN,DSCNN)可实现逐层粉末床成像数据的像素级分割,以 SLM 工艺的粉末床熔融在线监测(见图 10-14)为例,DSCNN 可以检测 8 类粉末床缺陷,包括刮刀跳动、刮刀条纹、不完全铺粉、碎块、飞溅物、烟尘、未熔合孔隙和粉末,检测准确率可高达 99.0%。如图 10-15 所示,DSCNN 结构由 3 个支路组成,包含提取深层形态特征的 U-Net、提取大尺度特征的 CNN 和用于像素级分类的定位支路。该方法最终能够以成像传感器所获取图像的原始分辨率返回分割结果。

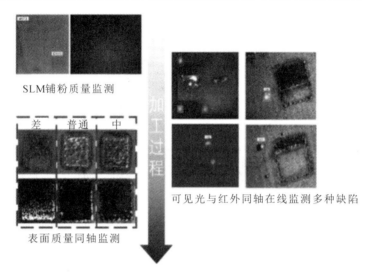

图 10-14 粉末床熔融在线监测

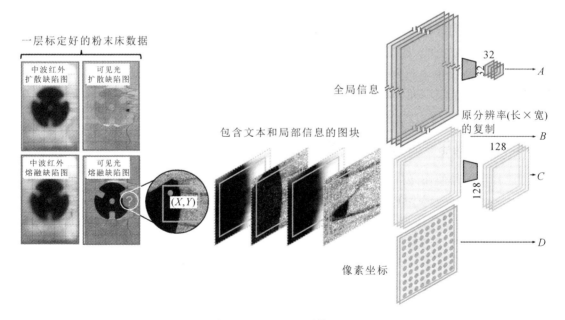

图 10-15 DSCNN 结构图示

此外,将不同的有监督学习方法集成在一起,使新方法能够充分利用每种方法的优势来检测 AM 缺陷是一种新颖的思路。例如,密西西比州立大学开发了一种名为 CAMP-BD 的新型 DL 算法,该算法将 CNN 与 ANN 集成在一起,用于分析热图像。它使用相关的工艺/设计参数作为输入数据来预测制造产品的变形。

有监督学习方法已经广泛应用于 AM 在线监测并且良好地完成了监测、预测任务,但仍面临一些挑战。

(1) 数据集的问题。有监督学习方法需要大量的标记数据,但由于 AM 过程的复杂性,收集和标记大规模数据集是一项挑战。

(2) 模型鲁棒性的问题。AM 过程中存在多种类型的缺陷,不同的缺陷可能会具有相似的特征。因此,有监督学习模型需要具有良好的鲁棒性,以便能够对不同类型的缺陷进行准确的分类和检测。

(3) 实时性问题。有监督学习方法需要时间来训练和优化模型,因此需要开发更快速的训练方法和反应时间更短的预测模型。

未来,有监督学习方法的应用可以朝以下几个方向发展。

(1) 数据增强技术。随着 AM 技术的不断发展,未来可能会出现更多类型的缺陷,因此需要更多的数据来训练模型。数据增强技术可以通过旋转、翻转、缩放等方式来增强数据集,以提高模型的性能和鲁棒性。

(2) 进一步发展和优化现有模型,以适应不同类型的缺陷检测任务。

(3) 结合其他监测方法,例如无监督学习、强化学习和模式识别等方法,以提高缺陷监测的性能和准确性。

(4) 有监督学习模型通常被认为是"黑盒子",其内部运行机制难以解释。未来的发展方向之一是提高模型的可解释性,以便更好地理解模型的决策过程和结果。

10.7.2 基于无监督学习的监测方法

无监督学习是在对潜在数据结构没有先验知识的情况下进行分组的方法,通常包括 k-means 聚类算法、深度信念网络(deep belief network,DBN)、自组织地图算法等。相比于有监督学习,其最大的特点在于不需要对数据集进行人工标记,大大降低了人工成本。美国的橡树岭国家实验室使用高速相机观测熔池,先利用计算机视觉技术构造熔池、羽流和飞溅等特征信息,再利用无监督学习对熔池进行分类,建立原位与非原位观测结果的联系。该方法能够将熔池形态划分为四类:理想、球化、欠熔化和小孔型气孔。

无监督学习虽然相比于有监督学习不需要标记数据,但其仍然需要大量的未标记数据来训练模型,所以也面临着数据集的挑战。除此之外,无监督学习所面临的一个明显挑战在于缺乏明确的目标函数,因此需要更多领域专家的知识和经验来设计适当的损失函数或目标函数。在未来工作中,可以进一步发展自适应算法,以适应不同类型的缺陷检测任务。例如,自适应聚类算法可以根据数据的特征自动调整聚类的数量和位置,从而提高模型的性能和准确性。

10.7.3 基于半监督学习的监测方法

半监督学习方法是指将有监督学习方法与无监督学习方法相结合,并将标记好的数据与未标记的数据混合起来一同来训练模型。一方面,有监督学习方法只需要对小批量的数据进行标记,大大减少了时间、人力的浪费,提高了相应的效率。另一方面,相比于无监督学习方法,半监督学习方法由于小批量的标记好的数据的存在具有更好的性能。加利福尼亚大学提出了一种半监督的卷积神经网络(见图10-16),其使用有限的标记好的数据,以及大量的未标记的数据来对L-BPF打印过程进行监测。它以打印过程中的视频为相应的输入。结果表明,半监督学习方法在回归和分类问题上的性能都要优于有监督学习方法。

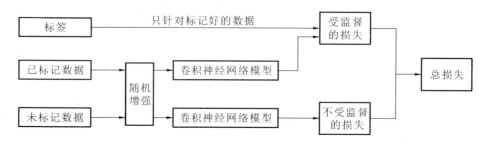

图 10-16　半监督的卷积神经网络结构

然而,半监督学习方法仍然面临着数据集、算法鲁棒性、实时性等方面的挑战,同样也朝着有监督学习未来的方向进行深入的发展。除此之外,可以探索将多种半监督学习模型进行聚合,以提高监测模型的性能和鲁棒性。例如,可以将生成式模型和判别式模型结合使用,以提高模型的泛化能力和鲁棒性。

10.7.4　基于强化学习的监测方法

强化学习(reinforcement learning,RL)的灵感来自人类在周围世界学习的能力。它的训练过程不同于有监督学习和无监督学习,它侧重于训练代理,关注的是代理在特定的环境中应该如何采取行动以获得最大的累积奖励。因此,RL 也被用作激光增材制造中缺陷的检测方法。在研究中发现,使用 SLM 工艺打印以 316L 不锈钢为原料的长方体零件时,利用 RL 方法分析该工艺中由声发射检测技术所获得的声学数据来检测缺陷,数据分类精度很高,在金属增材制造在线监测中具有很大的应用潜力。

本章课程思政

激光粉末床熔融增材制造现行的技术手段难以保证加工工艺的可重复性和质量一致性,极大地制约了增材制造的广泛应用,在线监测与质量评价是解决该问题的关键手段。在线监测技术应用于增材制造,能够实现制造装备行业的智能化转型,提高生产效率,实现质量控制,进一步提高我国制造业的核心竞争力,可为我国航空、航天等领域增材制造的发展提供关键技术支撑,助力行业发展。

思　考　题

1. 高速相机的安装方式有哪两种?各有什么优缺点?
2. 光学相干成像技术可以监测哪些方面的信息?其分辨率和灵敏度如何?
3. 视觉传感技术可以检测增材制造工件表面的哪些特征?常用的视觉传感技术有哪些?
4. CT 检测技术可以直观地反映物体的哪些内部结构和缺陷分布情况?CT 检测系统可

以分为哪三类？各有什么特点？

5. 声信号监测技术可以检测增材制造过程中产生的哪些缺陷？声发射现象是什么？声发射监测技术有什么局限性？

6. 电压、电流信号检测在电弧增材制造应用中的优缺点是什么？

7. 电位差信号检测在激光熔丝增材制造应用中的难点是什么？

8. 涡流检测在粉末床熔融增材制造应用中的原理和优势是什么？

9. 基于结构光的计算成像方法在增材制造中有哪些应用价值？

10. 基于卷积神经网络的增材制造缺陷检测方法有哪些优点，面临哪些挑战？

第 11 章　增材制造模拟仿真

11.1　引　　言

增材制造的材料物理机制非常复杂,跨越多个时空尺度,涉及温度场、流场、应力场等多场耦合和多相物理现象。为了更好地理解其物理机制,有学者以宏观—介观—微观尺度依次递进的方式,分别对宏观结构特征与力学性能、熔池的热行为和材料微观组织的演化等进行了研究,建立了不同的模型并开发了相应的方法(见表11-1)。近年来,计算机辅助的增材制造流体力学和传热学发展非常迅速,提供了多种流体计算软件,如 Ansys Fluent、FLOW-3D、COMSOL 和 ALE3D 等。了解不同尺度的建模和数值仿真方法有助于更好地理解和运用这些软件,也有助于深入理解增材制造模拟仿真的原理、意义和应用。

表 11-1　不同空间尺度的模拟方法及应用范围

模拟尺度	尺度范围	研究对象	模拟方法
宏观尺度	0.1 mm～1 km	应力场、温度场、流场等	有限元法、有限体积法、有限差分法等
介观尺度	1～100 nm	材料相变、再结晶、晶粒生长等	相场法、元胞自动机法和蒙特卡罗法等
微观尺度	0.1～1 nm	界面原子扩散、位错演化和晶格缺陷等	量子力学法、分子动力学法等

宏观尺度的常用数值模拟方法包括有限元法、有限体积法等,主要探讨增材制造过程中材料的应力场、温度场和流场问题。介观尺度模拟则结合统计学方法,采用基于金兹堡-朗道方程的相场法、基于离散时空动力学法则的元胞自动机法和基于随机过程的蒙特卡罗法等,主要研究增材制造过程中材料的微观组织演化,揭示微观组织相变和晶粒生长演化过程。微观尺度模拟则包含基于密度泛函理论的量子力学第一性原理、基于牛顿力学和经典原子间势函数的分子动力学等,研究电子-声子相互作用和输运行为、晶体结构稳定性与晶体缺陷、材料各类力学参数等。目前,微观尺度模拟在增材制造领域尚处于起步阶段。

此外,随着对数值仿真技术的深入探索,单一尺度的模拟方法已不能满足跨时间和空间尺度的复杂物理过程的需求,因此,学者们开始对不同尺度的模型建立信息上的关联,构建更接近增材制造真实发生过程的数值模型,从而更好地探究增材制造过程中复杂的物理化学演化机制。

为了让读者对增材制造过程的数值模拟有一个全面的认识,本章将分别简要介绍不同尺度的主要模拟方法,并概述这些方法的应用现状。

11.2　宏观模拟方法

宏观尺度是人眼能够直接观察到的尺度,范围为 0.1 mm～1 km。宏观数值模拟能够有效地再现和预测增材制造过程中出现的问题。例如,激光工艺流程中宏观数值模拟可以预测材料温度场的分布,从而实现工艺流程的优化,提前发现潜在问题,降低生产成本。宏观数值模拟技术涵盖了物理模型、边界条件、网格划分、数值求解、缺陷预测以及工艺优化等方面。其中,物理模型包括流场模型、温度场模型和应力场模型,其主要特点是通过离散化和代数化的方法来处理问题。在宏观数值模拟中,常用的方法包括有限元法、有限体积法等占据主导地位的网格类方法,以及光滑粒子方法等无网格类方法。本节主要介绍有限元法和有限体积法。

11.2.1 有限元法

有限元法(finite element method,FEM)是一种广泛应用于工程和数学建模领域的数值求解方法,特别适用于求解微分方程。该方法在多个传统领域中都有应用,包括结构分析、传热、流体流动、质量传递和电磁势等领域。使用有限元法对特定的现象进行分析的过程通常称为有限元分析(finite element analysis,FEA)。

1. 有限元法的背景

尽管有限元法的起源难以追溯和确定,因为它是由多位先驱者独立发现的,但该方法是为了解决土木和航空工程中复杂的弹性和结构分析问题而诞生的。有限元法的发展可以追溯到20世纪40年代初Hrennikoff和Courant的工作。1941年,Hrennikoff使用离散框架单元来代替连续平面结构,以研究具有固定泊松比的固体的力学响应。1943年,Courant创新性地提出将截面分成若干三角形区域,在各个三角形区域设定一个线性的翘曲函数的想法,并求得扭转问题的近似解,其实质就是有限元法分片近似、整体逼近的基本思想。在20世纪50年代末到60年代初,中国科学院院士冯康在解决刘家峡大坝应力计算问题的基础上,独立发展了一整套解微分方程问题的系统化、现代化的计算方法(即有限元法),并于1965年发表论文《基于变分原理的差分格式》,标志着我国独立于国外发展了有限元法。尽管先驱者使用的方法各不相同,但他们都有一个关键特征——将连续域离散化为一系列离散子域,通常称为单元。1960年,题为 *The Finite Element Method in Plane Stress Analysis* 的论文中首次使用了"Finite Element Method"一词,此后这一名词得到了广泛使用。目前,有限元法已经广泛应用在增材制造的热力学仿真方面。

2. 有限元法的基本思想

有限元法是一种对微分方程进行近似求解的数值方法。其基本思想是利用分片函数近似原函数,把问题的自由度从无限转化为有限,通过变分方法,可使得误差函数达到最小值,从而得到原微分方程的近似解。在求解方程的过程中,求解域被离散成有限个且依据一定方式相互连接的单元(见图11-1),并对每个单元分片构造未知场函数的近似解,然后推导和求解该域所需满足的条件,从而获得问题的解。随着单元尺寸的减小,解的近似程度将不断提高,最后收敛于精确解。

3. 有限元法在增材制造中的应用

目前,有限元法已广泛应用于增材制造数值模拟中,用以预测零件质量、残余应力、变形,以及优化加工参数,并估计增材制造成型件的孔隙率和收缩率。热力学模拟主要是采用有限元法对温度场和应力场进行仿真模拟。仿真过程中假设粉末为连续均匀的介质,忽略熔池的流体动力学,对熔池温度场、熔池尺寸和残余应力进行模拟分析。

增材制造有限元-热力学数值仿真主要分为三个步骤:①将基板和粉末床当作一个整体,

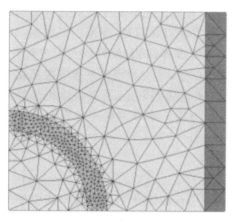

图 11-1 有限元网格划分和模拟结果

进行网格划分;②采用生死单元技术模拟粉末层的堆积过程,通过改变单元的材料属性区分熔融粉末和未熔融粉末;③在模型中添加热源,模拟激光加热效果,在激光扫描到的区域中生死单元被逐一激活。

通常而言,基于顺序耦合的热-力场分析的非线性瞬态有限元模型(见图 11-2),可以用于研究增材制造工艺参数与温度场和应力场的关系。普遍认为,随着激光能量密度的增大,熔池的深度和宽度都会相应变大。如果激光功率过大,则可能会造成材料重熔,从而在凝固后产生较高的 Von Mises 应力。这种高应力可能导致增材制造构件产生大的残余变形,甚至开裂。

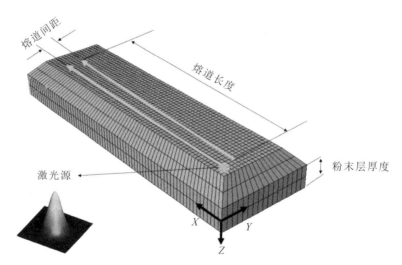

图 11-2 基于顺序耦合的热-力场分析的非线性瞬态有限元模型

11.2.2 有限体积法

有限体积法(finite volume method,FVM),也称为控制容积积分法、有限容积法,是一种以代数方程的形式表示和评估偏微分方程的方法。该方法应用于许多计算流体动力学软件包。

1. 有限体积法的背景

有限体积法,是 20 世纪中后期逐步发展起来的一种主要用于求解流体流动和传热问题的数值计算方法。有关流体流动和传热问题的研究已经有很长的历史,从17世纪的牛顿力学,18世纪的伯努利定理、达朗贝尔原理、欧拉流体运动基本方程和拉格朗日流体无旋运动条件,到19世纪的黏性流体力学方程和20世纪的边界层理论,人们已经对流体流动和传热问题有了比较深刻的认识。有限体积法在求解流体流动问题上具有显著优势,成功实现了各种流体动力学问题的数值求解。Spalding对有限体积法在流体力学方面的应用和发展做出了巨大贡献,并提出了SIMPLE算法,推动了计算流体力学(CFD)的发展。1980年,*Numerical Heat Transfer and Fluid Flow*第一次对有限体积法进行了全面阐述。1988年和1991年,有学者分别提出了以单元为中心的有限体积法(见图11-3(a))和以顶点为中心的有限体积法,并将其推广到三维(见图11-3(b))。

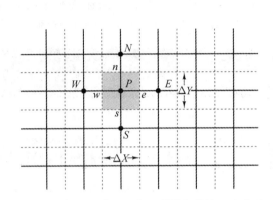 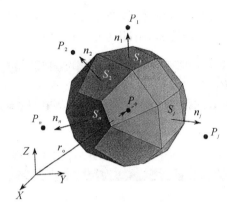

(a) 二维结构化四边形网格,阴影部分为一个单元　　(b) 对三维非结构化凸多面体的推广

图11-3　有限体积法

2. 有限体积法的思想

有限体积法与有限元法一样,都需要对增材制造区域进行离散,将求解域分割成有限大小的离散网格。在有限体积法中,使用散度定理将包含发散项的偏微分方程的体积积分转换为表面积分,这些发散项代表每个有限体积表面的通量。将离散网络中的每个节点按一定的方式围绕形成一个包围该节点的区域,这个区域称为控制容积(见图11-4)。有限体积法的关键步骤是将控制微分方程在控制容积内进行积分,即将计算区域划分为一系列不重复的

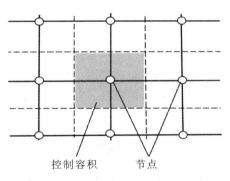

图11-4　有限体积法的基本思想

控制容积,每个控制容积都有一个节点作代表,并将待求的守恒微分方程在任意控制容积及一定时间间隔内对空间与时间进行积分。

有限体积法虽然借鉴了有限元法的一些思想,但二者存在巨大的区别,主要表现为:①有限体积法本质上是保守的,具有冲击捕捉(shock-capturing)特性和更好的守恒性;②有限体积法能够更灵活地进行假设,可以克服泰勒展开离散化方法的局限性;③有限体积法对自适应网格细化(AMR)的适应性更好。

此外,有限体积法在用于粉末床的固液耦合分析时,能够完美地和有限元法进行融合。有限体积法由于具有以上特点成了求解增材制造中流动和传热问题的一种成功的数值计算方法。

3. 有限体积法的应用

有限体积法广泛应用于增材制造数值仿真领域。该方法基于流体动力学中的质量、动量、能量三大守恒方程和流体体积守恒方程，并考虑了金属的熔化模型、表面张力、马兰戈尼效应、浮力、反冲压力等因素，对增材制造过程的熔池动力学进行模拟。增材制造熔池动力学数值仿真主要分为四个步骤：①通过离散元法建立粉末床；②建立整体模型并进行网格划分；③通过自定义函数导入粉末信息，并建立表面张力、浮力、反冲压力和热源模型；④开始增材制造熔池动力学数值仿真。

当前，激光选区熔化模拟领域最先进的计算工具是美国劳伦斯-利弗莫尔国家实验室开发的 ALE3D 软件。该软件基于有限体积法将热扩散与流体动力学耦合起来，并考虑了随温度变化的材料特性、表面张力以及随机粒子的分布，可准确地模拟粉末床在激光作用下的二维和三维轨迹图，精准度处于行业领先地位。图 11-5 所示为粉末床熔融模拟仿真图。

(a) 激光作用后的轨迹三维图1　　　　　　　(b) 激光作用后的轨迹三维图2

(c) 轨迹中央处的二维截面图1　　　　　　　(d) 轨迹中央处的二维截面图2

图 11-5　粉末床熔融模拟仿真图

11.3　介观模拟方法

介观尺度是指介于微观尺度和宏观尺度之间的范围，通常为 1～100 nm。介观尺度作为连接微观尺度和宏观尺度的桥梁，对于理解不同尺度之间的相互作用至关重要。介观尺度的模拟主要涉及材料相变、再结晶、晶粒生长的预测。本节主要介绍相场法、元胞自动机法和蒙特卡罗法。

11.3.1　相场法

相场（phase field，PF）法可用于解决界面问题。它用偏微分方程代替界面边界条件，避免了对界面边界条件的显式处理，可以在无穷小的界面宽度（锐界面限制）下准确地恢复界面动力学行为。作为材料科学中预测介观尺度下微观结构演化的有力手段，相场法能够为微观尺度和宏观尺度之间的数据交流提供渠道。

1. 相场法的背景

相场模型最初由 Langer 提出，它以热力学为基础，常用于模拟介观尺度上材料的相变和微观组织的演变。1978 年，Langer 通过引入一个序参量来区分液相和固相的临界现象，得到了过冷熔体凝固的相场模型。随后，更多学者在此基础上做了进一步探究，将相场变量与其他场变量结合起来，描述了凝固过程中微观组织的形成与演化。相场变量可以是抽象的非守恒量（用于衡量系统是否处于某一特定相中），也可以是浓度等守恒量。用平滑变化的相场变量能隐含地描述系统界面，构建弥漫而非锐化的界面，并和其他变量耦合，实现对系统的统一描述。因此,相场法避免了自由边界问题中的界面显式追踪难题,同时由于相场控制方程包含了凝固过程中固-液界面上的 Gibbs-Thomson 关系,突破了传统明锐界面模型(sharp interface model)在描述凝固过程时对界面厚度的限制(见图 11-6)。

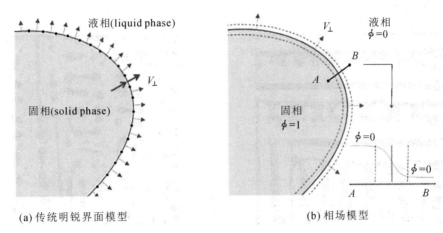

图 11-6 处理界面的不同方法

到目前为止,相场法广泛应用于材料科学的各个领域,已从模型合金的研究扩展到实际合金的模拟与分析。相场法从最初的纯物质和二元合金的单相场发展到包括包晶和共晶反应的多相场,从定量的角度验证了枝晶生长理论。从材料状态来看,相场法可以应用于液-固、固-固、气-固和固-液-气等多种相变过程。

为了提高相场法的计算效率,有学者提出自适应网格求解技术。为了方便计算,一些数值离散算法,如有限元法(FEM)、有限差分法(FDM)、有限体积法(FVM)、快速傅里叶变换(FFT)谱法等,通常用来求解相场方程。这些算法还可以通过热力学参数将微观区域的微观结构特征与同一宏观连续体的力学性能联系起来。随着计算机计算能力的不断提高,为了提高相场法的计算效率,自适应网格算法、机器学习的一些替代模型和并行技术已被广泛采用。

2. 相场法的思想

在增材制造领域,相场模型是用于解决固液界面问题的一种数学模型,具体来说,相场模型是一种在热力学基础上,考虑有序化势与热力学驱动力的综合作用的动力学模型。它的核心思想是引入一个或多个连续变化的序参量,如激光或者电子束作用下的熔池的溶质场、温度场和应力场等,用弥散界面代替传统的明锐界面。

以传统的液固相变为例。在凝固的相场中,选择指示变量作为序参量或相场变量来区分相和界面,例如,设 ϕ 在固相中取值为 1,ϕ 在液相中取值为 -1(或 0);ϕ 在 -1(或 0)到 1 之间的值则代表固液界面的过渡区域。在这类相场模型中,可以选取一个适当的扩散界面厚度,确保它小于数值模拟中所关注的尺度。基于此,可以通过弛豫动力学从包含相场变量、溶质浓度和温度的热力学自由能函数中推导出阶参数、溶质浓度和温度的控制方程。

相场模型能够解决增材制造中基于热力学的合金复杂凝固模式的形成和偏析问题,由于计算量极大,目前相场模型在增材制造领域的应用通常仅限于成分简单的合金,这些合金仅由两个或三个元素组成。

3. 相场法的应用

枝晶是金属增材制造凝固过程中常见的一种微观组织。枝晶的生长与演化会使溶质重新分布,直接影响到成型件的组织形态和力学性能。深刻理解和掌握增材制造凝固过程中枝晶的形核和生长规律有助于对微观组织进行有效预测和控制,进而对成型件的性能进行有效预测和控制。相场模型是枝晶模拟中最常用的模型,如图 11-7 所示,在 Ni-Al-Nb 三元体系中,枝晶模拟中液相的平衡体积分数约为 35%(见图 11-7(a))和 19%(见图 11-7(b))时,可以观察到树枝状结构。

(a) 点A至点C分别是重熔、聚结和平滑　　(b) 点A至点E分别是合并、平滑、瑞利不稳定性、舍入和收缩

图 11-7　枝晶模拟的树枝状结构

通常而言,需要先利用增材制造的有限元模型计算温度梯度和凝固速度,然后将其作为相场模型的输入量,模拟微观结构随时间的变化。结合 Navier-Stokes 方程,可以使用从液态到固态的连续黏度变化来区分固相和液相的性质,从而将流体流动引入合金凝固的相场模型中。通过使用合金凝固的相场模型、平面界面不稳定性、倾斜枝晶生长和凝固过程中的柱状到等轴转变等条件,已经研究了在各种凝固条件下的二维和三维系统中的侧分支机制、共晶和包晶生长机理等。此外,通过与热力学数据的耦合,这种相场模型可以扩展应用到多组分和多相合金系统中共晶和包晶的耦合生长的固化过程。在金属增材制造中,枝晶的生长速度和初级间距取决于温度梯度和凝固速度。研究表明,温度梯度会导致在枝晶形成过程中微观偏析发生,这是因为溶质平衡分布系数较低,溶质在枝晶尖端附近和枝晶臂之间的液相中富集。需要注意的是,与普通定向凝固相比,金属增材制造中凝固速度非常快,因此初级枝晶臂间距对工艺参数有很强的依赖性且对其预测存在偏差。

11.3.2　元胞自动机法

元胞自动机(cellular-automata,CA)模型是一种网格动力学模型,其特点是时间、空间、状态都是离散的,并且空间相互作用和时间因果关系限于局部范围内。这种模型能够预测晶粒尺度上微观结构的演变。构建元胞自动机没有固定的数学公式,方法多样,它存在众多变种,且表现出复杂的行为特征。

1. 元胞自动机法的背景

20 世纪 40 年代,乌拉姆(Ulam)和冯·诺伊曼(von Neumann)首次提出元胞自动机的概念。当时,乌拉姆使用简单的晶格网络模拟晶体的生长。20 世纪 50 年代后期,乌拉姆和冯·诺伊曼开发了一种计算液体运动问题的方法。该方法的核心思想是将液体视为一组离散单元,并根据其相邻单元的行为计算每个单元的运动状态,由此诞生了第一个元胞自动机系统。在 20 世纪 70 年代,一种名为"康威的生命游戏"的两态、二维元胞自动机变得广为人知。

1993年，Rappaz和Gandin等人使用元胞自动机法来模拟晶粒组织，将元胞自动机法和用于宏观传热计算的有限元法结合起来，创建了CAFÉ算法模型。这一模型实现了宏观与微观的耦合，并被扩展应用到三维非均匀温度场，有效模拟了晶粒间的竞争演化机制。如今，随着计算机技术和演化计算的发展，元胞自动机已经成功应用于增材制造的微观组织模拟领域。

2. 元胞自动机法的思想

元胞自动机法是一种完全离散的方法。在时间上，元胞自动机通过一系列等间隔的时间步长来推进演化过程。在空间上，空间被划分为若干离散的元胞，这些元胞用来表示实际空间、取向空间、动量空间或波矢空间，且元胞自动机可以采用任意维数的空间结构。至于状态，每个元胞的状态可以通过一个或多个广义的状态变量来描述，这些变量可以是无量纲的数值、晶格的取向、晶格缺陷的数量等。

元胞自动机法的核心思想是，每个元胞或者系统的基元会根据其周围相邻元胞或基元的状态，按照预定义的规则来更新自己的状态。这样，通过一系列局部的简单规则，元胞自动机能够描述系统整体的复杂演变过程。

一般而言，元胞自动机具有以下四个要素。①求解区域由具有相同尺寸和几何结构的元胞按规则排列而成。在二维情况下，最常见的排列形式是正方形点阵或六边形点阵。②元胞之间具有确定的邻域关系，在二维正方形点阵中，最常用的是Neumann邻域和Moore邻域。前者由东西南北四个最近邻元胞构成，后者在此基础上还包括对角线上的四个次近邻元胞。③每个元胞具有不同的状态值或变量值。④每个元胞自身的状态转变由预先定义的转变规则和邻胞状态决定。

3. 元胞自动机法的应用

元胞自动机模型可以模拟增材制造的微观组织，虽然无法像相场模型那样模拟复杂的枝晶生长细节和分枝机制，但元胞自动机模型简单方便，无须显式地跟踪固液界面，又能够充分地考虑影响枝晶生长的各种物理机制，因此元胞自动机模型在增材制造凝固模拟中有一定的应用。有学者针对增材制造过程提出了一种耦合宏观热流体模型和微观元胞自动机的多尺度模型。通过耦合模拟发现，在枝晶生长过程中，枝晶尖端的溶质浓度的分布对枝晶间的竞争生长形式有重大影响，枝晶竞争的结果主要由枝晶尖端的热梯度决定（见图11-8）。

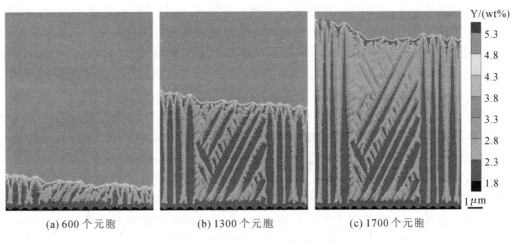

(a) 600个元胞   (b) 1300个元胞   (c) 1700个元胞

图11-8 不同方向的枝晶生长形态和浓度分布的演变

11.3.3 蒙特卡罗法

蒙特卡罗法(Monte Carlo method,MCM)是一种基于随机性的模拟方法。它以概率论和统计学为基础,将需要求解的问题与一个概率模型相联系,用电子计算机进行统计模拟或抽样,从而获得问题的近似解。蒙特卡罗法可用于模拟具有多个耦合自由度的系统,如流体、无序材料、强耦合固体和细胞结构等。

1. 蒙特卡罗法的背景

第一次现代蒙特卡罗试验是在19世纪后期进行的,旨在解决布丰投针问题(Buffon's needle problem)。将一根长度为 L 的针均匀地投掷在一组平行线上,这些平行线彼此间隔距离 $d(d>L)$,从而估计 π 的数值,但试验成本使其变得不切实际。20世纪40年代末,乌拉姆在美国参与核武器项目时发明了现代版本的马尔可夫链蒙特卡罗法,使用随机数生成器代替物理试验进行计算。20世纪60年代中期,复杂的平均场型粒子蒙特卡罗法的理论被提出。20世纪80年代,统计学界开始使用蒙特卡罗法来近似计算一般积分表达式。20世纪90年代末,具有不同种群规模的分支型粒子蒙特卡罗法被提出。目前,蒙特卡罗法已经应用于众多领域,包括增材制造微观组织模拟等领域。

2. 蒙特卡罗法的思想

蒙特卡罗法的基本思想是:为了求解某个问题,建立一个恰当的概率预测模型或随机过程,确定要预测的因变量以及影响预测的自变量;通过历史数据或专家的主观判断来指定自变量的概率分布,确保这些分布符合问题中涉及事件的概率特性和随机变量的数学期望;然后对模型或过程进行多次随机抽样试验,并对所生成自变量的随机值进行统计分析;最后计算所求因变量,从而得到问题的近似解。蒙特卡罗法是随机模拟方法,它不仅能解决随机性问题,还能解决确定性数学问题。对于随机性问题,可以根据实际问题的概率法则直接进行随机抽样试验,这种方法即直接模拟方法。对于确定性数学问题,可采用间接模拟方法,即通过统计分析随机抽样的结果来获得问题的解。

3. 蒙特卡罗法的应用

蒙特卡罗法在凝固组织模拟中的应用确实是一个开创性的进展。这一方法考虑到晶粒生长过程中的随机因素,采用形核概率来处理每个计算单元,按照界面能最小原理,采用长大概率来计算界面的推进过程。通过对不同取向的计算单元进行颜色填充,或边界标记,可以直观地再现晶粒的生长和演化过程。蒙特卡罗法最初被用来模拟再结晶过程中的固相晶粒的生长,随后也被用来模拟凝固过程中晶粒的形核和生长。学者们进一步发展了这种方法并模拟出了与实际观察结果具有一致趋势的典型晶区组织。然而,蒙特卡罗法也存在一些局限性,其最大弱点是计算中使用的时间步长并非实际的物理时间步长,而假设晶粒的演化则完全依据界面能最小原理进行,并且没有考虑枝晶尖端生长动力学。

目前,蒙特卡罗法适用于增材制造微观组织模拟中大规模问题的求解,但其应用相对于元胞自动机法比较有限。该方法考虑了动态熔池和热影响区信息。研究人员开发了一个动态蒙特卡罗数值建模框架,利用该框架基于蒙特卡罗法研究了多层激光沉积过程中晶粒的生长情况。研究发现,基板对晶粒的生长有影响,水平晶粒的面积随着与基板距离的增加而增大,同时随着打印层数的增加,水平晶粒的面积也会相应增大。此外,该研究还揭示了熔池几何形状与晶体织构之间的关系。如图11-9所示,基于蒙特卡罗法的仿真结果显示,模拟的晶粒结构与试验结果吻合较好。

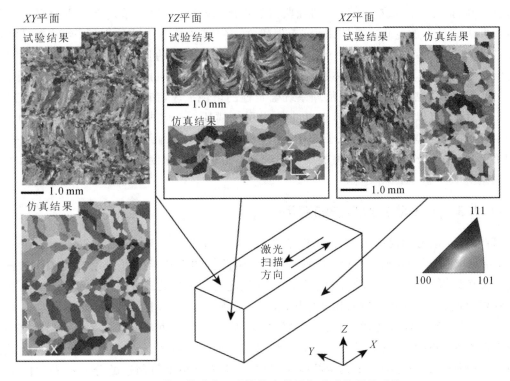

图 11-9　基于蒙特卡罗法的仿真结果与试验结果的对比

11.4　微观模拟方法——分子动力学方法

微观尺度是指原子和小分子级别的尺度,范围是 1~10 Å,即 0.1~1 nm。在这个范围内主要作用力是电磁力,且物质的行为表现出量子化特征,如波粒二象性。在增材制造领域,这一尺度的研究对象主要有界面原子扩散、位错演化和晶格缺陷等。常用的模拟方法包括量子力学(quantum mechanics,QM)方法和分子动力学(molecular dynamics,MD)方法。本节将简要介绍分子动力学方法。

11.4.1　分子动力学方法的背景

最早的分子动力学模拟在 1957 年实现。当时,Alder 和 Wainwright 通过计算机模拟研究了由 32 个到 500 个刚性小球组成的分子系统的运动。1959 年,他们提出可以将 MD 方法推广到更复杂的分子体系,以模拟研究分子体系的结构和性质。1964 年,有学者研究了具有 Lennard-Jones 势函数的 864 个 Ar 原子体系,得到了与状态方程有关的性质、径向分布函数、速度自相关函数、均方位移参数等。此后,分子模拟研究人员广泛应用 Lennard-Jones 模型对不同势函数参数的分子体系进行模拟,探讨了 Lennard-Jones 势函数参数对体系结构与性质的影响,并建立了 Lennard-Jones 势函数参数与模型分子体系结构和性质之间的关系。随着增材制造的快速发展,MD 方法也逐渐应用于增材制造微观组织演化研究。

11.4.2　分子动力学方法的思想

分子动力学方法广泛用于研究经典的多粒子体系,也适合用于研究增材制造中的颗粒烧结过程。该方法以分子或分子体系的经典力学模型为基础,按照体系内部的内禀动力学规律来计算并确定位形的变化。具体来说,首先建立一组描述分子运动的方程,然后通过数值求解这些方程来确定系统中每个分子在不同时间点在相空间中的位置和动量。利用这些信息,结合统计计算方法,可以获取多体系统的静态和动态特性,进而推导出系统的宏观性质。

分子动力学方法的出发点是物理系统确定性的微观描述,该描述可以是哈密顿描述或拉格朗日描述,也可以是直接用牛顿运动定律表示的描述。在经典的分子动力学模拟中,通常使用牛顿运动定律来直接计算原子的位置、速度和加速度,从而为原子系统的演化建模。需要明确的是,基于分子动力学方法的原子系统在一段时间内的发展过程的模拟是不存在任何随机因素的。

11.4.3 分子动力学方法的应用

目前,分子动力学模拟中的主流求解方法之一是 LAMMPS(large-scale atomic/molecular massively parallel simulator)。模拟完成后,通常会利用开源的可视化工具 Ovito 来对初始原子配置以及分子动力学模拟的结果进行可视化处理和后处理分析。

在增材制造中,激光与粉末相互作用时,往往伴随着烧结过程,该过程通常发生得非常快(以纳秒为单位),这极大地增加了试验测量的难度。而分子动力学模拟是一种强大的工具,能够在非常短的时间和纳米尺度上捕获烧结过程的动力学特征。目前,分子动力学模拟在烧结过程的分析研究中已经有了大量应用,但是用它来分析增材制造的分子动力学模型还处于初级阶段。有学者建立了金属激光烧结过程中 Ni 颗粒烧结的原子尺度模型,并采用分子动力学方法模拟颗粒的烧结现象,并探究了烧结机制、Ni 烧结过程中原子的扩散效应,以及由此产生的力学性能变化。

此外,在用分子动力学方法来探究微观组织演化等方面已经有了大量研究。有学者基于分子动力学方法开发了 $AlSi_{10}Mg$ 粉末烧结机理的研究模型,通过计算随烧结时间变化的晶粒颈部生长速率、收缩率、旋转半径和扩散系数,从原子水平上得出了对金属粉末的烧结行为的基本认识。在纳米颗粒的烧结过程中,界面原子比表面原子具有更高的迁移率,这导致了制备件的致密化。对于不同粒径颗粒的颈部生长和聚结动力学问题,研究发现,与均匀尺寸的颗粒相比,尺寸不均匀的颗粒更容易发生完全聚结。此外,$AlSi_{10}Mg$ 颗粒的颈部生长速率随着激光能量密度的增加而增大。这些纳米尺度的分子动力学建模研究,为激光选区熔化等增材制造技术的推广奠定了基础。

尽管许多分子动力学研究探索了激光烧结过程中纳米粉体的烧结行为,但目前很少有研究聚焦于局部快速加热、熔化以及纳米粉体床层中的超快速凝固过程。

11.5 跨尺度的模拟方法

多尺度模拟方法是一种通过结合具有空间和时间跨尺度特征的模型和方法来解决复杂问题的方法。不同尺度的模型所适用的范围一般是有限的,往往还需要进行大量的假设,才能满足某一尺度模型的需要。增材制造过程的数值模拟涉及多个空间尺度,随着仿真技术的不断进步,单一尺度的模拟方法并不能满足跨时间和空间尺度的复杂物理过程的需求,因此,研究人员开始对不同尺度的模型建立信息上的关联,构建更加贴近真实增材制造过程的多尺度模型,从而更好地探究增材制造过程中复杂的物理化学演化机制。

多尺度建模有两种策略：一种是从小尺度建模开始，将建模结果逐阶导入下一阶的大尺度模型中，称为递阶的多尺度方法；另一种是在不同尺度上同时建模，将模型分成数个由不同尺度定律控制的区域，这些区域可以重叠，并在区域交界处实现连接，称为并发的多尺度方法。

上海交通大学的王浩伟教授团队在自主研发的陶铝新材料的基础上，从增材制造材料、工艺、结构全流程入手，构建了面向增材制造的材料成分设计理论，揭示了关键缺陷的形成机制，并建立了跨尺度的形性调控方法，实现了大尺寸复杂功能结构的一体化设计及成型。新加坡国立大学的闫文韬教授团队开发了一个三维相场模型来模拟粉末床熔融（PBF）增材制造过程中的晶粒演化，如图11-10所示，其中温度分布的物理信息是从热流体流动模型中得到的。该相场模型结合了基于经典成核理论的成核模型，还考虑了粉末颗粒和基材的初始晶粒结构，能够全面再现多层多道PBF过程中的晶粒演化，包括熔池中的晶粒成核和生长，粉末颗粒、基板和先前熔道的外延生长，重叠区域的晶粒再熔化和再生长，以及热影响区的晶粒粗化。研究人员还进行了验证试验，发现模拟结果与试验结果在熔池和晶粒形貌方面是一致的。

需要注意的是，在多尺度模拟中，理论上微观组织演化的数值模拟应基于瞬态温度场，但目前的研究大多采用的是静态温度场。虽然研究人员已经对瞬态温度场进行了大量的简化，但是

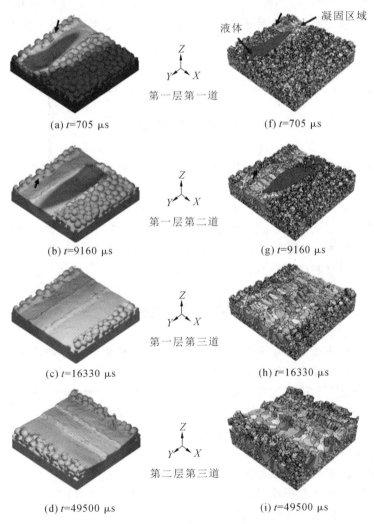

图 11-10 温度场和晶粒的演化仿真图（部分熔化粉末颗粒用黑色箭头突出显示）

注：(a)~(e)表示温度场演化；(f)~(j)表示晶粒演化。

续图 11-10

对其进行预测仍然充满了挑战：①粉末床吸收的激光束能量和蒸发损失的能量还不完全清楚；②许多材料的热物理参数在高温下是未知的，这些参数通常通过简单估计或数据推导得出，缺乏准确性；③温度场在随时间变化的同时还受初始环境条件、扫描策略、激光参数等的影响。

目前，多尺度模拟在增材制造领域的应用还相对有限，主要挑战在于不同尺度模型之间的信息传递存在障碍。例如，宏观尺度模型产生的热场数据需要经过转换才能被微观尺度模型所使用；而用微观尺度模型产生的晶体塑性变形信息来分析宏观尺度零件的变形时，必须确保信息的准确性和完整性。此外，计算成本也是一个重要考虑因素，多尺度模型的运算效率通常较低，时间成本较高，相比单一尺度模型，它们需要更多的计算资源，这对研究人员的硬件设备提出了更高的要求。尽管如此，多尺度模型的开发和应用对增材制造技术的发展具有重要的意义和价值，它能够帮助我们更全面地理解和优化增材制造过程。

本章课程思政

增材制造数值模拟技术是实现控形控性制造的关键技术，而我国在这一领域面临核心算法不足、自主可控增材制造数值模拟工业软件缺乏的严峻挑战，存在"卡脖子"问题。习近平总书记在中国科学院第二十次院士大会、中国工程院第十五次院士大会、中国科协第十次全国代表大会上指出："要从国家急迫需要和长远需求出发，在石油天然气、基础原材料、高端芯片、工业软件、农作物种子、科学试验用仪器设备、化学制剂等方面关键核心技术上全力攻坚。"发展自主可控增材制造工业软件具有重要意义。

思 考 题

1. 增材制造建模仿真在各尺度下的研究对象和主要模拟方法分别是什么？
2. 宏观尺度的数值模拟方法在实践中的应用有哪些？（列举 3 个）
3. 有限元法的热力学仿真的主要步骤是什么？
4. 有限体积法对增材制造熔池动力学进行模拟的步骤有哪些？
5. 请写出有限元法与有限体积法的异同。
6. 相场模型相较于传统模型有哪些特点？
7. 元胞自动机法的基本思想是什么？
8. 蒙特卡罗法在原理上相较于相场法和元胞自动机法有什么特点？
9. 分子动力学的仿真步骤是什么？
10. 多尺度模型的优点和难点有哪些？

第 12 章 金属增材制造:高温合金、钛合金、钛铝合金

12.1 高温合金

高温合金是指能够在 600 ℃ 以上复杂应力状态下长期服役的金属材料,也被称为超合金(superalloy)。根据基体的主要成分,高温合金可分为镍基、钴基和铁基三种类型,如图 12-1 所示。由于大多数高温合金具有优异的耐蚀性、耐磨性、耐高温性能和良好的焊接性能,以及较高的抗拉强度、疲劳强度、抗蠕变性和断裂强度,因此常用于制造飞机发动机组件,例如关键的旋转组件、机翼、支撑结构和压力容器。随着工业的发展,零部件的性能要求和使用条件愈发苛刻,传统的加工技术有时难以满足这些需求。因此,为了获得质量更高的产品,研究人员尝试采用增材制造技术来制造高温合金零部件。

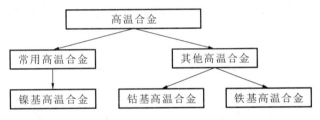

图 12-1 高温合金的分类

镍基高温合金是当前应用最为广泛的一种高温合金,主要应用于高温、强酸或强碱、强氧化等苛刻工作条件。由于其优异的性能,镍基高温合金广泛应用于航空发动机、航天发动机、核反应堆、石化设备等要求高的行业。例如,GH3030 合金因其良好的高温强度和抗氧化性能,广泛用于制造燃气涡轮、航空发动机和热处理炉。Hastelloy C-276 合金以其对多种腐蚀介质的优异耐蚀性,适用于制造化学工业设备和环保设备。Hastelloy G-30 合金则以其高耐蚀性和良好的抗过流腐蚀性能,适用于制造化学反应器和热交换器等高腐蚀性设备。Inconel 718 合金是一种常用的高强度镍基合金,具有良好的可加工性和焊接性,广泛用于制造燃气轮机、火箭发动机、核反应堆等。Incoloy 800H 合金以其抗氧化、抗弯曲和抗蠕变的性能,适用于制造高温炉内管道、加热器及焊接接头。Nimonic 80A 合金具有良好的高温强度和可加工性,可用于制造燃气轮机及涡轮盘。总之,镍基高温合金已成为现代工业中不可或缺的材料,需要根据具体的工业应用环境和要求来选择合适的合金牌号。

钴基高温合金的主要成分为钴、镍、铬和钼。添加稀土元素可以提高高温强度、热稳定性和抗氧化性能,而添加铝、钛、铌等元素则能提高高温强度和抗蠕变性。钴基高温合金广泛应用于航空航天领域,常用于生产叶片、燃烧室部件和飞机涡轮发动机等关键零件。

铁基高温合金的主要成分为铁、镍和铬,其中铁和镍是基本成分,铬则主要用于提高合金的耐蚀性。铁基高温合金中镍的含量通常较高,超过 50%。此外,根据具体应用场景和需求,铁基高温合金中还会添加钴、钼、钛、钒、铝、硅、锆、铌和镧等元素,以增强其力学性能,提高抗

蠕变性和抗疲劳性，改善高温下的热稳定性和抗氧化性能，以及提高耐蚀性。

增材制造技术是一种融合了计算机、材料和三维数字建模等学科的高新技术，作为一种复杂零件的近净成形技术，具有材料利用率高、制造周期短以及能够制造复杂零件等优点，在航空航天领域具有广阔的应用前景。将增材制造技术与高温合金有机结合，不仅能更便捷地制造出航空发动机中结构复杂的零部件，而且制造出的高温合金零部件具有良好的耐热性、耐磨性和耐蚀性。这对复杂高温合金零部件的制造和高温合金的广泛应用具有重要的现实意义和战略价值。

12.1.1 激光增材制造高温合金

1. 镍基高温合金

作为最常用的高温合金，镍基高温合金具有抗氧化性能好、蠕变强度和持久强度高，以及抗燃气腐蚀能力强等特点，广泛应用于航空航天、汽车以及船舶等领域。近年来，增材制造技术的进步加速了镍基高温合金的应用和发展。增材制造技术在镍基高温合金的制备方面具有独特的优势，例如生产周期短、成本低以及可进行功能预设等，尤其在制造航空发动机和燃气轮机中的喷嘴、燃烧室等热端部件，以及航天飞行器的复杂零件方面，提供了极大的便利。

激光增材制造技术由于其成型精度高、构件性能优良，可以满足复杂零件高精度近净成形的需求，逐渐成为制备镍基高温合金的主流选择，也是当前研究的热点。英国伯明翰大学利用激光选区熔化（SLM）技术制备了镍基高温合金粉末 CM247LC，并使用扫描电子显微镜和扫描透射电子显微镜（STEM）对该试样进行表征。结果表明，经过加工的 CM247LC 合金的屈服强度与经过标准热处理的铸造 CM247LC 合金相当。图 12-2 所示为经过 SLM 处理的 CM247LC 横向切片的 STEM 图像。

中南大学利用激光增材制造技术制造了 GH3536 镍基高温合金，并对其低周疲劳行为进行了分析。GH3536 合金是一种固溶强化型镍基高温合金，主要强化元素为铬和钼。该合金在 900 ℃ 以下具有优良的耐久性、抗蠕变性和高温稳定性，短期工作温度可高达 1080 ℃，主要用于制造航空发动机燃烧室和高温气冷堆等的热端部件。利用 SLM 技术制造 GH3536 合金零部件，不仅能够提高生产效率，还可以大幅节约成本。图 12-3 所示为 GH3536 合金粉末显微形貌。

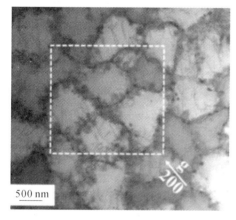

图 12-2 经过 SLM 处理的 CM247LC 横向切片的 STEM 图像

图 12-3 GH3536 合金粉末显微形貌

大连理工大学设计了一种含有不同数量类铬元素的新型镍基高温合金,并通过激光增材制造技术在纯镍基底上制备了这种合金,研究了类铬元素对合金微观结构和性能的影响。研究结果表明,随着类铬元素含量的增加,合金的显微硬度和屈服强度随之单调增加,而极限抗拉强度和伸长率则先增加后减小。其中,NiCrlike-3 和 NiCrlike-2 合金的极限抗拉强度最高、伸长率最大,这表明少量的粒状 Laves 相有利于强度和延展性的良好匹配。

同时,随着类铬元素含量的增加,沉积合金的耐高温氧化性也随之提高,其中 NiCrlike-2 合金的耐高温氧化性达到最大值,然后有所下降。通过控制合金的成分和优化工艺参数,所有析出合金都表现出良好的焊接性。图 12-4 所示为沉积合金的光学金相图。

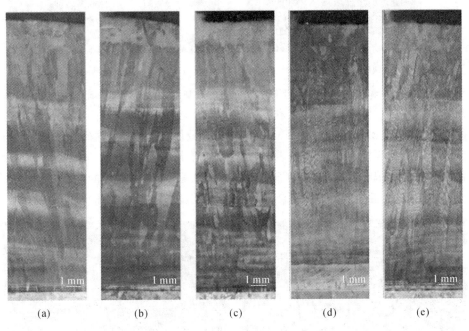

图 12-4 沉积合金的光学金相图

中国科学院金属研究所利用脉冲激光在室温下直接制备出了含有碳化物的大尺寸无裂纹 DD32SX 镍基单晶高温合金,研究了增材制造样品和热处理样品的微观结构和应力断裂性能,并与传统的铸造 DD32SX 镍基单晶高温合金进行了比较。研究结果显示,尽管增材制造样品中的收缩孔隙体积分数比铸造样品的大,对力学性能不利,但增材制造样品的树枝状结构更细,元素分布更均匀,避免了拓扑密堆相(topologically close-packed phase,TCP)的形成,有利于获得均匀分布的筏状结构。均匀分布的细小碳化物不会导致裂纹的形成,这有助于提高应力断裂性能。因此,增材制造样品的应力断裂性能优于铸造样品。图 12-5 所示为 1000 ℃ 和 280 MPa 条件下断裂后变形的微观结构的透射电子显微镜(TEM)图像。

2. 其他高温合金

其他高温合金的激光增材制造研究也在不断探索中。钴基高温合金是一种钴质量分数为 40%~65% 的奥氏体高温合金,除了钴元素,还加入了镍、铬、钨、钼、铜元素和一定量的碳元素进行强化。在钴基高温合金增材制造中,常用的合金材料有钴铬钨合金、钴铬合金、钴铬钼合金、钴铬钼铜合金和钴铬钼碳氮合金。不同的合金元素配比会导致不同的合金化组织和材料性能。

目前,国内外许多研究人员对用来制备钴基高温合金的 SLM 技术进行了研究,并取得了

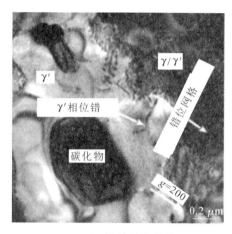 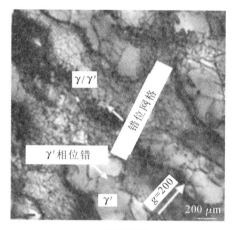

(a) 增材制造样品　　　　　　　　(b) 铸造样品

图 12-5　1000 ℃ 和 280 MPa 条件下断裂后变形的微观结构的透射电子显微镜（TEM）图像

一定的进展。中国科学院金属研究所利用 SLM 技术制备了 CoCrWCu 合金，对其进行了表面分析和拉伸试验，以确定所制备 CoCrWCu 合金的最佳工艺参数，并研究了不同 Cu 含量对其组织和力学性能的影响。研究结果表明，当 Cu 的质量分数达到 3% 时，富硅析出物会沿着晶界和晶粒内部发生偏析，Cu 的加入降低了再结晶程度，增大了晶粒的粒径，从而降低了 CoCrWCu 合金的力学性能。CoCrWCu 合金粉末的电子显微镜图像如图 12-6 所示。

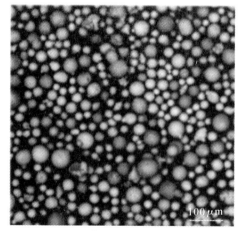 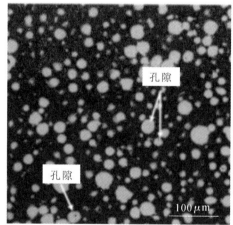

(a) 粉末外观　　　　　　　　(b) 粉末截面

图 12-6　CoCrWCu 合金粉末的电子显微镜图像

激光增材制造技术是一种逐层叠加并使材料快速凝固成型的多学科交叉技术，具有节省原料、不受形状复杂程度限制、不需要模具和制备周期较短等优点，适用于制造形状复杂和高精度零部件。该技术在航空航天、医疗和国防等领域得到了广泛应用。激光增材制造技术的应用和发展，解决了传统表面加工（如电焊、氩弧焊、喷涂、镀层等）方法无法克服的材料选择局限性、工艺热变形、组织粗大、热疲劳损伤及结合强度差等一系列技术难题。激光增材制造技术正逐渐成为制造业的主流技术之一。

激光增材制造技术有着广阔的研究前景，也是当前增材制造技术研究的热点。激光增材制造技术可以实现高温合金零部件的高效制造，显著提升其力学性能和耐久性。由于高温合金在极端环境下的优异表现，这项技术的研究和应用具有重要的现实意义和战略价值，将推动相关产业的进一步发展。

12.1.2 电弧增材制造高温合金

1. 镍基高温合金

电弧增材制造(wire and arc additive manufacturing, WAAM)技术是一种通过逐层沉积金属丝来制造三维形状部件的技术。该技术根据材料的需求,按照设定的成型路径将金属丝送入电弧。与其他增材制造技术相比,WAAM 技术在制造部件时使用的材料较少,因此在耗材方面具有优势,设备成本也相对较低。研究表明,与激光增材制造技术和电子束增材制造技术相比,WAAM 技术的能耗和材料消耗相对较低。尽管 WAAM 技术在材料相互作用方面还存在一些缺陷,但它可以用于大规模制造大型部件,复杂性低、制造周期短。此外,WAAM 技术制造的部件的微观结构与传统方法制造的部件截然不同,在表面粗糙度上高于激光增材制造技术。对于 WAAM 制造的镍基高温合金,其屈服应力、极限拉伸应力等力学性能符合美国材料试验学会(ASTM)设定的所有标准。

韦洛尔理工大学利用两种不同的电弧增材制造技术,即 PC-WAAM(脉冲电流-电弧增材制造)和 CC-WAAM(连续电流-电弧增材制造)制备镍基哈氏合金 C-276,并对其进行了试验对比表征。试验结果表明,与 CC-WAAM 合金相比,PC-WAAM 合金的微观结构更精细,偏析减少,硬度提高,从而拉伸特性得以改善。图 12-7 所示为不同区域的 WAAM 哈氏合金 C-276 显微结构。

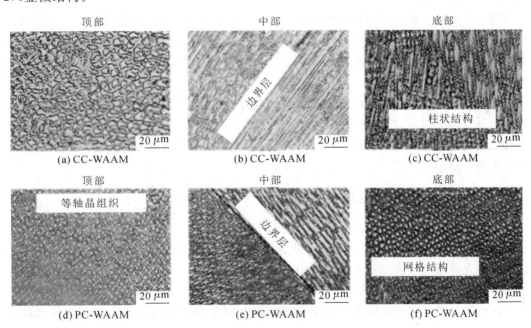

图 12-7 不同区域的 WAAM 哈氏合金 C-276 显微结构

2. 其他高温合金

铁基高温合金是一种以铁为基体的奥氏体合金,能在 600~800 ℃高温下保持一定的强度,并且具备抗氧化和抗燃气腐蚀性能。铁基高温合金的主要组分为铁,并含有相当含量的铬和镍,通常镍含量为 25%~55%,镍和铁的含量加起来至少为 65%,此外尽可能含有少量的钼和钨。当前,关于增材制造铁基高温合金的研究也逐渐兴起。

重庆大学利用 WAAM 技术对两种铁基高温合金(RMD248 和 CN72)进行了力学性能的比较研究。通过循环加热及热压缩测试其高温力学性能,采用最大变形 30% 的条件进行试验。结果表明,CN72 合金具有良好的耐磨性,而 RMD248 合金则具有良好的稳定性。图 12-8 所示为处理后的 RMD248 合金和 CN72 合金的显微组织形貌。

(a) RMD248合金　　　　　　　　(b) CN72合金

图 12-8　处理后的 RMD248 合金和 CN72 合金的显微组织形貌

当前,有关铁基高温合金的研究已经受到越来越多的关注。近年来,增材制造技术快速发展,成为先进制造技术的一个重要发展方向。如何将铁基高温合金与增材制造技术有机结合,是今后需重点关注的课题。

将铁基高温合金应用于增材制造技术,可以显著提升材料的性能和制造工艺的效率。增材制造技术不仅能够实现复杂零部件的高精度制造,还在材料利用率和生产周期方面具有显著优势。这种结合将推动高温合金在更广泛的工业应用中发挥关键作用,尤其在航空航天、能源和汽车工业中。

未来的研究将集中于优化铁基高温合金的成分设计和增材制造工艺,以进一步提升其力学性能和耐久性。同时,开发适用于增材制造的铁基高温合金新材料,这也是一个重要的研究方向。通过不断的探索和创新,增材制造技术与铁基高温合金的结合将为高性能材料的应用开辟新的前景。

12.1.3　电子束增材制造高温合金

1. 镍基高温合金

在过去的几年中,科研人员利用电子束熔化(EBM)技术探索出了新的高温合金加工和制造路线。得克萨斯大学埃尔帕索分校利用 EBM 技术制备了 Rene 142 镍基高温合金,并对其综合性能进行了表征。结果表明,利用 EBM 技术获得的 Rene 142 镍基高温合金的 γ' 相参数和硬度测量值基本上达到了最优。光学金相剖面成分显示出沿构建方向定向的柱状晶粒结构,如图 12-9 所示。

德国埃尔朗根-纽伦堡大学基于 EBM 粉末床技术,成功制造了较大尺寸的 CMSX-4 单晶,并对其力学性能进行了研究。研究结果显示,与由传统铸造和热处理生成的同类材料相比,由 EBM 技术制造的 CMSX-4 单晶的性能相当甚至略优。此外,EBM 合金的微观结构得到了显著改善,变得更加细长和均匀。图 12-10 所示为单晶镍基高温合金。

2. 钴基高温合金

关于钴基高温合金的 EBM 技术,国内外已经进行了很多研究。中南大学研究了由 EBM

技术制备的钴铬钼合金的腐蚀行为,结果表明,所有样品主要由柱状 p 型 FCC 相组成,晶体择优取向。90°试样具有最大的晶粒尺寸、最低的晶界密度和最少的富铬相析出物,表现出最优的耐蚀性,富铬析出物的数量和晶界密度相较于晶体取向对耐蚀性的影响更大。

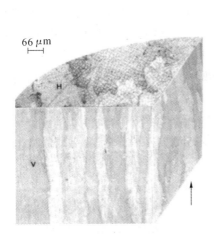

图 12-9　光学金相剖面成分显示出沿构建方向定向的柱状晶粒结构

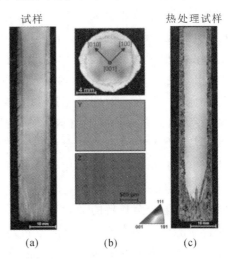

图 12-10　单晶镍基高温合金

图 12-11(a)~(c)所示分别为 0°、45°和 90°样品的反极图(IPF)。IPF 显示 0°样品具有较强的[001]纹理,45°样品具有[111]和[110]纹理,90°样品具有[001]、[110]和[111]纹理。图 12-11(d)~(f)所示分别为相应的相图,其中低角度晶界(LAB)($2°\leqslant\theta<15°$)和高角度晶界(HAB)($\theta\geqslant15°$)分别用浅灰色和黑色线条表示。在所有样品中,都观察到主要的 γ-FCC 相和大量的 LAB。在后续研究中发现,样品的晶界角度越大,平均晶粒尺寸也越大。最终累积结果表明,样品的晶界密度增加,平均晶粒尺寸减小,反之亦然。

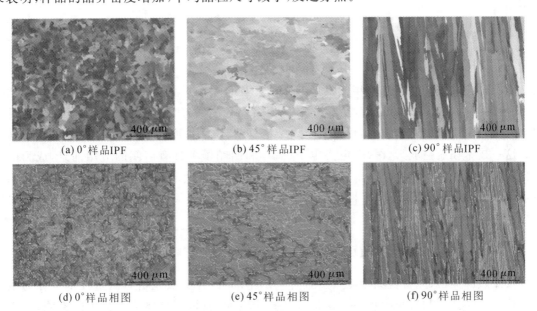

图 12-11　EBM 样品垂直横截面的电子背散射衍射(EBSD)图

12.1.4　高温合金增材制造发展趋势

高温合金是航天领域中不可或缺的材料。随着金属增材制造理论研究的深入，增材制造技术将在航天领域进一步扩大高温合金的应用范围。然而，增材制造技术涉及复杂的冶金、物理、化学和热耦合等过程。尽管在航天器构件制备方面已有许多成功案例，并且研究人员对高温合金的增材制造也开展了大量研究，但目前"材料-增材制造工艺-后续热处理-组织-性能"之间的相互关系仍不够清晰。在今后的研究中需要进一步关注以下几个方面。

高温合金成分复杂且对增材制造工艺参数极为敏感。厘清关键合金元素与增材制造缺陷之间的关系，对制备无缺陷的材料至关重要。

微观偏析是增材制造高温合金中普遍存在的现象。微观偏析往往对材料的微观组织和力学性能产生不利影响。通过优化合金成分和增材制造工艺参数来减少或消除微观偏析现象，是研究的重点之一。

增材制造高温合金独特的微观组织给后续的热处理工艺选择带来了挑战。用于铸造或锻造高温合金的传统热处理工艺可能不再是最佳选择。开发新的热处理工艺，通过对微观组织的调控来获得高强韧性的增材制造高温合金，是一个艰巨任务。同时，具有热-机械协同效应的热等静压（HIP）技术单独使用或与其他热处理工艺结合，能够在消除冶金缺陷和调控微观组织方面发挥积极作用，有望成为提高增材制造构件性能的有前景的选择。

室温和高温强度、抗疲劳性、抗蠕变性、耐蚀性及抗氧化性能均是高温合金服役的重要指标。目前的研究大多集中在室温和高温强度方面，应进一步加强对增材制造高温合金其他性能的评价。

高温合金的增材制造构件的研制是一个复杂的系统工程，涉及材料、粉体制备、增材制造技术、构件设计和制造标准等方面，需要进行全面系统的研究，以满足未来航天领域快速发展的需求。

12.2　钛合金

钛及其合金是20世纪50年代发展起来的一种重要的结构金属材料。它们具有高比强度、优异的耐蚀性以及良好的综合力学性能，但熔点较高、易氧化，这对加工过程提出了更严格的要求。采用增材制造技术，可以制造出结构复杂、尺寸精度高、力学性能优良的钛合金零件。这一技术在航空航天、医疗、电力电子、汽车和船舶领域具有广阔的应用前景，成为国内外各研究机构关注的焦点。本节介绍了三种最具代表性的钛合金增材制造技术，包括它们的原理、特点和国内外研究现状。同时对这些技术的发展进行了展望，以期推动钛合金增材制造技术的发展。

12.2.1　激光增材制造钛合金

按照热源类型、原材料类型以及冶金过程的不同，钛合金激光增材制造技术可分为激光粉末选区成型技术和激光同步材料送进成型技术两大类；按照具体成型机理的不同，其也可细分为多种类型。本小节结合钛合金增材制造过程的特点，重点介绍钛合金激光选区熔化（SLM）、钛合金激光熔化沉积两种增材制造技术的原理及特点。

钛合金 SLM 技术,目前是主流且最为成熟的钛合金激光增材制造技术,其基本原理如图 12-12 所示。

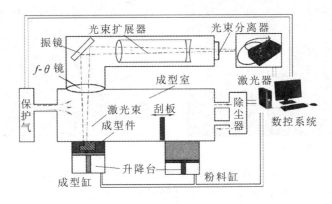

图 12-12　钛合金 SLM 技术的基本原理

南京理工大学利用 SLM 技术制造了 TC4 钛合金,并研究了退火、两相区固溶、固溶时效三种热处理方法对 TC4 钛合金微观组织和力学性能的影响。研究表明,TC4 钛合金经过热处理后,内部残余应力减小,变形开裂倾向降低。采用 840 ℃/2 h/完全退火处理工艺,可使 SLM TC4 钛合金获得较好的强度和塑性的匹配。图 12-13 所示为 840 ℃/2 h/完全退火处理后 TC4 钛合金的显微组织。

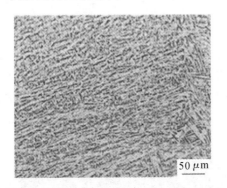
(a) 光学显微镜照片(亮色部分为α相,暗色部分为β相)

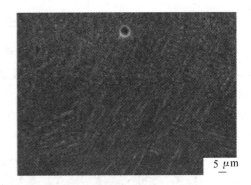
(b) SEM 照片

图 12-13　840 ℃/2 h/完全退火处理后 TC4 钛合金的显微组织

钛合金激光熔化沉积(laser melting deposition,LMD)技术,是一种利用激光束的能量将同步送进的钛合金粉末熔化沉积的增材制造技术。LMD 技术的优点在于其突破了钛合金 SLM 技术在制造尺寸上的限制。理论上,LMD 技术能够制造出大型机床所能加工的所有尺寸的工件。北京航空航天大学对激光熔化沉积 TC17 钛合金沉积态的显微组织和力学性能进行了研究。结果表明,激光熔化沉积 TC17 钛合金的宏观组织为沿沉积增高方向外延生长、贯穿数个沉积层的柱状晶,显微组织为细密的网篮组织。沉积态试样强度较高但塑性较差。图 12-14 所示为激光熔化沉积 TC17 钛合金沉积态显微组织。

与传统钛合金加工手段相比,钛合金激光增材制造技术在节约原材料、提高生产效率、降低成本以及满足零部件复杂性要求方面具有巨大的优势,是现代制造技术的重要发展方向。钛合金 SLM 和 LMD 技术发展较早,由于其巨大的应用潜力,受到众多研究机构的重视,发展已相对成熟,并且相关产品已在一定程度上实现了工程应用。然而,由于设备尺寸、粉末原

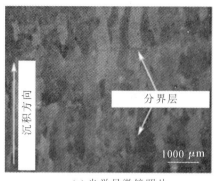 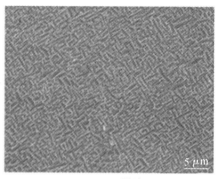

(a) 光学显微镜照片　　　　　　　　　(b) SEM照片

图 12-14　激光熔化沉积 TC17 钛合金沉积态显微组织

料成本以及制造零件尺寸的限制,沉积效率较低且成本较高。

钛合金熔丝增材制造技术有效地解决了粉末材料增材制造中存在的成本高、效率低的问题。随着激光同轴熔丝增材制造技术的不断改进,钛合金激光同轴熔丝增材制造技术正逐步从实验室研究转向实际的工程应用,这也是增材制造技术的一个发展趋势。目前,钛合金熔丝增材制造技术多使用现有的焊丝作为丝材,由于增材制造过程中的传热、导热和焊接过程有显著差异,因此开发专用于增材制造的丝材以优化零件的组织和性能,是钛合金熔丝增材制造技术的另一个重要发展方向。

12.2.2　电子束增材制造钛合金

电子束增材制造技术是一种自由成型制造技术,在真空中用电子束逐层熔化粉末前驱体,直接制造金属产品。得克萨斯大学利用这种技术制造了 TC4 钛合金,并与由传统方法制造的 TC4 钛合金进行对比分析。结果显示,通过电子束增材制造技术得到的 TC4 钛合金展现出更均匀的微观结构,具有良好的一致性及相关性。图 12-15 所示为 TC4 钛合金粉末形貌。

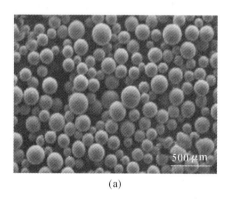 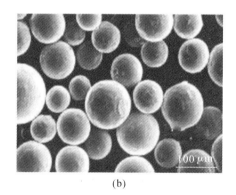

(a)　　　　　　　　　　　　　　(b)

图 12-15　TC4 钛合金粉末形貌

东北大学首次证实,利用粉末床电子束增材制造技术可以成功制造适用于超低温环境的高性能钛合金部件。这种超低温钛合金呈现出独特的柱状晶片层结构组织。在超低温条件下,这种钛合金的塑性表现取得了显著突破,在保持较高强度的同时,其在 20 K 时的断裂伸长率也能达到 20%,在 77 K 时更是高达 29%。研究发现,大规模孪晶有效地降低了局部应力集中,并提高了材料的应变硬化能力,从而赋予了材料在 20 K 超低温下的优异塑性。这一研究成果不仅具有重要的科学价值,也展示了广阔的应用前景。图 12-16 所示为粉末床熔融样品的微观结构图。

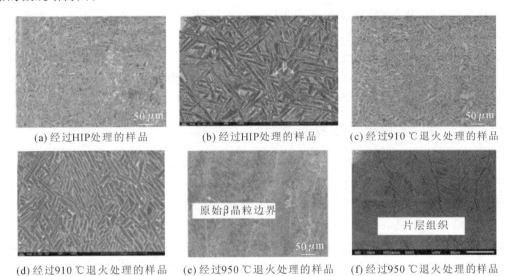

(a) 经过HIP处理的样品　　(b) 经过HIP处理的样品　　(c) 经过910 ℃退火处理的样品

(d) 经过910 ℃退火处理的样品　　(e) 经过950 ℃退火处理的样品　　(f) 经过950 ℃退火处理的样品

图 12-16　粉末床熔融样品的微观结构图

12.2.3　电弧增材制造钛合金

电弧增材制造(WAAM)技术被认为是一种经济高效的技术,适用于生产大型金属部件。在过去几十年中,它在航空航天、汽车和船舶等领域得到了深入研究和广泛应用。与其他基于粉末的增材制造(AM)技术相比,WAAM 技术具有沉积速率高、机械成本低、材料利用率高、前置时间短等优点,受到了学术界和工业界的广泛关注。钛合金是一种性能优异的金属材料,在航空航天领域的应用日益广泛。然而,采用传统制造方法制造大型钛合金部件存在诸多挑战,特别是在部件几何形状复杂和对材料利用率的要求高的条件下。WAAM 技术凭借其制造成本低、制品质量好、效率高等优点,近年来逐渐成为制造大型钛合金部件的流行方法。

北京理工大学采用高沉积速率的 WAAM 技术构建了 TA15 钛合金部件,并系统地研究了构件的孔隙率、宏观结构、微观结构和力学性能(见图 12-17)。光学显微镜照片取自两部分最上层的宏观条带,两部分的微观结构为层状与网篮结构,可观察到明显的晶界。这种结构形成的原因是在 WAAM 工艺的适度冷却速率下,含有不同相的晶粒生长速度不同。

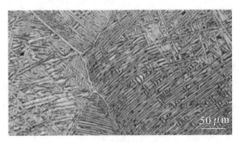
(a) 孔隙率部分

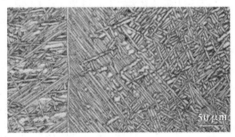
(b) 密度部分(密度部分用扫描电子显微镜观察)

图 12-17　用光学显微镜观察最上层宏观条带的微观结构

尽管许多优秀的研究人员对 WAAM 钛合金进行了研究,但将 WAAM 技术用于商业化生产钛合金零件的案例并不常见。利用 WAAM 技术制造钛合金零件仍是一个较新的课题。作为一种新兴技术,WAAM 技术目前主要用于原型设计。要推动 WAAM 技术实现更广泛的应用,需要解决一些技术难题,包括微结构优化、变形控制和残余应力管理。此外,还需要努力实现 WAAM 工艺及其后处理技术的标准化。同时,WAAM 的沉积工艺应与计算机技术(如机器学习、决策科学和工艺建模)相结合,以实现实时监控和高效制造。只有在解决了这些难题之后,WAAM 技术才能在钛合金制造领域得到广泛应用。

12.2.4 钛合金增材制造发展趋势

随着我国创新驱动发展战略的实施和航空航天工业的发展,钛合金领域受到高度重视。高性能钛基复合材料是高温钛合金的未来发展方向,其理论使用温度可突破 600 ℃,显著扩大了钛合金的应用范围。在钛合金材料制造领域,通过传统方法,有关材料的显微组织、制备技术及后处理等方面的研究已经取得了诸多成果。

随着增材制造技术在航空航天核心功能部件中的应用,通过将原位生成颗粒增强钛基复合材料与增材制造技术相结合,能够制备出高致密化水平、耐高温、高强度的复合材料。研究增强体的种类、形状尺寸及体积分数对粉体熔化凝固特性的影响规律对于制备高性能钛基复合材料至关重要。通过精确控制这些参数,可以使钛基中 TiB、TiC 增强相达到纳米级。这样的纳米级增强相不仅可以提高复合材料的硬度和强度,还可以改善其延展性。

为进一步拓展增材制造技术在颗粒增强钛基复合材料中的应用,研究工作可以从以下几个方面展开:首先,深入探究增材制造过程中增强剂的溶解和反应机制、增强相的析出反应及原位合成机理;其次,基于这些机理,持续迭代和优化复合粉末的制备工艺,并进行打印适配性验证及力学性能测试,以实现增强体与基体之间界面结合的调控;最后,通过正交试验和数值模拟方法调节增强相含量,建立颗粒增强剂-基体成分配比-工艺参数-微观组织-力学性能的关联规律,以便将该技术应用于不同性能要求的场合,同时使产品获得最佳的综合性能。

12.3 钛 铝 合 金

钛铝合金具有低密度、高比强度、高比刚度、优异的阻燃性、良好的高温抗氧化性及抗蠕变性等优点,是航空航天和民用工业领域极具潜力的高温结构材料,有望在 650~800 ℃ 的服役温度下取代镍基高温合金。然而,钛铝合金的本征脆性与较差的热塑性变形能力严重限制了其在工程中的进一步应用。目前,钛铝合金零部件的生产主要依赖于传统制造技术,如精密铸造和锻造加工(包括锻造、挤压、轧制)。但这些传统的热塑性成型方法成本极高,而且在制造复杂结构零部件时存在一定的局限性。

新型增材制造技术能够制造出几何形状更复杂的零部件,缩短生产周期,并降低材料成本。此外,它还能减少后处理的需要,直接生产出具有所需力学性能的钛铝合金零部件。本节介绍了近年来钛铝合金制备方面的研究进展,综述了增材制造钛铝合金的显微组织和力学性能,并对其技术发展趋势进行了展望。自 2010 年以来,增材制造技术得到了越来越多的关注,其优势已被业界广泛认可。目前,LMD、SLM 和 EBM 等技术已被证实适用于钛铝合金零部件的生产。

12.3.1 激光熔化沉积(LMD)钛铝合金

LMD技术是可用于钛铝合金制造的增材制造技术,其开创性的工作可以追溯到1999年。该技术涉及一个多层沉积过程,每层新沉积的材料都会发生部分熔化或加热已沉积层,以保证稳定的沉积过程和与底层的良好结合,通常建议将粉末的聚焦点设定在沉积平面以下。此外,钛铝合金对氧气含量极其敏感,氧气含量超过一定值时会导致材料脆化。因此,在该过程中需要使用氩气(Ar)等惰性气体保护,以减少氧气的吸收。

钛铝合金在韧脆转变温度以下容易开裂,因此,制造钛铝合金的最大挑战是其对裂纹的敏感性。在LMD过程中,高冷却速率及每个沉积层经历的反复高温加热和冷却循环,增大了无裂纹钛铝合金的制造难度。研究表明,优化工艺参数(如激光功率和扫描速率)可以降低温度梯度和冷却速率,从而为无裂纹钛铝合金的制造提供了可能。例如,北京航空航天大学王华明院士团队使用千瓦级高功率激光器成功制造了多种无裂纹钛铝合金。使用高激光功率时,熔池温度远高于其熔化温度。这部分额外的热量往往会扩散到温度较低的区域,从而显著增强熔池周围的热场。因此,由于温度梯度较低,熔池的凝固速率会降低。较低的扫描速率(使曝光时间增加)可以为相同数量的材料提供更多的能量,从而导致较慢的凝固过程。目前,通过优化工艺参数、预热基板和使用额外的激光热源,已经能够实现无裂纹钛铝合金的制造。

在利用扫描电子显微镜对试样表面进行观察时,还会观察到未熔融的粉末颗粒,这种缺陷的产生主要与试样的制备过程有关。在成型过程中会存在激光能量输入不足的情况。当激光能量不足时,不能熔化所有粉末,从而形成形状不规则、尺寸大小不一的颗粒缺陷(见图12-18)。随着后续沉积过程的进行,缺陷处表面质量较差,熔融金属流动性较差,缺陷逐渐扩展,导致材料的性能下降。

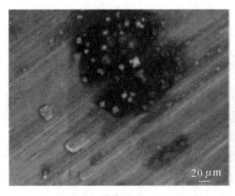
(a) 颗粒缺陷

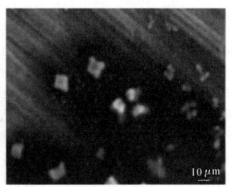
(b) 缺陷放大部分

图 12-18 钛铝合金表面未熔融粉末颗粒缺陷

目前,关于激光金属沉积钛铝合金的力学性能研究相对较少,主要集中在拉伸性能上,而对于其他力学性能,如断裂韧性、抗蠕变性、抗疲劳性,相关研究少有报道。根据现有研究,优化工艺参数和热处理方式可以使钛铝合金的强度和延展性之间实现良好的平衡,并且有利于降低合金的各向异性,同时提升其性能。总体来说,激光金属沉积钛铝合金的性能有潜力超过传统铸件,从而促进钛铝合金在工程中的广泛应用。

12.3.2 激光选区熔化钛铝合金

激光选区熔化(SLM)技术是常用的增材制造技术之一,它可以在相对较短的时间内制造出高精度的全致密零部件。这项技术已被广泛应用于航空航天领域,用于生产钢、钛合金和镍基高温合金等材料的零部件。但是,由于 SLM 过程中极高的温度梯度和冷却速率,零部件内部容易产生较大的热应力,导致裂纹的产生。因此,采用 SLM 技术生产钛铝合金零部件面临一定的挑战。钛铝合金的微观结构主要由 α_2/γ 片层团、等轴 γ 晶粒和残余 β 相组成,其中,残余 β 相的形成可能与 SLM 过程的高冷却速率和铝元素的损失有关。

德累斯顿莱布尼茨固态与材料研究所对 SLM 工艺参数如何影响 TNM-B1 合金熔体轨道形貌进行了研究,并确定了制造该合金的最佳工艺参数。通过这些优化的参数,制造出了相对密度超过 99% 的 TNM-B1 合金样品。由于 SLM 过程中冷却速率的局部差异,其显微组织呈现为不均匀的 β 近片层。经过两步热处理后,形成了由 β 近片层和 α_2 晶粒组成的均匀双态组织,其中较宽的 β 片层中包含一些较细的 γ 板条。压缩试验结果显示,SLM 样品的强度接近于铸造样品。图 12-19 所示为 SLM TNM-B1 样品的 SEM 图。

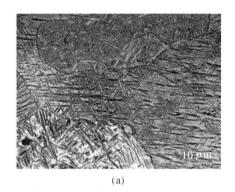 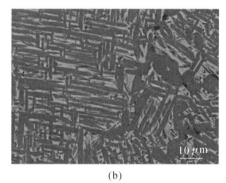

(a)　　　　　　　　　　　　(b)

图 12-19　SLM TNM-B1 样品的 SEM 图

德国航空航天中心材料研究所研究了 TNB-V4 合金的微观组织和拉伸性能。研究发现,当激光能量密度超过 55 J/mm³ 时,可以制造出相对密度超过 99% 的 TNB-V4 合金样品。同时,在 SLM TNB-V4 合金中存在 Al 烧损现象,Al 的损失与激光能量密度有直接关系。在最高能量输入(300 J/mm³)下,样品的微观组织呈现为针状或板条状结构;在中等能量输入(110 J/mm³)下,也可以观察到类似的针状或板条状结构,但是表现出 α_2/γ 片层亚结构。

在低能量输入(60 J/mm³)下,微观组织以细小的等轴 α_2/γ 片层团为典型特征,这些片层团以及晶团边界上的 β/B2 和 γ 晶粒共同构成了近片层组织。此外,样品中偶尔会出现裂纹,因此通常需要经过热等静压(HIP)处理以消除这些缺陷。经过热等静压处理(1200 ℃、200 MPa、4 h)后,具有精细近片层组织的样品转变为细小的等轴结构。拉伸试验结果表明,经过热等静压处理的样品在室温下展现出 900 MPa 的高抗拉强度,而在 850 ℃下展现出 541~545 MPa 的高抗拉强度。

由于粉末中 O 元素含量增加以及在 SLM 和热等静压过程中对 O 元素的额外吸收,TNB-V4 合金在室温下的延展性很低。一些样品中存在宏观裂纹,即使经过热等静压处理后这些裂纹也未能闭合,因此表现出较低的室温抗拉强度(200~400 MPa)。SLM 过程中极高的冷却速率通常会导致不稳定的微观组织形成。这种亚稳态组织在热影响下可能会产生不连续的沉淀,从而对高温条件下的蠕变行为产生不利影响。因此,可能需要进一步的热处理以获得更稳定的片层组织。图 12-20 所示为不同能量输入下 TNB-V4 样品微观组织的 SEM 图。

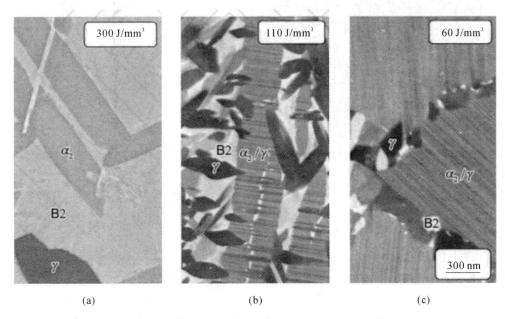

图 12-20　不同能量输入下 TNB-V4 样品微观组织的 SEM 图

12.3.3　电子束熔化钛铝合金

由于电子束的特殊工作性质,电子束熔化(EBM)技术可以在真空环境中制造零件,这为加工那些对氧和氮具有高亲和力且易反应的材料(如钛铝合金)提供了一个理想的无污染环境。此外,与其他增材制造技术相比,在整个 EBM 过程中,基板温度保持在 1000 ℃以上,这有助于将由残余应力引起裂纹的风险降至最低。因此,EBM 技术非常适合制造钛铝合金零件。值得注意的是,EBM 钛铝合金零件的力学性能对显微组织高度敏感。

由于 EBM 技术具有小熔池和快速冷却的特点,EBM 钛铝合金通常展现出精细但不均匀的等轴晶粒组织。在由 EBM 技术制造的几种钛铝合金中,沿构建方向观察到了由双态细晶粒和粗大 γ 晶粒交替构成的层状或带状结构。图 12-21 所示为 EBM Ti-48Al-2Cr-2Nb 合金样品的典型层状结构。

EBM 技术是增材制造领域中成熟度较高的一种方法,尤其适用于制造钛铝合金等材料。例如,GE 旗下的 Avio Aero 就利用 EBM 技术成功制造了钛铝低压涡轮叶片,并应用于 GE9X 发动机中,为波音 777X 飞机提供动力。这标志着增材制造钛铝合金在商用飞机发动机关键部件中的首次应用,开启了增材制造钛铝合金研究与应用的新阶段。图 12-22 所示为 EBM 钛铝涡轮叶片。

12.3.4　增材制造钛铝合金发展趋势

目前,增材制造技术已被认为是航空航天领域制造复杂形状钛铝合金零件的有效候选方法之一。具体来说,通过 EBM 技术制造的钛铝低压涡轮叶片已经成功应用于实际产品中。此外,其他增材制造技术,如 LMD 技术和 SLM 技术,也已被探索用于生产钛铝合金零件。尽管有关增材制造钛铝合金的研究已经取得了一些令人鼓舞的成果,但仍有一系列问题需要

图 12-21　EBM Ti-48Al-2Cr-2Nb 合金样品的典型层状结构　　　图 12-22　EBM 钛铝涡轮叶片

进一步讨论和解决。

第一，成分设计问题。增材制造涉及快速熔化与凝固，为确保合金熔体在凝固过程中具有良好的流动性，以更好地润湿基材并提供足够的液体补给，合金成分的优化设计至关重要。

第二，粉末原料问题。目前，钛铝合金粉末的生产受到车间条件和流程的限制，产量较低，价格偏高，且批次间质量一致性难以保证。因此，开发高性能、低成本的钛铝合金粉末制造工艺显得尤为重要。同时，增材制造零件应尽可能接近"净形状"，以降低后续加工成本，提高产品性能。

第三，氧含量控制问题。氧含量对钛铝合金的塑性有显著影响，因此在制备过程中严格控制氧含量是必要的。增材制造过程中的氧吸收主要发生在粉末材料生产和沉积过程中。制备高洁净度、高球形度、低氧含量的钛铝合金粉末对制造高性能航空航天零部件至关重要。此外，激光增材制造在惰性气体气氛中进行，与电子束增材制造的真空环境相比，不能完全防止氧吸收，尤其是在过热和长时间保温时。因此，控制增材制造过程中氧含量的增加是必要的。

第四，孔隙率问题。孔隙是增材制造钛铝合金样品中最常见的缺陷，通常分为球形气孔和未熔合孔。孔隙在使用中易成为裂纹形核点，尤其是未熔合孔会严重恶化零件的力学性能。为降低孔隙率，应选用空心粉含量低的粉末原料，优化工艺参数（如增加能量输入以消除未熔合孔），并对零件进行热等静压处理。

第五，显微组织控制问题。显微组织的演变受热输入影响显著，主要因素包括冷却速率，而冷却速率取决于能量输入、熔池温度和温度梯度。通过优化这些变量，可以控制显微组织。

第六，增材制造设备问题。现有的增材制造设备的购置和维护成本较高，且可用的建造尺寸较小，如电子束熔化设备的最大建造尺寸限制了大尺寸零件的生产。因此，设计、开发并研制具有自主知识产权的大尺寸增材制造设备是当前的迫切需求。此外，粉末预热是生产无裂纹零件的重要策略，但对于大尺寸零件，需要在增材制造设备中开发高效且低成本的加热系统。

本章课程思政

高温合金、钛合金因其优良的性能广泛应用于航空航天、化工、医药等领域，是我国高端产业的关键支撑材料。然而，我国的高温合金的实际产能较小，尤其是高端航空用高温合金的有效产能尚不能满足市场日益增长的需求。当前，国内航空航天领域用高温合金严重依赖进口。在以国内大循环为主体的背景下,关键材料的国产化成了必然趋势。因此,加大对高温合金、钛合金等高端合金的研发投入,有利于加快较为依赖进口的关键金属材料国产化替代进程,推动我国的基础原材料产业的发展,提升高端材料的生产和创新能力。应努力实现国产材料的充分自主保障,减少对进口材料的依赖,从而增强我国经济的内循环和抗风险能力。

思 考 题

1. 常见的高温合金有哪几种?
2. 高温合金服役的重要指标有哪些?
3. 高温合金的微观偏析现象会有什么影响?
4. 与传统加工手段相比,激光增材制造钛合金具备哪些优势?
5. 用激光熔化沉积(LMD)技术制造的钛合金样品有哪些特点?
6. 电子束增材制造 TC4 钛合金的微观结构有何特性?
7. 钛铝合金的优点有哪些?
8. 钛铝合金的增材制造方法有哪些?
9. 限制钛铝合金在工程中进一步应用的原因是什么?
10. 增材制造钛铝合金未来发展方向有哪些?

第 13 章　金属增材制造：铝合金、铜合金和镁合金

13.1　铝　合　金

铝合金因其低密度、高比强度和比刚度、良好的塑性、出色的导电性和导热性以及良好的耐蚀性，成为航空航天、交通运输及船舶舰艇等领域首选的轻量化结构材料，展现出广阔的应用前景和较高的研究价值。随着技术的进步和产品研制周期的缩短，传统的铝合金加工方法如熔炼、铸造和锻造等已逐渐不能满足复杂精密构件的制造需求。很多应用场景要求制造技术不仅高效、快速，还需能够快速适应装备设计的变化，并对复杂精密构件具有灵活的生产适应性。

在这样的需求背景下，利用增材制造技术来制造铝合金构件成了研究和应用的热点。增材制造技术，特别是在航空航天、生物医学和轨道交通领域，通过分层构建实体零件，不仅提供了单件或小批量快速制造的能力，而且大幅提高了设计自由度和制造灵活性，使得复杂几何形状产品的定制成为可能。这不仅显著缩短了产品从设计到投入市场的时间，还克服了传统制造技术在规模上的限制。

目前，针对铝合金的增材制造技术，根据工作原理和热源类型的不同，主要分为激光增材制造、电子束增材制造、电弧增材制造、超声波增材制造以及搅拌摩擦增材制造等方法。本节将对这些技术及其各自的工艺特点进行概述。

13.1.1　激光增材制造铝合金

激光增材制造技术以激光为热源，因其高成型精度、制件较少的内部缺陷以及优良的力学性能而受到重视。在制造铝合金构件时，该技术通常采用铝合金粉末作为原料。然而，粉末之间的不规则间隙可能影响成型件的致密度。此外，大多数铝合金对激光具有较高的反射率，这降低了激光的利用效率，因此目前该技术主要适用于铸造铝合金或焊接性较好的铝合金。

激光增材制造技术在铝合金上的应用主要分为两类：一是同步金属粉末送给的激光熔化沉积技术，二是以粉末床铺粉为特征的激光粉末床熔融技术。这两种技术各具特点，前者通过同步送粉实现连续制造，后者则通过精准控制粉末床层层熔融，促进了复杂结构的精确制造。

由于 Al-Si 系合金具有良好的铸造性能与热成型性能，因此在激光增材制造领域的研究较为集中。西安交通大学机械制造系统工程国家重点实验室为提高 AlSi10Mg 合金激光选区熔化成型致密度，对激光功率、扫描速度和扫描间距进行了优化，引入了能量密度模型，表征能量输入与致密度之间的作用关系。相关结果表明，能量密度在 $4.0\sim6.0$ J/mm^2 范围内时，致密度可达 98% 以上。中国科学院金属研究所采用激光选区熔化技术制备了致密度达 99.63%、力学性能良好的 AlSi10Mg 试件，并对比分析了不同热处理工艺对试件平行于基板方向的组织与性能的影响。沉积态试件水平方向的抗拉强度可达 478 MPa，伸长率约为 8%，

平均硬度约为 122 HV。经 130 ℃、4 h 的时效处理后,熔池仍然保留了完整的网状 Si 结构(见图 13-1)。在保持高强度的同时,试件塑性提高到约 11.9%,平均硬度增至 133 HV,与沉积态试件相比提升了约 9%。

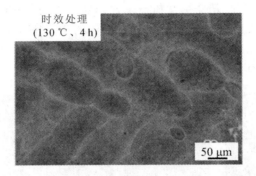

图 13-1　AlSi10Mg 合金样品经时效处理后的金相显微图

采用激光增材制造技术制造 2 系和 7 系等高强度铝合金存在困难。研究者正努力通过优化加工参数、在粉末中引入纳米颗粒作为成核剂、化学成分改性和后处理等方法来减少内部缺陷并提高制件的力学性能。例如,鲁汶大学材料工程系采用激光粉末床熔融技术并利用不同 Si 含量的 7075 铝合金粉末来制备铝合金块体。结果表明,Si 的加入引起的晶粒细化效应显著减少了微裂纹(见图 13-2)。

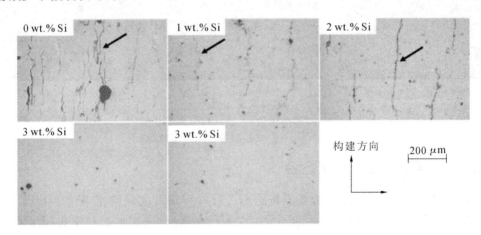

图 13-2　激光粉末床熔融不同 Si 含量 7075 铝合金的金相显微图

13.1.2　电子束增材制造铝合金

电子束增材制造技术根据所使用填充材料的不同主要分为电子束选区熔化技术和电子束熔丝增材制造技术。

电子束选区熔化技术是在真空环境中以电子束为热源,以金属粉末为成型材料,通过高速扫描加热和逐层熔化叠加,获得金属零件。电子束熔丝增材制造技术通过高能电子束对同步送进的丝材进行熔化,按照 CAD 模型的特定加工路径进行分层制造,逐层堆积,直至形成致密的金属零件。因为电子束的有效吸收率是激光束的两倍多,所以该技术在高强度铝合金的制造方面具有巨大的潜力。

目前,以电子束为热源的铝合金增材制造研究相对较少。其中,大多数研究集中于使用电子束熔丝增材制造技术来制造铝合金。美国国家航空航天局兰利研究中心研究了 2219 铝合金的加工窗口,并探讨了平移速度、送丝速率和电子束功率对所得制件的微观结构和力学性能的影响。在另一项研究中,洛克希德·马丁空间系统公司的 Brice 通过电子束直接能量沉积制备了 2139 铝合金样品,表征了 Mg 蒸发对沉淀机制和力学性能的影响,结果显示,沉积过程中 Mg 蒸发高达 65%。清华大学机械工程系研究了电子束选区熔化 2024 铝合金的可加工性。结果表明,电子束束流和扫描速度等对试件的相对密度和微观结构有显著影响(见图 13-3),在 α-Al 基体的晶界处形成了含有 Cu、Mn 和 Fe 的不同沉淀物,通过采用合适的工艺参数获得了高达 314 MPa 的抗拉强度和 6% 的伸长率。

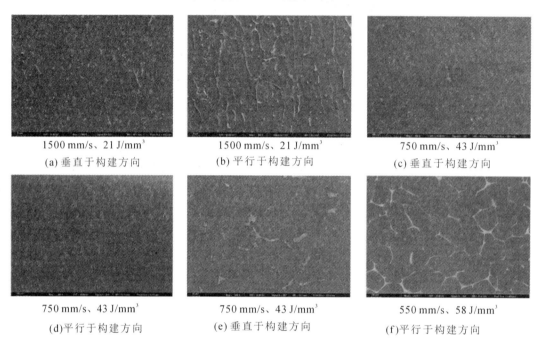

图 13-3 不同试件的横截面显微镜图

13.1.3 电弧增材制造铝合金

电弧增材制造技术是通过电弧热源和同步送丝的方式来逐层构建零件的方法。这种技术适于制造大型和复杂的结构,因为它不仅材料利用率高、设备成本相对较低,而且能用于构建较大的结构。然而,由于电弧焊接过程中涉及高热输入,以及成型件的表面质量和精度较差,通常需要较多的后续加工。针对铝合金的电弧增材制造,未来的研究重点是如何减少热输入,以提高成型精度和表面质量。

目前,电弧增材制造铝合金的研究主要集中在 2×××、4××× 和 5××× 系列,而对 6××× 和 7××× 系列的研究相对较少。研究人员已经利用熔化极气体保护焊和钨极电弧焊等成功制备了 4047、5356、2024 和 7075 等铝合金沉积试样。这些试样展现出比传统制造试样更高的抗拉强度,微观结构分析也揭示了它们具有更细的晶粒。

此外,有研究者使用冷金属过渡焊制备了 2319、5087 和 5183 铝合金试样。这些试样不仅晶粒细,而且孔隙缺陷少,相应的力学性能更优。研究还发现,通过冷金属过渡焊制造的 5336 铝合金沉积物中,几乎没有发现等轴晶和柱状晶结构,晶粒尺寸随热输入的减少而减小。

在电弧增材制造中,热输入是影响试样的几何形状、微观结构、缺陷以及力学和化学性能的关键因素。多层沉积过程中的不均匀加热和冷却循环,尤其在高热输入条件下,容易导致热量积累、粗晶粒的形成、残余应力和变形,从而对沉积物的力学性能产生不利影响。因此,合理控制热输入,优化电弧电流和电压、焊丝进给速度和行进速度等工艺变量,是电弧增材制造铝合金成功应用的关键。

焊炬/工件在加工过程中的移动速度,即加工速度,对于获得良好、平滑和均匀的电弧增材制造沉积件也起着关键作用。有学者使用钨极电弧焊,研究不同加工速度对 2319 铝合金的微观结构和力学性能的影响。结果表明,所有沉积物中都存在 α-Al、θ' 和 θ'' 相。随着加工速度的增大,较细 θ'' 相的均匀沉淀有助于提高沉积件的抗拉强度。图 13-4 所示为铝合金中的 θ'' 相。

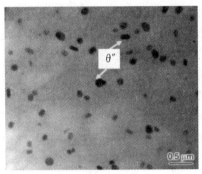

图 13-4　铝合金中的 θ'' 相

13.1.4　超声波增材制造铝合金

铝合金超声波增材制造技术采用大功率超声能量,利用铝合金薄箔层与层之间振动摩擦产生的热量,促进界面间金属原子相互扩散,形成固态物理冶金结合,从而实现增材制造成型。

日本东北大学的学者研究了超声波增材制造 6061 铝合金接触面的微观结构及分布。结果表明,超声振动引起的剪切变形对显微结构有显著影响。再结晶的驱动力使界面区域的颗粒呈等轴分布,超声振动使得接触面产生微观相变,且在界面处产生孔隙(见图 13-5)。

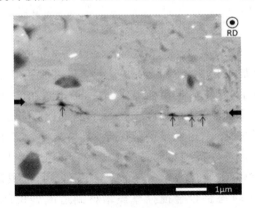

图 13-5　界面处的孔隙

超声波增材制造技术在低温环境下应用,避免了合金元素的挥发,从而不影响连接部位的性能,特别适用于铝合金的制造。然而,欧美国家对超声波增材制造设备及相关先进技术实施了严格的出口限制,并且国内在这一领域的研究相对较少。因此,超声波增材制造铝合金具有巨大的研究潜力和广阔的应用前景。目前,该领域还没有完全建立起超声波增材制造成型中材料界面原子扩散的理论模型。此外,界面的塑性变形和摩擦升温过程也缺乏统一的理论框架。研究和发展超声波增材制造技术对提高铝合金制造的精确度和效率具有重要意义,同时也是推动该技术商业化应用的关键手段。

13.1.5 搅拌摩擦增材制造铝合金

搅拌摩擦增材制造技术是基于搅拌摩擦焊发展起来的一种新型的增材制造技术。在铝合金的搅拌摩擦增材制造过程中,高速旋转的搅拌头被插入铝合金板材并以一定的行进速度沿预定方向运动,在搅拌头与铝合金板材接触的部位产生摩擦热,使铝合金板材塑化、软化,塑化金属在搅拌头的旋转作用下填充搅拌针后方的空腔,形成一层增材区,然后在其上继续叠加一层基材,并按照相同的路径和增材间距重复上述操作。已有研究表明,2×××、5××××、6×××和7×××系列铝合金可通过搅拌摩擦增材制造技术制备,所得产品的晶粒细小,其力学性能可与锻压件相媲美。

西北工业大学凝固技术国家重点实验室引入了静轴肩搅拌摩擦增材制造的概念,成功制备了7075-O态高强铝合金增材制造成型件,并探究了成型过程中的金属流动机理(见图13-6),发现其组织和力学性能在竖直方向上存在明显差异。与动轴肩技术相比,静轴肩技术在焊接过程中使轴肩保持不动,搅拌棒高速旋转,从而避免了轴肩影响区的存在,能够实现近净成形。

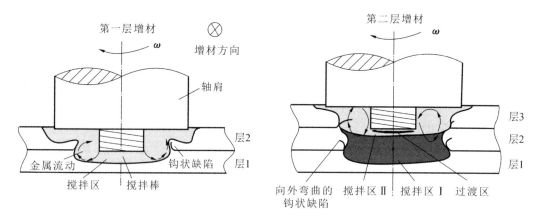

图13-6 搅拌摩擦增材制造金属流动机理图

南昌航空大学轻合金加工科学与技术国防重点学科实验室在上述基础上采用静轴肩搅拌摩擦增材制造技术制备了2024高强铝合金成型件,通过对组织与物相进行深入研究,发现增材组织为再结晶的细小等轴晶,晶粒尺寸由增材的底部向顶部逐渐减小,增材中的第二相发生重溶,其含量较基材中的第二相含量明显减小,且增材中第二相的含量由底部向顶部逐渐增大(见图13-7)。虽然搅拌摩擦增材制造技术避免了熔化与凝固过程,极大地减少了成型件内部缺陷,但是不当的增材制造工艺导致界面缺陷仍然是目前亟待解决的问题。

北京理工大学对2024-O态铝合金搅拌摩擦增材制造成型机理进行了分析,重点研究了试件不同方向上的力学性能差异及其形成原因,并实现了多层多道无缺陷搅拌摩擦增材制造成型。

13.1.6 铝合金增材制造的发展趋势

铝合金增材制造技术因其在复杂精密成型与轻量化设计方面的显著优势,在军事和民用

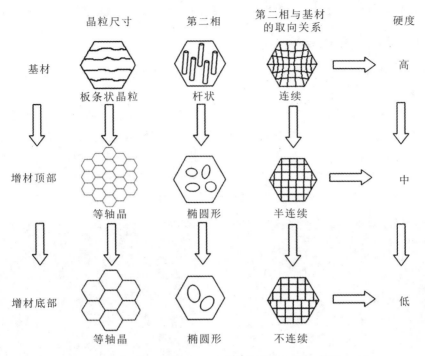

图 13-7 搅拌摩擦增材制造中微观组织的演变图

领域均展现出巨大的潜力。当前技术的主要发展方向包括开发新的铝合金增材制造方法,以及深入研究制造过程中"工艺-组织-性能"之间的内在联系。此外,研究的重点内容还包括探究铝合金增材制造构件的应力形成机理,并提出有效策略来控制构件的残余应力水平及其分布,这对于大型复杂构件的制备尤为关键。进一步的研究还需要揭示增材制造中微熔池的传质、非平衡凝固及冷却过程的物理冶金机制和相变行为,以实现对铝合金微观组织的精确控制。通过试验与数值模拟相结合的方法,可以控制和预测增材制造过程中的温度场分布,从而管理热影响区。此外,开发集增材制造和铣削加工于一体的设备将提高构件的成型精度,并实现精密加工。通过工艺的优化和设备的升级,可以彻底消除气孔缺陷,提高构件的致密度和综合力学性能,从而满足更广泛的应用需求。这些进展将推动铝合金增材制造技术向更高的精度、效率和功能性发展。

13.2 铜 合 金

在增材制造领域,铜材料的应用虽然起步较晚,但近年来,尤其在国防军工领域,其发展势头迅猛,增材制造铜合金的应用不断取得显著进展,推动了铜合金增材制造技术的发展。根据研究报告,预计在 2019 年至 2027 年期间,全球铜增材制造市场将实现 51% 的年复合增长率。铜合金的种类众多,各自具有不同的材料特性,因此选择合适的热源是至关重要的,同时,铜合金的材料状态也显著影响增材制造铜合金的性能。

目前,铜合金增材制造技术主要包括激光增材制造、电子束增材制造和电弧增材制造等技术。这些技术已经应用于纯铜及其合金的加工研究。然而,每种技术在处理铜材料时都具有其特殊性,同时也面临着不少挑战。例如,铜的高热导率和高反射率对激光和电子束的吸收率提出了特殊要求,而电弧增材制造则需考虑其热影响区和可能的微观结构变化。这些技术的进一步优化和创新将是未来铜合金增材制造技术发展的关键。

13.2.1 激光增材制造铜合金

铜合金激光增材制造技术一般采用粉末作为原材料,粉末尺寸为 $10\sim150~\mu m$,粉末的制备方法多为雾化法。

俄罗斯圣彼得堡彼得大帝理工大学以 CuCrZrTi 合金粉末为原材料,采用激光粉末床熔融技术成功制备了 CuCrZrTi 合金试件。对试件进行热处理,对比处理前后试件的微观组织与力学性能的变化。研究发现,热处理没有改变试件的晶粒形态,试件的微观组织仍为沿沉积方向生长的粗大柱状晶(见图 13-8)。沉积试件的抗拉强度为 $195\sim211~MPa$,伸长率为 $11\%\sim16\%$,热处理可减小气孔率,提高试件的力学性能。

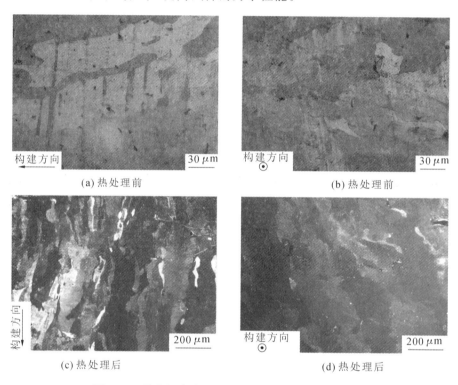

图 13-8　激光粉末床熔融 CuCrZrTi 试件的微观组织

重庆大学高端装备机械传动全国重点实验室和北京工业大学激光工程研究院采用激光粉末床熔融技术制备了 CuSn 合金,研究了 CuSn 的成型工艺窗口及微观结构的演变机理。鲁汶大学材料工程系通过对铜粉末表面进行镀锡改性,显著提高了粉末对激光的吸收率,成功制备了无裂纹且完全致密的 CuSn0.3 铜试件。改性后粉末的硫含量须控制在 0.0025 wt.% 以下,否则易产生裂纹(见图 13-9)。

华中科技大学采用激光粉末床熔融技术成功制备了高强度、高导电性的 CuCr 合金试件。日本大阪工业科学技术研究所采用激光粉末床熔融技术制备了 Cr 含量分别为 1.3 wt.% 和 2.5 wt.% 的 CuCr 合金试件,并对其微观结构与导电性进行了研究。

重庆大学高端装备机械传动全国重点实验室采用激光粉末床熔融技术制备了 CuCrZr 合金,建立了工艺参数与试件致密度之间的关系。结果表明,试件仅含有 α-Cu 相,并且在垂直于构建方向的表面上显示出 ⟨110⟩ 方向的晶体择优取向(见图 13-10)。

第 13 章　金属增材制造：铝合金、铜合金和镁合金

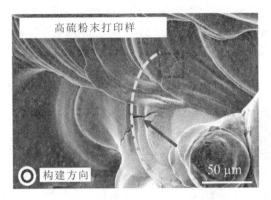

图 13-9　高硫粉末打印样的裂纹

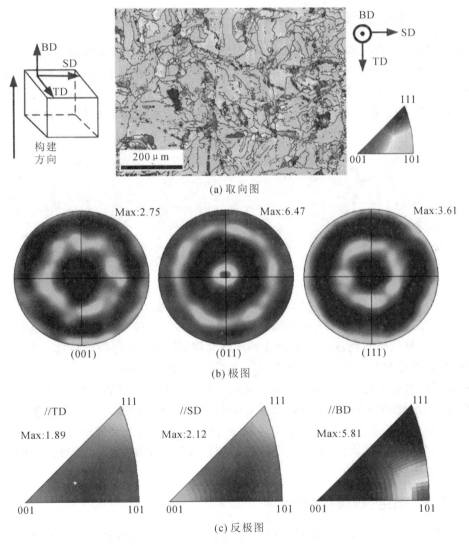

(a) 取向图

(b) 极图

(c) 反极图

图 13-10　激光粉末床熔融试件的显微结构分析

注：BD—构建方向；SD—扫描方向；TD—横向。

天津大学材料科学与工程学院采用激光粉末床熔融技术制备 CuCrZr 合金试件,研究了不同工艺参数下试件的致密度与力学性能、缺陷的形成机理、孪晶与析出相的形成机理。由于存在较大的残余应力、较低的层错能和固有的热处理,孪晶得以形成(见图 13-11)。

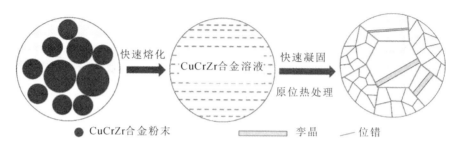

图 13-11　激光粉末床熔融过程中孪晶和位错的形成示意图

13.2.2　电子束增材制造铜合金

电子束增材制造技术能够规避铜合金由热导率高、对激光辐射吸收性差所带来的挑战。在粉末熔化之前,预热粉末床,然后利用电子束在粉末床上快速扫描以减小残余应力。德国新材料与工艺技术中央研究所采用电子束选区熔化技术对纯度为 99.95% 的铜进行增材制造。研究发现,在低电子束能量条件下,铜粉末未能完全熔化,导致隧道、裂纹和孔隙等缺陷的产生(见图 13-12)。

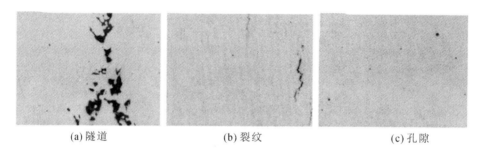

(a) 隧道　　　　　　　　(b) 裂纹　　　　　　　　(c) 孔隙

图 13-12　电子束增材制造铜合金的缺陷

德国埃尔朗根-纽伦堡大学采用混合粉末(75 wt.%Cu 和 25 wt.%Cr),以电子束为热源进行铜合金块体的增材制造。在铜合金粉末熔化时,铬粉末还保持固体状态,由于快速熔化和冷却,极细的铬颗粒分布在铜合金的微观组织中(见图 13-13)。

除制造高致密度的试件外,电子束增材制造技术用于均匀网状结构铜合金的制备也是研究热点之一,这种结构在热控制或热交换等应用中具有很大的潜力。电子束作为高能量密度热源,备受研究者关注。但在电子束增材制造过程中,由于铜合金的一些特性,气孔形成和微观结构不均匀的风险增大。而且,电子束增材制造设备的普及率相较于激光增材制造设备较低,导致相关研究相对较少。

13.2.3　黏结剂喷射铜合金

山特维克作为粉末材料领域的领先企业,采用黏结剂喷射技术打印其自主开发的 C18150 粉末,烧结后获得了致密度为 98%~99% 的铜合金零件,满足了汽车制造商的使用需求(见图 13-14)。

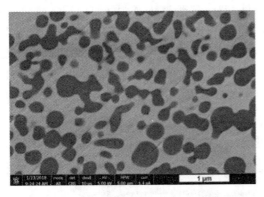  

图 13-13　铜合金微观组织中液滴状铬颗粒　　　图 13-14　黏结剂喷射 C18150 铜合金零件

弗吉尼亚理工大学机械工程系采用黏结剂喷射技术使用 Cu/CuO 混合粉末制备了具有多尺度孔隙率的金属泡沫结构。研究结果表明,通过合适的热处理可以制造出最终孔隙率高达 59% 的铜泡沫结构,同时实现最低 5% 的体积收缩率。此外,该系还利用热等静压技术处理烧结后的铜零件,将密度提高到了理论密度的 99.7%。

13.2.4　电弧增材制造铜合金

相较于铜合金激光增材制造,铜合金电弧增材制造不存在合金的反射率问题,且具有加工成型容易、效率高的优势。

加拿大新不伦瑞克大学海洋增材制造卓越中心研究了电弧增材制造 Cu-9Al-4Fe-4Ni-1Mn 合金微观组织的演变规律及其与力学性能的关系。结果表明,电弧增材制造的冷却过程中,析出相主要为以 Fe_3Al 为主的 $κ_{II}$ 相和以 NiAl 为主的 $κ_{III}$ 相,相较于铸造件,金属间化合物的含量明显降低。电弧增材制造试件的抗拉强度与铸造件相当,屈服强度和延伸率比铸造件分别增加 88 MPa 和 10%。图 13-15 所示为电弧增材制造 NiAl 青铜的宏、微观结构图。

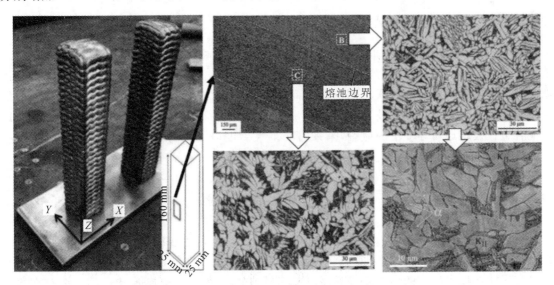

图 13-15　电弧增材制造 NiAl 青铜的宏、微观结构图

西安交通大学电气工程学院开发了一种基于电弧电压传感的 CuCrZr 合金沉积过程监控系统。该系统以提升高度和送丝速度为操纵变量,电弧电压为控制变量。通过单通道多层薄

壁的沉积测试验证了该系统的有效性。与传统方法相比,能量输入减少了 28.7%,材料的有效成型利用率提高了 50%。图 13-16 所示为无控制、提升高度控制及提升高度和送丝速度控制的电弧增材制造 CuCrZr 合金的宏观图。稳定的电弧电压和优异的成型质量表明,双重控制能够精确控制电弧电压,并能有效提高 CuCrZr 合金在电弧增材制造过程中沉积高度的稳定性,有助于提高材料利用率、降低生产成本和减少能源消耗。

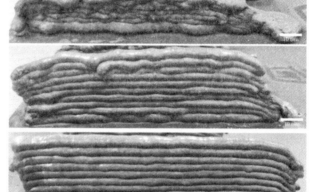

图 13-16 不同控制条件下电弧增材制造 CuCrZr 合金的宏观图

大连理工大学机械工程学院对比研究了激光-电弧混合增材制造和电弧增材制造 CuCrZr 合金的微观结构和力学性能。结果表明,在两种增材制造合金中都观察到了沿构建方向生长的柱状晶体。激光-电弧混合增材制造合金的晶粒更细,微观织构显著弱化。同时,激光-电弧混合增材制造合金中 Cr 的析出更为均匀。激光-电弧混合增材制造过程中的沉淀相和细小晶粒显著提高了铜合金的力学性能。

13.2.5 铜合金增材制造的发展趋势

目前,铜合金增材制造技术所使用的铜合金材料种类相对较少。研究工作主要集中于工艺试验、参数优化、致密度和力学性能评价等方面,而对试件的制造工艺与微观组织之间、微观组织与力学性能之间的关联机制的研究尚不够系统和深入。增材制造铜合金成型件的后续加工也是铜合金增材制造技术研究的一部分,这方面的研究工作才刚刚开始。此外,考虑到铜合金在极端服役环境下的应用,未来需要加大力度研究增材制造铜合金的抗疲劳性、抗蠕变性、高温下的抗拉强度等。

13.3 镁 合 金

镁合金因其高热导率、良好的韧性、优异的减震性能、高比强度以及良好的生物相容性,在汽车、航空航天和生物医疗等多个领域得到了广泛应用。目前,超过 95% 的镁合金产品是通过高压铸造技术生产的。然而,该技术在制造具有特定性能和复杂形状产品方面存在局限性,例如多孔结构和大型部件。此外,由于镁合金的密排六方晶体结构,采用冷轧、热轧和锻造等传统工艺进行加工也面临一定的挑战。增材制造技术为制造复杂的镁合金部件提供了可能,有效克服了上述挑战。这些技术,如激光增材制造技术、电弧增材制造技术和搅拌摩擦增材制造技术,各自具有不同的工艺机制和原材料。尽管如此,在加工过程中,镁材料易于氧化或蒸发的问题依然存在。此外,增材制造过程中镁的高反应性也带来了潜在的安全风险。因此,研究和开发适用于镁合金的增材制造技术,以及优化加工参数和采取安全措施成为确保生产效率和安全的关键。

13.3.1 激光增材制造镁合金

北京科技大学冶金与生态工程学院系统研究了激光粉末床熔融 AZ61 镁合金试样的成形性、致密化、微观结构和力学性能。结果表明,工艺参数对宏观表面形貌有很大影响。试样的相对密度可达 99.4%,表面粗糙度可低至 7.49 μm。微观结构显示,平均晶粒尺寸为 1.61~2.46 μm(见图 13-17)。激光粉末床熔融 AZ61 镁合金的抗拉强度和屈服强度分别比铸造态 AZ61 镁合金高 93% 和 136%。该研究证实了 Mg-Al 系镁合金的可打印性。

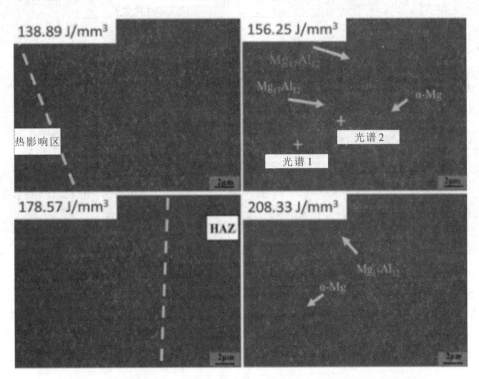

图 13-17 不同能量密度下制造的 AZ61 镁合金试样的扫描电子显微镜图

德国亚琛工业大学铸造研究所采用激光粉末床熔融技术制造了致密的 WE43 合金立方体,并对比粉末挤压 WE43 样品进行了微观结构和力学性能的比较研究。结果表明,激光粉末床熔融样品和粉末挤压样品均显示出极其精细、均匀的微观结构,晶粒尺寸约为 1 μm,并具有非常精细的二次相(见图 13-18);激光粉末床熔融样品的抗拉强度(308 MPa)和伸长率(12%)与粉末挤压样品的抗拉强度(306 MPa)和伸长率(20%)接近。

江西理工大学增材制造研究所使用激光粉末床熔融技术制备了 MgZnYZr(ZW61)合金。结果表明,稀土元素 Y 的加入有助于准晶 I 相(Mg_3Zn_6Y)的形成,该相有助于提高奥罗万强化效应。此外,通过透射电子显微镜观察发现,稀土元素 Y 的加入降低了层错的能量,从而激活了变形过程中的多个非基底滑移系统。因此,所制备的 ZW61 合金表现出了强韧性,抗拉强度达到 240 MPa,伸长率达到 9.1%(见图 13-19)。

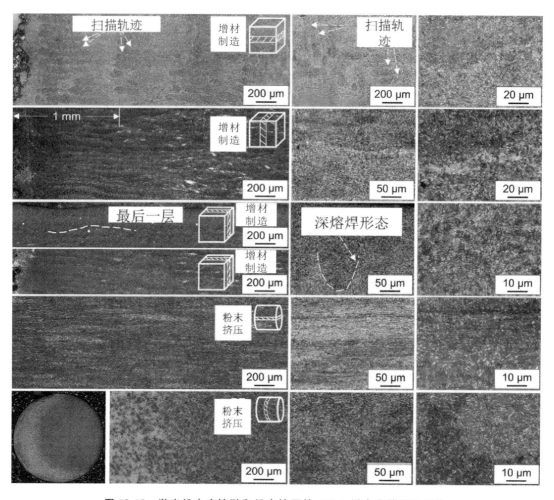

图 13-18　激光粉末床熔融和粉末挤压的 WE43 镁合金的微观结构

目前,镁合金的激光增材制造研究主要集中于探究试验参数(如粉末特征、激光功率密度、扫描速度、脉冲频率等)对试样成型的影响规律。因此,识别和关注这些重要参数是很重要的。其中,激光功率密度和扫描速度是决定激光增材制造镁合金成型质量的重要因素,通过优化工艺参数可以有效减少球化、元素烧损、气孔等缺陷。

13.3.2　电弧增材制造镁合金

上海航天精密机械研究所开展了 AZ31 镁合金电弧增材制造的沉积行为、成型特性研究,以及单道多层增材制造构件表面质量控制试验。结果表明,镁合金电弧增材制造的工艺参数优选范围较大,电流为 120~160 A、沉积速度为 10~12 mm/s 时,沉积层宽度均匀一致,宽高比和接触角也较大。增材制造镁合金单道多层试样的力学性能无明显各向异性,抗拉强度为 243 MPa,屈服强度为 109 MPa,断后伸长率在 23% 左右,显微硬度平均值为 57 HV。在上述基础上,通过优化电流和沉积速度,成功制备出表面光滑、起弧和灭弧高度一致的 AZ31 镁合金薄壁构件(见图 13-20)。

石家庄铁道大学材料科学与工程学院通过改变冷金属过渡焊燃弧电流、燃弧时间,以及增加脉冲波形,设计了 3 种不同的电流波形,研究不同的冷金属过渡焊热源输出方式对 AZ31 镁合金沉积层宏观形貌与微观组织的影响。结果表明,在高燃弧电流、短燃弧时间的条件下,

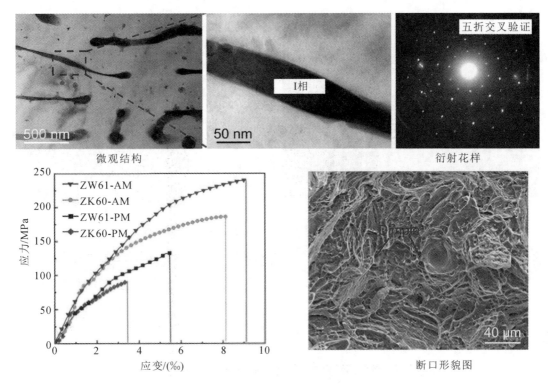

图 13-19 激光粉末床熔融 ZW61 合金的微观结构和力学性能

注：AM—增材制造；PM—冶金制造。

图 13-20 电弧增材制造 AZ31 镁合金薄壁构件

可以获得润湿性良好、稀释率低、晶粒较细的沉积层。采用这些参数制备的 AZ31 镁合金薄壁构件成型质量良好（见图 13-21），薄壁构件的微观组织表现出明显的层状特征，拉伸性能呈现各向异性。

西南交通大学材料科学与工程学院分析了基于交流钨极氩弧焊制备的 AZ80M 镁合金构件的显微组织。结果表明，增材制造 AZ80M 镁合金试样的显微组织从底部到顶部呈现出从柱状晶到等轴晶的转变（见图 13-22）。该研究证实了镁合金沉积材料在增材制造过程中经历的反复加热和冷却循环将导致沿其高度产生不同的晶粒结构。

南京理工大学受控电弧智能增材技术工业和信息化部重点实验室基于钨极氩弧焊增材制造技术进行了 AZ91 镁合金增材制造试验，成功制备了单道多层薄壁构件，并对其微观结构和力学性能进行了分析。结果表明，增材制造镁合金构件的底部、中部和顶部区域的显微组织基本上是等轴状细晶组织，晶内和晶界处有第二相 $\beta\text{-}Mg_{17}Al_{12}$ 析出。而且，不同区域的晶粒尺寸存在一定的差异（见图 13-23）。

目前，利用增材制造技术始终无法获得完全致密的零件。在镁合金电弧增材制造技术

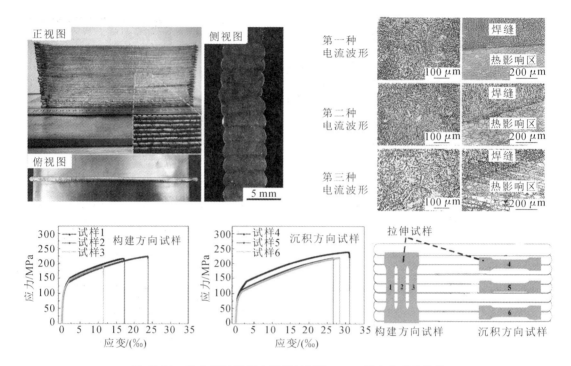

图 13-21 冷金属过渡焊电弧增材制造 AZ31 镁合金薄壁构件

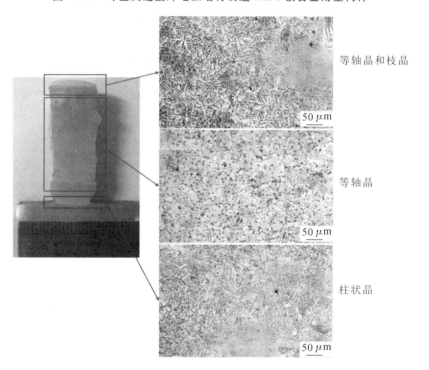

图 13-22 钨极氩弧焊电弧增材制造 AZ80M 镁合金的微观结构

中,氢气在镁合金中的溶解度随温度的降低而减小,由于镁的低密度和电弧增材制造过程的快速冷却,气体在凝固过程中无法快速向上移动并从熔池中逸出而形成气孔。通过对焊丝的妥善保存、对焊前母材的清理以及调整焊接参数,可以控制熔池中气体的逸出和溶入。例如,适当提高焊接电流和焊接速度,使熔池中气体的逸出条件优于溶入条件,可减少气孔的产生。

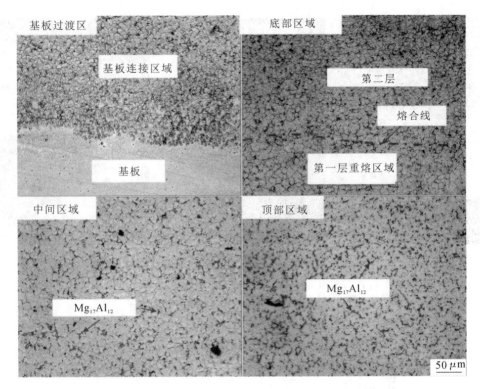

图 13-23　钨极氩弧焊增材制造 AZ91 镁合金不同区域的微观结构

13.3.3　固态搅拌摩擦增材制造镁合金

南京工业大学材料科学与工程学院对搅拌摩擦增材制造 Mg-10Li-3Al-3Zn 合金进行了全面的研究，以评估其微观组织演变和力学性能。结果表明，在熔核区，β 相早期先转变为 Li_2MgAl 相和 Li_2MgZn 相，其中 Li_2MgZn 相在变形后期软化而转变为 LiMgZn 相（见图 13-24）。搅拌摩擦工艺改善了微观结构的均匀性，并降低了 $[\bar{1}100]$ 的织构强度。与母材相比，熔核区的显微硬度提高了 33%，试样沿横向和加工方向的抗拉强度分别为 206 MPa 和 224 MPa。该研究表明，搅拌摩擦增材制造技术通过优化相分布和细化晶粒显著提高了镁合金的力学性能，是镁合金的一种重要增材制造方法。然而，搅拌摩擦增材制造技术无法制造复杂的几何形状结构，且空间分辨率和几何精度也较低。

北京工业大学的学者研究了搅拌棒不同转速对试样力学性能的影响。转速为 1000 r/min 时，试样的抗拉强度为 147.95 MPa。随着转速的增大，试样的抗拉强度呈下降的趋势。这是由于搅拌棒转速增大，材料流动过于充分，变形过大，导致强度降低。摩擦搅拌增材制造参数对试样力学性能的影响如图 13-25 所示。

由于镁合金种类比较多，其成分相差较大，经固态搅拌摩擦增材制造后的相组成各有不同。这种微观结构变化对固态搅拌摩擦增材制造镁合金的服役性能产生了不利影响。因此，后续研究应关注于采取措施降低这种微观结构的不均匀性。

13.3.4　镁合金增材制造的发展趋势

第一，加强基础理论研究。当前，我们缺乏有效的模型来调控镁合金打印过程中的热源能量，特别是在激光增材制造领域，高能量激光作用下熔体过热产生的反冲压力和飞溅现象

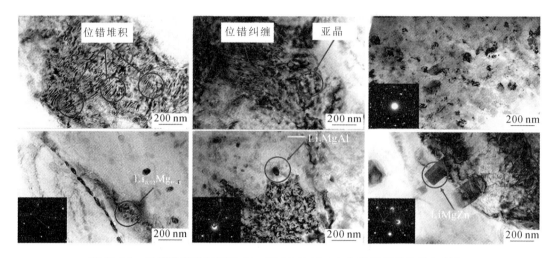

图 13-24 搅拌摩擦增材制造 Mg-10Li-3Al-3Zn 合金的微观结构及衍射图

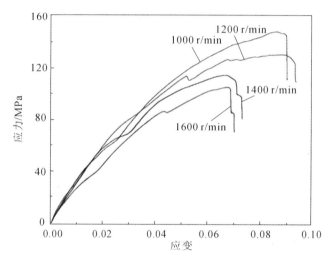

图 13-25 摩擦搅拌增材制造参数对试样力学性能的影响

难以被准确模拟。此外,对镁合金在快速冷却过程中微观组织变化的理论分析也还不够深入。在增材制造中,关于残余应力和加工缺陷的研究常常以成本较低、工艺更成熟的钢、铝合金或钛合金为对象,而对镁合金的研究相对较少,这限制了在镁合金增材制造的优化设计原理和方法上取得进一步的突破。

第二,重视性能提升。由于镁合金增材制造的经验相对有限,所得零件内部容易出现的热裂纹和气孔等缺陷目前主要依赖于后处理,例如,利用热等静压技术来进行部分修复。作为一种热敏材料,镁合金在增材制造过程中会经历复杂的物理和化学变化,以及复杂的冶金过程和形变,这些因素共同影响了镁合金的综合性能。因此,要使镁合金在增材制造中充分发挥其潜力,仍面临着一定的挑战。

第三,开发专用的原材料。目前市场上还没有专门为增材制造技术设计的镁合金原材料,比如丝材和粉材。现有的材料大多是传统的铸造用镁合金,这限制了增材制造过程中高温快速冷却优势的发挥。因此,开发适合增材制造的镁合金成分体系变得尤为关键。

第四,加强镁基复合材料和梯度功能合金研究。增材制造技术的独特之处在于,它可以通过不同的铺粉装置或送丝器来制造具有成分梯度的零件或复合材料,这种技术已经在镍合金、钛合金等材料中得到了成功的应用。开发镁基复合材料和梯度功能合金,不仅能够进一步增强镁合金的轻量化优势,还能显著扩大其应用范围。

本章课程思政

铝合金和镁合金在我国现代化建设和科技进步中扮演着重要角色,它们被广泛应用于汽车制造、航空航天等多个领域。例如,航空器的机身和机翼通常使用铝合金材料,以提供足够的强度和耐蚀性,而设备支架等部位则应用镁合金材料以减轻重量。这些材料的研发和应用是我国制造业创新和进步的强劲动力。增材制造技术能够制造更加复杂的零件结构,实现产品的轻量化,并提升产品性能。此外,该技术还能减少生产过程中的资源浪费,减少环境污染。因此,积极推动增材制造技术在铝合金和镁合金等材料上的应用与发展,对提高我国制造业的技术实力至关重要,对提升我国国防力量和综合实力具有战略意义。

思 考 题

1. 铝合金分为哪两类?
2. 可热处理铝合金和不可热处理铝合金分别有哪些?
3. 铝合金牌号首个数字分别表示什么成分的铝合金?
4. 增材制造铝合金的冶金缺陷有哪些?
5. 列举几种诱导铝合金晶粒细化的方式。
6. 增材制造铜合金的成分有哪些?
7. 铜合金增材制造的主要问题是什么?
8. 增材制造镁合金的成分有哪些?
9. 镁合金增材制造的主要问题是什么?
10. 增材制造过程中应如何解决镁元素的氧化问题?

第 14 章　金属增材制造：高熵和非晶合金

14.1　引　言

高熵合金(high entropy alloys, HEAs)和非晶合金(amorphous alloys, AAs)作为两种高性能合金，受到广泛的关注。这两种合金因其特殊的微观结构而表现出优异的性能。然而，它们的性能密切依赖于制造过程中的快速凝固，使得这两种合金的研究和应用受到限制。增材制造技术为制造具有复杂几何形状和可调微观结构的非晶合金和高熵合金提供了可能。

14.2　高熵合金

2004 年，Yeh 等人突破传统合金的设计原则，首次提出了"高熵合金"的概念。高熵合金是一种多主元合金材料，由五种或五种以上的主元以等物质的量之比或近物质的量之比的方式组成。高熵合金具有独特的高熵效应、晶格畸变效应、迟滞扩散效应和"鸡尾酒"效应，在航空航天、海洋装备等领域具有广阔的应用前景。

激光增材制造技术可直接制造出大尺寸、结构复杂的金属构件，是一种高效、低成本的制备方法。激光增材制造高熵合金已成为当前材料科学领域的一个研究热点，受到了国内外学者的极大关注。本节将从激光粉末床熔融、电子束粉末床熔融和激光定向能量沉积三个技术角度对增材制造高熵合金的成型工艺、组织特征和力学性能进行总结，并提出了当前面临的主要问题和未来可能的研究方向。

14.2.1　激光粉末床熔融高熵合金

在高熵合金激光粉末床熔融过程中，由于冷却速率($10^3 \sim 10^8$ K/s)极高、合金成分选择不当、工艺参数设置不合理等，试件内部缺陷始终难以消除。

中南大学粉末冶金国家重点实验室研究了激光功率对激光粉末床熔融 $FeCoCrNiC_{0.05}$ 高熵合金的相对密度的影响。结果表明，当扫描速度为 1200 mm/s 时，随着激光功率从 200 W 增加到 400 W，$FeCoCrNiC_{0.05}$ 高熵合金的相对密度从 92% 增加到 99%（见图 14-1(a)）。他们还研究了激光能量密度对 CoCrFeMnNi 高熵合金相对密度的影响，当激光能量密度从 37 J/mm³ 增加到 74 J/mm³ 时，相对密度从 92.9% 增加到 98.2%。不稳定的润湿动力学、位错堆积和晶格畸变导致的球化效应使得打印的高熵合金的相对密度较低，增加激光能量密度可减少这些现象，进而显著提高相对密度。新加坡制造技术研究院通过优化激光能量密度将高熵合金的相对密度提高到 99.2%（见图 14-1(b)），获得了优异的力学性能。此外，采用热等静压等后处理，减少了微孔和微裂纹（见图 14-1(c)），使得高熵合金的相对密度增加到 99.1%。

合金的显微组织直接决定着构件的力学性能，激光选区熔化涉及逐层堆积的成型过程，

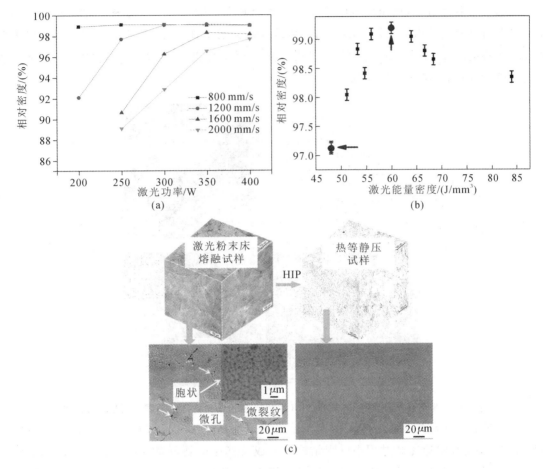

图 14-1 3D 打印高熵合金

微熔池在快速非平衡凝固过程中受到多重热循环作用。因此,激光粉末床熔融成型件内部的微观组织比用传统方法制备的高熵合金更为复杂。

乌普萨拉大学化学系比较了激光粉末床熔融和铸造的 AlCoCrFeNi 高熵合金的微观结构。尽管两种高熵合金中都形成了树枝状结构,但由于激光粉末床熔融过程的冷却速率高得多,打印的试件中含有更精细的 BCC/B2 微观结构和更小尺寸的晶粒(见图 14-2)。

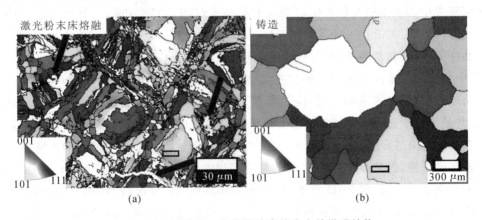

图 14-2 不同制造工艺获得的高熵合金的微观结构

悉尼大学航空航天、机械与机电工程学院系统研究了激光粉末床熔融 CrMnFeCoNi 高熵合金中沿构建方向的微观结构。随着循环热载荷次数的增加,晶粒显著地从纳米晶粒转变为微米尺寸的粗晶粒(见图 14-3)。而且,从合金的中部向底部观察,孪晶结构的倾向和孪晶密度显著提升,而细胞结构的倾向降低。

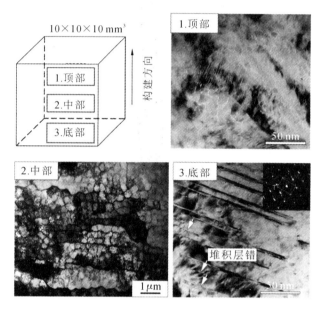

图 14-3　激光粉末床熔融 CrMnFeCoNi 高熵合金的构建方向上不同位置的微观结构

帝国理工学院材料系通过激光粉末床熔融技术制备了 CoCrFeMnNi 高熵合金的单层和多层结构,以研究快速冷却过程中微观结构的形成及其在重复金属沉积中的演变。在单层结构中,观察到了非常精细的细胞状晶粒呈径向排列,晶粒从预先存在的晶粒外延生长,细胞轴垂直于熔合线(见图 14-4(a)、(b))。然而,在多层结构中,观察到了显著不同的微观结构,其中柱状晶粒沿不同方向生长,而不是像在单层结构中那样外延生长。外延生长和竞争性晶粒生长的共同作用使得晶粒尺寸增大和晶粒数量减小(见图 14-4(c)、(d))。

高冷却速率和多主元合金的特性使得激光粉末床熔融高熵合金具有复杂的微观结构。对打印的高熵合金内部的微观结构进行调控有助于降低其裂纹敏感性。华中科技大学武汉光电国家研究中心采用激光粉末床熔融技术制备了双相 $AlCrCuFeNi_x$ 高熵合金。他们以单相 BCC 结构的 $AlCrCuFeNi_x$ 高熵合金为基础,通过改变 Ni 元素的含量来实现对高熵合金微观结构和性能的控制,最终获得了成形性高且无裂纹的 $AlCrCuFeNi_x$ 高熵合金(见图 14-5)。随后,华中科技大学武汉光电国家研究中心进一步的研究揭示了双相 $AlCrCuFeNi_{3.0}$ 高熵合金裂纹消除的机理,结果表明,当扫描速度为 400 mm/s 时 $AlCrCuFeNi_{3.0}$ 高熵合金进入共晶生长区,共晶反应中连续交替成核生长导致了 FCC 和 B2 双相纳米结构的形成。随着温度的降低,B2 相发生固态分解,形成了富 Cr 的 A2 相纳米沉淀。共晶反应产生的连续过冷区促进了近等轴晶的形成,近共晶双相纳米结构与近等轴晶的协同作用有效抑制了 $AlCrCuFeNi_{3.0}$ 高熵合金的开裂。此外,软 FCC 和硬 B2 双相近共晶结构在变形过程中产生的塑性不相容导致了背应力强化,进一步提升了材料的力学性能。测试结果显示,$AlCrCuFeNi_{3.0}$ 高熵合金的屈服强度为 775 MPa,抗拉强度为 957 MPa,延伸率为 14.3%。

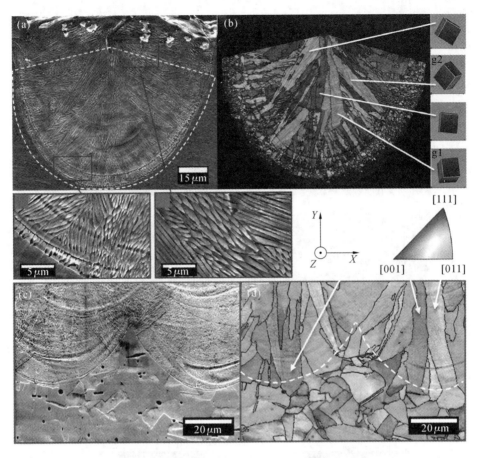

图 14-4 激光粉末床熔融 CoCrFeMnNi 高熵合金的微观结构

14.2.2 电子束粉末床熔融高熵合金

目前,电子束粉末床熔融设备市场化程度偏低,有关电子束粉末床熔融高熵合金的研究较少。

新加坡制造技术研究院使用气雾化粉末消除了电子束粉末床熔融 CoCrFeMnNi 高熵合金中的孔隙,并研究了工艺参数和粉末特征对其表面质量和相对密度的影响。结果表明,粉末中残留的气体以及未熔合孔隙导致了高熵合金的高孔隙率,后者对孔隙率的贡献更大($>$80%)。通过优化工艺参数,如线间距、扫描速度等,显著降低了孔隙率。优化后的工艺使得制造出的高熵合金(见图 14-6)的顶部具有均匀表面,相对密度达到 99.4%,并且力学性能得到改善。

以色列理工学院研发基金有限公司采用电弧熔炼和电子束粉末床熔融技术制备了 $Al_{0.5}Cr_{1.0}Mo_{1.0}Nb_{1.0}Ta_{0.5}$ 高熵合金。铸造高熵合金和 3D 打印试样显示出相似的微观结构,但晶粒尺寸存在显著差异(见图 14-7)。用这两种方法制备的试样都主要由 BCC 固溶体组成,但只在铸造试样中发现了复杂立方(FCC 型)金属间相,而只在电子束粉末床熔融试样中发现了 C15 金属间相(见图 14-8)。

上海大学材料研究所采用电子束粉末床熔融技术制备了 $(FeCoNi)_{86}Al_7Ti_7$ 高熵合金。

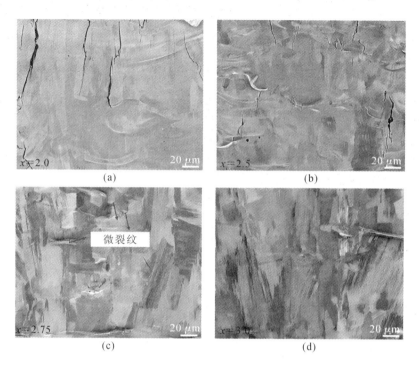

图 14-5　打印 $AlCrCuFeNi_x$ 高熵合金的背散射电子图

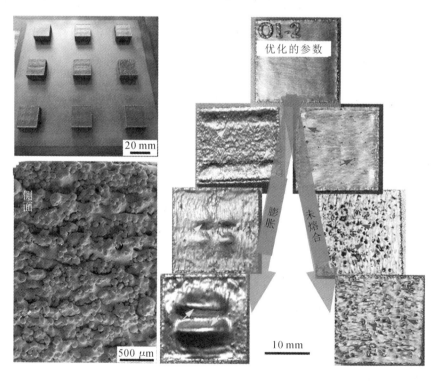

图 14-6　电子束粉末床熔融 CoCrFeMnNi 高熵合金的宏、微观图

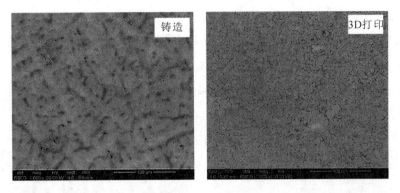

图 14-7 铸造和 3D 打印的 $Al_{0.5}Cr_{1.0}Mo_{1.0}Nb_{1.0}Ta_{0.5}$ 高熵合金的微观结构

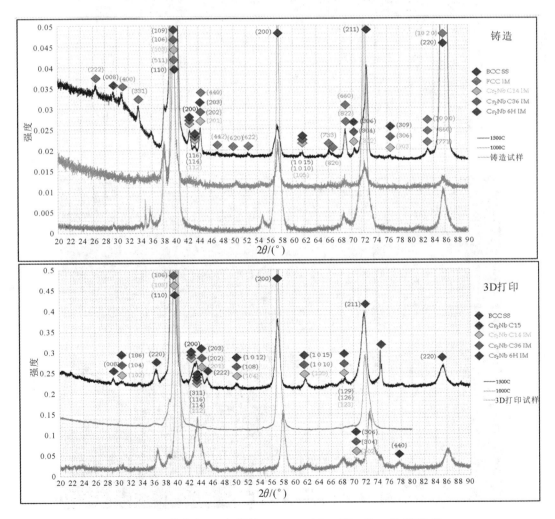

图 14-8 铸造和 3D 打印的 $Al_{0.5}Cr_{1.0}Mo_{1.0}Nb_{1.0}Ta_{0.5}$ 的 XRD 谱

这种高熵合金主要由 L12 沉淀相和 FCC 基体相组成。在微观结构上，底部呈现等轴晶粒结构，岛状的 L12 沉淀相均匀分布在等轴晶粒内部（见图 14-9）。在构建方向的界面上存在跨层生长的粗柱状晶，并且观察到明显的 ⟨100⟩//构建方向的织构（见图 14-10）。(FeCoNi)$_{86}$Al$_7$Ti$_7$ 高熵合金在室温下表现出 2048 MPa 的抗拉强度和 12% 的延伸率，但其力学性能表现出各向异性（见图 14-11）。

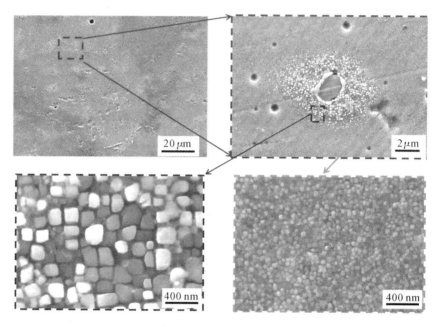

图 14-9　底部等轴晶粒及沉淀相

图 14-10　构建方向上的粗柱状晶和织构

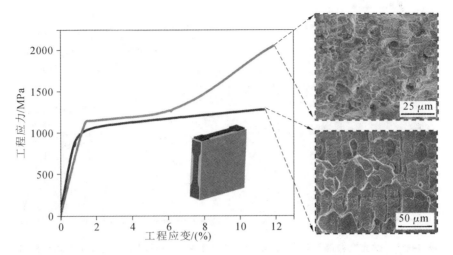

图 14-11　电子束粉末床熔融 $(FeCoNi)_{86}Al_7Ti_7$ 高熵合金在室温下的工程应变-工程应力曲线

中国科学院宁波材料技术与工程研究所采用电子束粉末床熔融技术制备了双相 AlCoCuFeNi 高熵合金。该合金由 BCC 固溶体基体和均匀分散的 FCC 结构析出物组成。经过电子束重熔处理的试样展现出更细小的晶粒和沉淀相(见图 14-12),这使得合金具有更优异的力学性能,如抗压强度达到 2572 MPa,屈服强度达到 870 MPa,应变达到 18.3%。

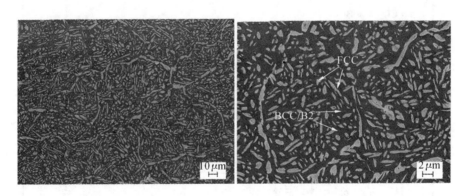

图 14-12　电子束粉末床熔融 AlCoCuFeNi 高熵合金的微观结构

14.2.3　激光定向能量沉积高熵合金

激光定向能量沉积的工艺参数对打印试样的力学性能起着至关重要的作用。例如,当扫描速度从 2.5 mm/s 增加到 40 mm/s 时,激光定向能量沉积 AlCoCrFeNi 高熵合金的晶粒粒径从 108.3 μm 降低至 30.6 μm(见图 14-13)。

激光定向能量沉积原位高熵合金时,同步送给的粉末与高能激光束协同匹配困难,且存在成型时温度场分布复杂以及高熵合金多主元成分难以均匀分布等问题。原位高熵合金固溶体的微观结构与其元素的种类和含量有密切的关系。

中南大学材料科学与工程学院通过激光定向能量沉积制备了 $Al_xCoCrFeNi(x=0.2, 0.6, 1.0)$ 高熵合金,以研究 Al 元素的含量对高熵合金微观结构和力学性能的影响。结果表明,随着 Al 含量的增加,$Al_xCoCrFeNi$ 高熵合金从单一的 FCC 相($Al_{0.2}$)转变为 FCC+BCC

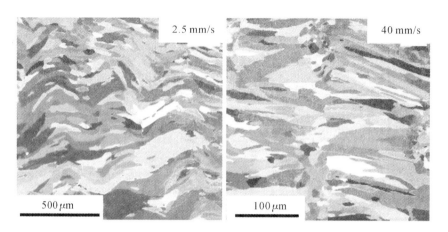

图 14-13 激光定向能量沉积 AlCoCrFeNi 高熵合金在不同扫描速度下的微观结构

双相($Al_{0.6}$),然后转变为单一的 BCC 相($Al_{1.0}$)(见图 14-14)。此外,BCC 相进一步分解为含有有序 B2 相和无序 A2 相的纳米级两相结构(见图 14-15),有利于提高试样的显微硬度、屈服强度和抗拉强度。

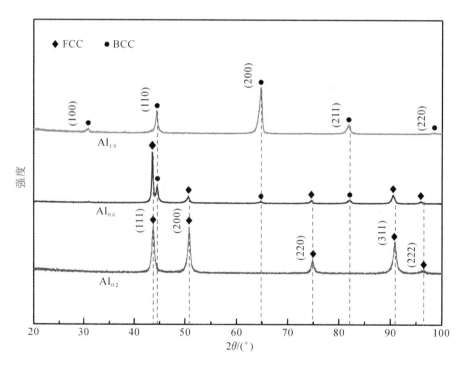

图 14-14 激光定向能量沉积 $Al_x CoCrFeNi$($x=0.2,0.6,1.0$)高熵合金的 XRD 谱

高熵合金的研究主要集中在由低熔点金属元素组成的合金上,而对高熔点、大原子序数的难熔高熵合金体系的研究相对较少。难熔高熵合金具有高熔点、高强度、耐磨损和抗腐蚀等诸多优点,且在高达 1200 ℃ 时仍具有优越的抗高温软化性,在涡轮叶片、高速切削刀具、耐火骨架及电子元器件等领域具有广阔的应用前景。

目前关于激光定向能量沉积难熔高熵合金的研究主要集中在合金元素选择与成分优化

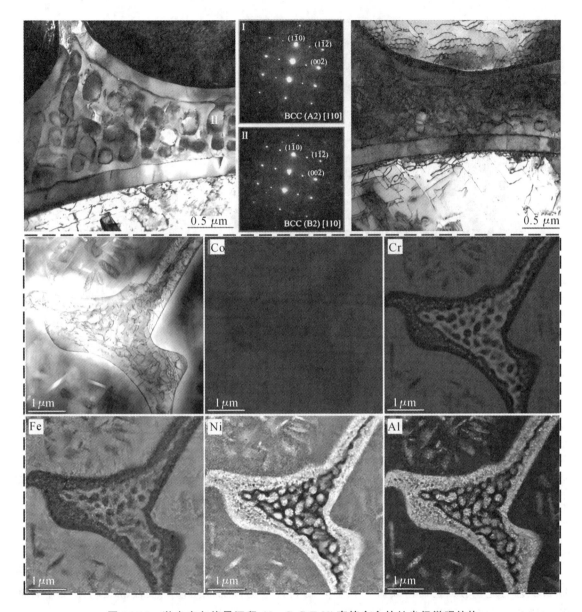

图 14-15　激光定向能量沉积 Al$_{0.6}$CoCrFeNi 高熵合金的纳米级微观结构

等方面。例如，波鸿鲁尔大学应用激光技术系采用激光定向能量沉积技术制备了原位 MoNbTaW 难熔高熵合金。微观结构分析结果显示，该合金存在微裂纹和孔隙缺陷，这是因为合金中不同元素熔点的差异会导致成分偏析（见图 14-16）。通过激光重熔工艺，可提高合金表面质量和成分均匀性。该课题组随后通过激光定向能量沉积技术制备出高 10 mm、直径为 3 mm 的 TiZrNbHfTa 难熔高熵合金圆柱体，而且该成型件具有单相 BCC 等轴晶（见图 14-17），显微硬度高达 509 HV0.2。

尽管激光定向能量沉积技术能够提供较高的激光能量，但难熔高熵合金的原料通常为机械混合粉末，其成分均匀性有限。在激光定向能量沉积制备难熔高熵合金的过程中，由于部分难熔元素颗粒可能会完全熔化，导致试样中出现孔隙和微裂纹等缺陷，进而影响合金的力

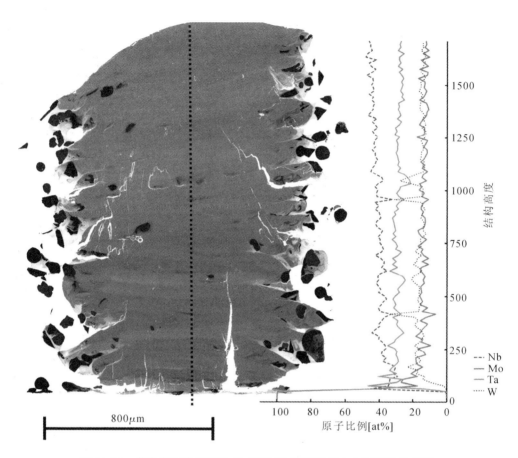

图 14-16　激光定向能量沉积 MoNbTaW 难熔高熵合金存在成分偏析

学性能。因此,为了制备高质量的难熔高熵合金,对激光定向能量沉积技术进行进一步研究是必要的,这将为提高难熔高熵合金的生产质量奠定坚实的基础。

14.2.4　增材制造高熵合金的展望

目前,国内外在高熵合金激光增材制造技术领域已经取得了一定进展,但在材料特性与制备工艺的优化方面仍需持续研究。提升高熵合金构件的成型质量及性能是科研工作者面临的挑战。未来,对激光增材制造高熵合金的研究主要集中在以下三个方面。

第一,利用激光增材制造技术开发并研究更多成分体系的高性能高熵合金,重点满足高相对密度和高强韧性等高通量制备需求。

第二,进一步完善激光增材制造技术与设备。可以采用增材制造与减材加工相结合的方法,或将热处理工艺集成到增材制造技术中,改进制备工艺以控制和优化高熵合金的组织结构,提高成型质量,减少或消除成型件中的微裂纹和孔隙等缺陷,并降低制造成本。

第三,深入研究高熵合金增材制造技术、微观结构与性能之间的关系,并建立适用于增材制造高熵合金的性能评价体系。揭示高熵合金在不同制造工艺过程中的成型机制,将有助于提高构件的性能稳定性,并为制定标准体系提供支持。

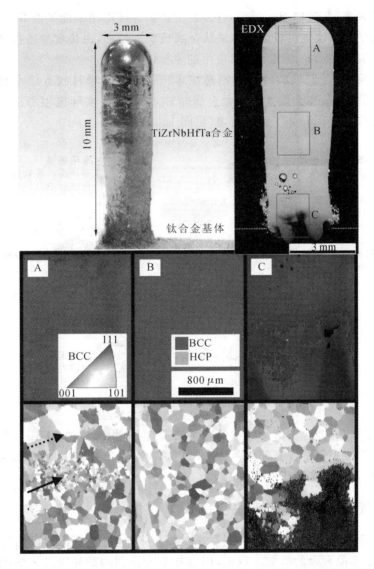

图 14-17 激光定向能量沉积 TiZrNbHfTa 高熵合金圆柱体及其微观结构

14.3 非晶合金

非晶金属,也称为金属玻璃(metallic glass,MG),是一种固体金属材料,通常是合金,具有无序的原子级结构。大多数金属在固态时呈现晶体结构,具有高度有序的原子排列,而非晶金属则呈现非晶体结构,类似于玻璃。然而,与普通玻璃不同,非晶金属通常具有良好的导电性,并展现出金属光泽。

非晶金属的独特结构意味着它们不包含位错、位错堆积或晶界等缺陷。因此,它们具有优良的力学、物理和化学性能,如高强度、良好的耐蚀性、低矫顽力和大的弹性应变极限。这些优异的性能使非晶金属在航空航天、医药和国防领域中具有很大的应用价值。

非晶金属的制备方法有多种,包括急冷、物理气相沉积、固态反应、离子辐照和机械合金化等。早期,非晶金属主要通过快速冷却方法小批量生产。由于冷却速率极高,晶体结构无法形成,材料被"锁定"在玻璃态。目前,许多合金的临界冷却速率已足够低,可以形成厚度超过 1 mm 的非晶结构。这类材料被称为块状金属玻璃。然而,由传统制备技术所制得的金属玻璃尺寸较小、结构简单,难以满足实际应用的多样化需求。

为解决这一问题,金属玻璃的增材制造技术应运而生。增材制造技术通过逐层添加材料,能够制造出结构复杂和大尺寸的非晶金属构件,从而满足实际应用需求。这一技术的出现为非晶金属的广泛应用开辟了新的道路(见图 14-18)。

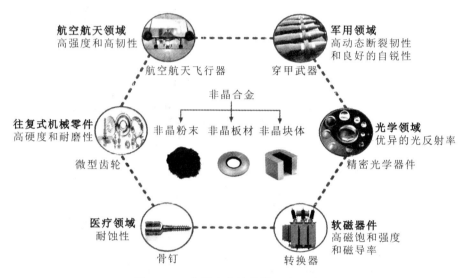

图 14-18 非晶合金的特性及实际应用

自 2009 年以来,非晶合金增材制造的相关研究逐年增多(见图 14-19),大多数研究集中于非晶合金材料和成型工艺。其他材料体系,如铜基、铝基和镍基非晶合金,由于独特和优良的性能,也得到了不同程度的研究。

14.3.1 激光粉末床熔融非晶合金

在激光粉末床熔融过程中,激光束照射在金属粉末上,在极短的时间内能量输入高且冷却速率快,促进了非晶合金的形成。目前,国内外学者正利用激光粉末床熔融技术制备非晶合金,并根据非晶基体的不同分为锆基、铁基、钛基、铝基、铜基以及钯基等多个研究方向。

Zr 基非晶合金具有良好的玻璃形成能力、韧性、生物相容性和耐蚀性,是首批实现商业化应用的非晶合金材料之一。在制备 Zr 基非晶合金时,可以通过调整能量输入、加工参数、扫描策略、冷却条件来提高非晶含量以及提升其力学性能。目前,利用 SLM 技术制备 $Zr_{55}Cu_{30}Al_{10}Ni_5$ 非晶合金时,通过层间交替 90°扫描方向的策略来降低应力,避免开裂。在熔池区域,合金展现出完全非晶结构,而在热影响区域则部分结晶。空心和点阵结构的部件相对于立方结构的部件来说,熔池更大,也就是说复杂零件的非晶含量更高。但是,熔池大小是影响热影响区的主要因素,而不是决定非晶含量的关键。非晶结构的占比能够达到 74%～90%。在制备 $Zr_{52.5}Ti_5Cu_{17.9}Ni_{14.6}Al_{10}$ 非晶合金时,能量输入会对非晶相的形成造成影响,扫描间距、扫描速度以及激光功率都与临界能量密度相关。当能量输入超过临界能量密度时,会导致熔体流动不均匀,产生过冷液体造成非均匀形核结晶长大;当能量输入低于临界能量密度时,则形成非晶合金。值得注意的是,虽然能量输入低于临界能量密度时会形成非晶合金,但是形成的部件相对多孔,因为在激光粉末床熔融过程中,不是所有的粉末都熔化,并且

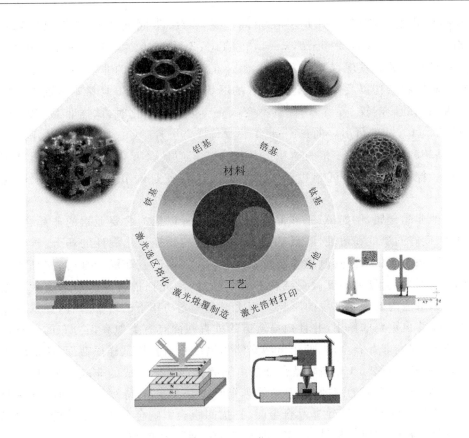

图 14-19　非晶合金的研究统计

扫描策略对孔隙有着显著的影响，孔隙通常分布在每条熔体轨迹的边缘或中心。

Fe 基非晶合金以铁为主体元素，通过加入适量的其他元素而制成。它具有高硬度、高弹性模量、高韧性、高磁导率和良好的耐蚀性等特点。由于它具有高熔点和低热膨胀系数，适用的温度范围更加广泛。在制备 Fe 基非晶合金时，常通过改变激光功率、扫描速度、扫描策略等方法提高非晶含量以及改善力学性能。在使用激光粉末床熔融技术制备 Fe 基非晶合金的过程中，所用粉末一般通过电子感应熔化气体雾化法从相应的预合金中制备而成，其粒度在几微米到五十微米范围内。有学者在制备 $Fe_{68.3}C_{6.9}Si_{2.5}B_{6.7}P_{8.7}Cr_{2.3}Mo_{2.5}Al_{2.1}$ 非晶合金时，发现在低扫描速度与高激光功率的条件下能够制得相对密度高达 99.7% 的样品；而在扫描速度较高时，传递到粉末床的能量不足，导致熔化部分形成较多的微孔结构。此外，通过分析不同参数下的样品，发现所有样品都是完全无定形结构，与母体气雾化粉末的结晶行为和固有磁性一致，但微孔的存在会导致非本征磁性降低。

在扫描策略方面，有学者在制备 $Fe_{71}Si_{10}B_{11}C_6Cr_2$ 非晶合金时，设计了一种包含初步激光熔化、短脉冲非晶化在内的两步熔化扫描策略。在初步激光熔化下，会形成大量结晶，而在短脉冲下，非晶化程度能够恢复到 89.6%。在扫描过程中，若温度过高，会导致样品过热，进而在冷却时形成结晶。随后通过脉冲分离和缩短，可实现重新非晶化。由此可见，在制备 Fe 基非晶合金的过程中，需要确定合适的激光功率与扫描速度，确保样品的相对密度达标，减少微孔和裂纹等缺陷；之后优化扫描策略，减少样品中的结晶，从而达到制备高性能非晶合金的目标。

Ti 基非晶合金具有高屈服强度、低磨损率、低杨氏模量和优异的抗疲劳性。它作为植入物具有独特的优势。有学者研究了在相同工艺参数、不同元素含量下 Ti 基非晶合金（$(Ti_{0.65}Zr_{0.35})_{100-x-y}Cu_xAl_y$, $x=5,10$, $y=1,3$；$(Ti_{0.65}Zr_{0.35-y}Nb_y)_{100-x}Cu_x$, $x=5,10$, $y=0.05$, 0.1）的试样情况。研究发现，$(Ti_{0.65}Zr_{0.35})_{100-x-y}Cu_xAl_y$ 非晶合金的非晶相由位于熔池中心区的细长球体和网状结构以及位于熔池边缘区的网状结构组成。Cu 含量不变而 Al 含量改变，对样品微观结构的影响较小；当 Al 含量不变，Cu 含量发生变化时，试样非晶相的含量提高，抑制了 $(Ti,Zr)_2Cu$ 相的析出。而在制备 $(Ti_{0.65}Zr_{0.35-y}Nb_y)_{100-x}Cu_x$ 非晶合金时，随着 Cu 原子的增加，非晶相和 $(Ti,Zr)_2Cu$ 相的体积分数增大。相应地，Nb 含量的变化对显微组织特征的影响较小。控制熔池中心区和边缘区的显微组织特征是调节非晶合金力学性能的有效方法。

对于其他非晶金属，例如 Al 基非晶合金，它是一种以铝为主要元素的非晶合金，具有高强度和硬度、良好的塑性和耐蚀性、低密度等特点，在需要轻量化设计的场合，具有广阔的应用前景。在使用激光粉末床熔融技术制备 $Al_{86}Ni_6Y_{4.5}Co_2La_{1.5}$ 非晶合金时，扫描轨迹的不同区域的热历史不同，会导致梯度微观结构和力学性能，激光扫描轨迹的形态受激光光斑的能量密度分布和熔池内的传热过程的影响。相比于高激光功率下的传热过程，能量密度分布在这个过程中起着更重要的作用，并且扫描轨道的垂直截面具有类似高斯分布的形态。而在制备 $Al_{85}Ni_5Y_6Co_2Fe_2$ 非晶合金时，使用低激光能量密度重新扫描试样横截面，能够阻止宏观裂纹的传播，抑制试样开裂。Cu 基非晶合金是由铜和其他元素组成的非晶合金，具有高强度和硬度、优异的导电性、良好的耐蚀性，但它的热变形能力较差，有待改善。目前 Cu 基非晶合金尚未被广泛应用。在制备 CuZr 非晶合金时，扫描间距会影响合金的力学性能以及微观结构，在垂直与平行于构建方向上测量出 930 MPa 与 670 MPa 的断裂强度。

Pd 基非晶合金具有高硬度、良好的耐蚀性、低磁滞和高感应、高温稳定性，目前在许多领域具有广泛的应用。在制备 $Pd_{43}Cu_{27}Ni_{10}P_{20}$ 非晶合金时，通过低压液相烧结法，采用每层 90° 取向变化的单向平行线进行扫描，在相邻轨迹之间保持 50% 的重叠，可得到致密、无裂纹、高度非晶化的 Pd 基非晶合金。

总之，在使用激光粉末床熔融技术制备非晶合金时，需要考虑激光功率和扫描速度、扫描策略、能量密度和温度场分布等因素，在制备 Zr 基、Te 基、Ti 基、Al 基、Cu 基以及 Pd 基非晶合金的过程中，需要考虑材料的不同性质，例如 Cu 基非晶合金熔点低，能在高温下保持非晶态，但是热变形能力较差，很难得到广泛的应用。只有在考虑多方面工艺参数的情况下，才能制备出非晶含量高、力学性能优良的零件。

表 14-1 列出了一些使用激光粉末床熔融技术制备的非晶金属，包括 Zr 基、Fe 基、Al 基、Ti 基和 Cu 基非晶合金。

表 14-1 激光粉末床熔融非晶金属的工艺参数

成分构成	激光功率/W	扫描速度/(mm/s)	单道间距/mm	光斑尺寸(斑尺)/μm
锆基合金				
$Zr_{55}Cu_{30}Al_{10}Ni_5$	240	1200	0.1	80
$Zr_{60.14}Cu_{22.31}Fe_{4.85}Al_{9.7}Ag_3$	200	1600	0.1	80
	120	250~2000	0.1~0.2	—
$Zr_{52.5}Ti_5Cu_{17.9}Ni_{14.6}Al_{10}$	200	500~2000	0.1~0.15	35

续表

成分构成	激光功率/W	扫描速度/(mm/s)	单道间距/mm	光斑尺寸(斑尺)/μm
铁基合金				
$Fe_{71}Si_{10}B_{11}C_6Cr_2$	20～120	—	0.1	40
$Fe_{73.7}Si_{11}B_{11}C_2Cr_{2.28}$	90	—	80.08	10
$Fe_{92.4}Si_{3.1}B_{4.5}$	90	100～1500	0.04	34
$Fe_{55}Cr_{25}Mo_{16}B_2C_2$	100～120	230～400	0.05	50
$Fe_{73}Si_{11}Cr_2B_{11}C_3$	80～370	800～6000	0.05～0.15	100
FeCrMoWMnSiBC	60～420	1200～3400	0.095	30
$Fe_{79}Zr_6Si_{14}Cu$	100～180	700～1000	0.1	80
铝基合金				
$Al_{85}Ni_5Y_6Co_2Fe_2$	80～200	625	0.15	—
钛基合金				
$(Ti_{0.65}Zr_{0.35})_{100-x-y}Cu_xAl_y$	200	500	0.04	80
$(Ti_{0.65}Zr_{0.35-y}Nb_y)_{100-x}Cu_x$	200	500	0.04	80
铜基合金				
$Cu_{46}Zr_{47}Al_6Co$	200	—	0.06～0.085	75

14.3.2 激光定向能量沉积非晶合金

在使用激光定向能量沉积技术制备非晶合金时,能够根据需求改变不同位置处粉末的混合比例、热量转换的时间,可以使一次成型的非晶合金产品的不同位置展现出不一样的性能,激光定向能量沉积技术具有非常大的工作范围和较高的制造效率,因此,它适合应用于制造时间较短和成本较低的大型零件。但激光定向能量沉积技术的制造精度和表面质量均低于激光粉末床熔融技术。此外,需要对激光定向能量沉积零件进行后处理,以确保元素均匀分布和获得所需的尺寸精度。表14-2列出了激光定向能量沉积非晶合金的工艺参数。

表14-2 激光定向能量沉积非晶合金的工艺参数

成分构成	激光功率/W	扫描速度/(mm/s)	层厚度/mm	单道间距/mm	光斑尺寸(斑尺)/μm
锆基合金					
$Zr_{39.6}Ti_{33.9}Nb_{7.6}Cu_{6.4}Be_{12.5}$	600	16.67	0.5	—	3000
$Zr_{66}Cu_{13}Ni_6Al_{15}$	200～350	10	0.20～0.46	0.51～0.89	—
$Zr_{50}Ti_5Cu_{27}Ni_{10}Al_8$	450	16.67	0.8	—	—
$Zr_{50}Ti_5Cu_{27}Ni_{10}Al_8$	800	10	—	—	3000
$Zr_{59.3}Cu_{28.8}Al_{10.4}Nb_{1.5}$	150	16.67	—	0.3	—
铁基合金					

续表

成分构成	激光功率/W	扫描速度/(mm/s)	层厚度/mm	单道间距/mm	光斑尺寸(斑尺)/μm
$((Fe_{0.6}Co_{0.4})_{0.75}B_{0.2}Si_{0.05})_{96}Nb_4$	60~80	200~1000	0.03	0.08	—
FeCrMoBC	450~850	11.9~33.9	—	0.635	100
铜基合金					
$Cu_{66.5}Zr_{33.5}$	40~120	20	0.36~0.17	—	350

利用激光定向能量沉积技术制备 $Zr_{50}Ti_5Cu_{27}Ni_{10}Al_8$ 非晶合金，向材料中添加 Nb，可以增大材料的热扩散率，从而在一定程度上通过限制非晶合金基体的结构松弛，增强非晶合金的塑性。激光定向能量沉积过程中，向材料中添加 Nb 还可抑制剪切带的扩展，延缓向裂纹转化的趋势。此外，当 Nb 部分溶解于非晶合金基体中时，试样之间的载荷转移更加有效，Nb 的剪切带阻滞能力将达到最大。通过改变激光功率、能量密度和扫描速度等参数来改变样品中的非晶体积分数，能够获得强度呈现梯度变化的非晶基复合材料。在激光功率不变的情况下，非晶相占比随着扫描速度提高而降低，而在扫描速度不变的条件下，非晶相占比随着激光功率提高而提高。

利用激光定向能量沉积技术制备的 FeCrMoBC 非晶合金展现出了高硬度和良好的耐磨性。此外，激光定向能量沉积的冷却速率范围宽广，能够使材料形成具有柔软原位枝晶的非晶基体到完全结晶的微结构。冷却速率在使用激光定向能量沉积技术制备 Fe 基非晶合金的过程中起到重要作用。在制备 $((Fe_{0.6}Co_{0.4})_{0.75}B_{0.2}Si_{0.05})_{96}Nb_4$ 非晶合金时，在较低的能量密度下，温度会处于玻璃化转变温度和熔化温度之间，当局部温度超过玻璃化转变温度时，热影响区会发生结构松弛，若积累过多则可能导致结晶。在制备 $Cu_{66.5}Zr_{33.5}$ 非晶合金后，在适当条件下对 Cu 基非晶丝进行激光沉积处理，其仍能保持着非晶状态。特别是，当激光功率为 66 W 时，经过沉积处理的 Cu 基非晶合金层获得完全的非晶相。

14.3.3 增材制造非晶合金的展望

结合增材制造技术快速、灵活和个性化的特点，未来非晶合金的发展趋势可以预见如下。

（1）材料多样化与性能提升。目前，非晶合金的增材制造在材料混合使用方面尚待完善。未来，随着增材制造技术的进一步发展，通过相结构设计和引入多元合金元素等手段，可实现非晶合金功能化的拓展，并针对性地提升其力学性能。

（2）技术融合与工艺优化。随着增材制造技术与数字化技术的深度融合，非晶合金的制备工艺将得到进一步优化。目前，非晶合金制备过程中遇到的性能梯度分布不均、裂纹和孔隙等问题将在后续工艺研究中得到持续改进。目标是制造出尺寸更大、形状更复杂的非晶合金部件，推动非晶合金增材制造朝着高精度、高效率和高质量的方向发展。

本章课程思政

"太行"发动机中所用的高熵合金打破了传统金属材料的设计和制备的常规思路，具有独特的性能。这种合金在工业生产、航空航天、医药等领域具有重要的研究价值和应用意义。

对高熵合金进行研究和应用，不仅能推动我国的科技进步，促进产业发展，还能增强国际竞争力。增材制造技术作为一种先进制造技术，能够制造出具有复杂几何形状和可调微观结构的高熵合金。因此，提升高熵合金的增材制造工艺水平，对我国现代化建设、实现中华民族伟大复兴具有重要意义。

思 考 题

1. 高熵合金的定义是什么？
2. 非晶合金的定义是什么？
3. 高熵合金和非晶合金相较于传统合金有何优势？
4. 利用增材制造技术制备高熵合金的优势有哪些？
5. 简述利用激光粉末床熔融技术制备高熵合金的原理。
6. 利用增材制造技术制备高熵合金存在哪些瓶颈？
7. 利用增材制造技术制备非晶合金的优势有哪些？
8. 简述利用激光粉末床熔融技术制备非晶合金的原理。
9. 利用增材制造技术制备非晶合金存在哪些瓶颈？
10. 简述增材制造非晶合金的发展趋势。

第 15 章 非金属增材制造：柔性传感器/致动器

15.1 引　　言

随着薄膜材料和设备技术的持续进步，柔性电子领域获得了显著的发展动力。经过数十年的研发和改良，现代薄膜材料展现出诸多优势：成本效益高、可大面积应用、兼容性强、可扩展性优异，以及能够实现复杂的异质结构整合。二极管和晶体管作为两种最常见的有源薄膜器件，应用范围极为广泛，涵盖了数字与模拟电路、传感、能量采集等多个重要领域。

尽管二极管和晶体管在柔性平台上的应用已经取得了不小的成就，但其性能提升和广泛应用仍面临着多重挑战。这些挑战包括必须借助外部设备进行制造、高度依赖特定几何结构的优化以及新材料的集成问题，大大增加了进一步优化的经济成本。虽然这类有源薄膜器件在学术研究中颇受欢迎，但在实现全面的系统集成方面进展缓慢，这表明在设计和生产方法上需要发生根本性的变革。

增材制造技术因其能够制造传统方法难以实现的高精度三维异形结构的独特优势，正逐渐成为工业界和科研机构关注的焦点。这一技术被视为开发未来柔性电子系统的关键，特别是在需要灵活显示、触控以及其他人机交互功能的应用场景中。因此，将增材制造技术应用于基于非金属和电学原理的柔性电子产品的研发，为实现"下一代柔性系统"的全面系统集成提供了新的可能性和方向。

15.2 柔性电子传感器的增材制造

柔性传感器在柔性电子设备领域扮演着极其重要的角色。得益于其简单的工作原理、便利的制造过程以及成熟的信号监测技术，基于电学原理的柔性电子传感器受到了广泛的研究和关注。根据信号采集机制的不同，电学型柔性传感器主要分为四大类：电阻式、电容式、压电式和摩擦电式。这些传感器能够检测多种物理和环境参数，包括压力、拉力、弯曲度、柔顺性、温度、湿度和气体浓度等，使其可应用于多种不同的场合。

鉴于此，本节将深入探讨柔性电子传感器的基本工作原理，并特别聚焦于那些采用增材制造技术的传感器。我们将详细介绍这类传感器的材料选择、制造工艺流程以及多样化的应用场景，旨在展现增材制造技术如何推动柔性电子传感器领域的创新和发展。

15.2.1　柔性电子传感器的原理

1. 电阻式柔性电子传感器

电阻式传感器将施加的压力转化为电阻的变化。这种转化主要受式(15-1)的控制：

$$R = \rho L / A \tag{15-1}$$

式中：R 是接触电阻；ρ 是材料的电阻率；L 是电阻丝的长度；A 是接触区域的面积。

电阻式传感器通常在受到压力作用时显示出电阻值降低。这类传感器因结构简单、读出机制简便、探测范围宽广和耐用性高等优点而受到青睐。然而,它们也存在一些局限性,包括对恒定功率的需求、较低的灵敏度、缓慢的响应和恢复速度以及温度稳定性差等问题,这些因素共同限制了电阻式传感器的进一步发展和应用。

电阻应变式传感器虽然具备较宽的检测范围,但面临着非线性响应和磁滞现象的挑战。为了提升传感器的灵敏度和感应范围等性能参数,常见的方法包括改进电阻式传感器的中间层表面或其内部微结构。这些改进策略被广泛用于优化传感器性能,以满足更广泛的应用需求。

2. 电容式柔性电子传感器

电容式传感器,如平行板电容传感器,具有介电特性,并能根据两个电极之间的距离变化来检测电容的变化,这与施加的压力有关。这种变化主要受式(15-2)的控制:

$$C = \frac{\varepsilon_0 \varepsilon_R A}{d} \tag{15-2}$$

式中:C 是电容;ε_0 是空气的介电常数;ε_R 是相对介电常数;A 是两个电极之间重叠区域的面积;d 是两个电极之间的距离。

电容式传感器因其设计简洁和制造技术直接而被广泛采用。这类传感器具有高灵敏度、快速响应、低功耗以及对温度变化不敏感等优点,并且能模拟类似人类皮肤的感应行为。然而,在电容式柔性电子传感器的应用中,其固有的黏弹性会导致对外部电磁噪声源和非结构化橡胶电介质的敏感性,从而产生滞后效应。这一问题可以通过向介电层中加入气隙来解决。

3. 压电式柔性电子传感器

压电式传感器是基于压电效应的自发电式和机电转换式传感器,其敏感元件由压电材料制成。当这种材料受到外力作用时,其表面会产生电荷。这些电荷经过电荷放大器和测量电路的放大与阻抗变换后,便转化为与所受外力成正比的电量输出。压电式传感器主要用于测量力以及那些能转换为电信号的非电物理量。这类传感器具有频带宽、灵敏度高、信噪比高、结构简单、工作可靠和重量轻等优点。然而,某些压电材料可能需要采取防潮措施,且其直流响应较差,需要使用高输入阻抗电路或电荷放大器来弥补这一不足。

以压电材料为基础的传感器能够将机械输入直接转换为电输出,从而减少了对外部电源的依赖。为了全面理解压电传感器的性能,通常将胡克定律与电性能方程结合起来进行分析。

胡克定律的表达式为

$$S = sT \tag{15-3}$$

式中:S 是应变;s 是柔度;T 是外加应力。

电性能方程为

$$D = \varepsilon E \tag{15-4}$$

式中:D 是电荷密度位移;ε 是介电常数;E 是电场强度。

胡克定律的表达式和电性能方程可以分别线性近似为

$$S = s^E T + dE \tag{15-5}$$

$$D = dT + \varepsilon^T E \tag{15-6}$$

这证实了应变变化会直接影响压电输出,显示出压电式传感器具有长寿命、可扩展性以及无须外部电源供电等诸多优势。

压电式传感器的突出优点在于它们通常无须外部电源即可维持运作,但其性能可能随时间受到温度波动和响应漂移的影响,因此更适用于动态测量场景。通过对活性层进行微工程处理,可以有效提升压电式传感器的整体性能。

4. 摩擦电式柔性电子传感器

摩擦电式传感器的工作原理基于接触起电效应:当两种不同材料相接触时,它们之间的表面会产生相反的静电荷。这两种材料因机械力作用而分离,由接触起电产生的正、负电荷也随之分开。这种电荷分离在材料的上、下电极之间产生感应电势差。如果两个电极之间接入负载或处于短路状态,这个感应电势差将推动电子通过外部电路在电极间流动,从而构成摩擦纳米发电机(TENG)。该设备的主要作用是收集微小规模的机械能。基于此原理制造的柔性电子传感器具备自供能特性,减少了对外部电源的依赖。

具体来说,TENG 具有四种基本工作模式,即垂直接触-分离模式、水平滑动模式、单电极模式和独立层模式,如图 15-1 所示。

(a) 垂直接触-分离模式

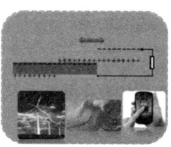
(b) 水平滑动模式

(c) 单电极模式

(d) 独立层模式

图 15-1　摩擦纳米发电机的四种基本工作模式

图 15-1(a)展示了垂直接触-分离模式,两种不同材料的介电薄膜面对面堆叠,各自的背表面都镀有金属电极。当这两种介电薄膜相互接触时,两个接触表面会产生符号相反的静电荷。外力作用使得这两个表面分开时,它们中间会形成一小段空气间隙,同时在两个电极之间产生感应电势差。如果这两个电极通过负载连接,电子将通过负载从一个电极流向另一个电极,形成反向电势差以平衡静电场。当两种介电薄膜重新接触,消除了中间的空气间隙时,由摩擦电荷产生的电势差随之消失,电子便会回流。

如图 15-1(b)所示,水平滑动模式的初始结构与垂直接触-分离模式相同。当两种介电薄膜接触时,它们之间会发生平行于表面方向的相对滑移。这种滑移可以使两个表面产生摩擦电荷,从而在水平方向上形成极化。这种极化驱动电子在上、下两个电极之间流动,以平衡由摩擦电荷产生的静电场。

图 15-1(c)展示了单电极模式,其中只有底部设有接地电极。由于 TENG 的尺寸有限,

当上部的带电物体接近或离开下部物体时,局部的电场分布都会改变。为了平衡电极上的电势变化,下电极和大地之间会发生电子交换。

在图 15-1(d)所示的独立层模式中,两个互不相连的对称电极分别镀在介电层的背面。这些电极的大小及其间距与移动物体的尺寸相匹配。当带电物体在两个电极之间做往复运动时,两个电极之间会产生变化的电势差,从而驱动电子通过外电路负载在两个电极之间流动,以达到电势差的平衡。电子在电极对之间的往复运动能够产生功率输出。

15.2.2 基于增材制造的柔性电子传感器材料

一般来说,3D 打印柔性电子传感器所用的功能材料可分为介电油墨、金属纳米颗粒、导电聚合物、金属有机分解(MOD)油墨、碳纳米材料和半导体油墨(见图 15-2)。

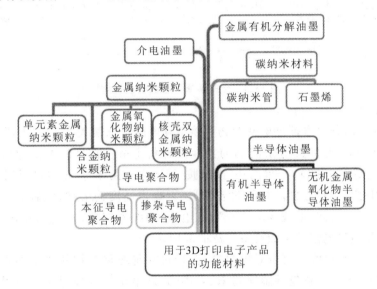

图 15-2 3D 打印柔性电子传感器所用的功能材料

1. 介电油墨

介电油墨本质上是一种电绝缘材料,通常以无机纳米复合材料悬浮液或有机聚合物的形式出现。常用的有机聚合物包括聚甲基丙烯酸甲酯(PMMA)、聚酰亚胺(PI)、聚苯乙烯(PS)、聚偏二氟乙烯(PVDF)、聚乙烯吡咯烷酮(PVP)和聚乙烯醇(PVA)。

介电油墨在 3D 打印电子产品中扮演着多重重要角色,包括电路保护、多层电路之间的绝缘,以及电容器和晶体管的制造。介电油墨的物理和化学性质在很大程度上决定了晶体管和电容器的电性能。例如,介电油墨的介电常数直接影响 3D 打印电容器的电容值。与基于有机聚合物的介电油墨相比,基于无机纳米复合材料悬浮液的介电油墨通常具有更高的介电常数、更好的器件稳定性和更低的滞后性。此外,增加颗粒负载或使用具有更高介电常数的填充颗粒,可以进一步提升无机纳米复合材料悬浮液介电油墨的介电常数。

2. 金属纳米颗粒

金属纳米颗粒可在液态介质中形成悬浮液(见图 15-3(a))。由于其出色的导电性能,这种材料在 3D 打印电子技术中被广泛用于制造导电轨迹和图案。金属纳米颗粒之间的范德瓦耳斯力可能导致颗粒聚集,从而引起不均匀分散和喷嘴堵塞等问题。为了解决这些问题,每个金属纳米颗粒需被有机添加剂和稳定剂所包覆(见图 15-3(b)),以在颗粒间产生空间排斥力,防止团聚的发生。然而,这些包覆的有机添加剂和稳定剂也可能阻碍金属纳米颗粒之间的接触,影响电子流动。因此,需要通过烧结工艺将有机添加剂和稳定剂去除,使金属纳米颗粒裸露并形成连续的导电路径(见图15-3(c))。金属纳米颗粒的材料组成、粒径和形状在很大程度上决定了最终印刷图案的电学、力学和材料特性。

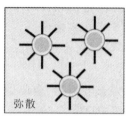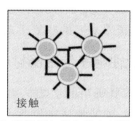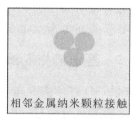

(a) 悬浮在液体介质中的金属纳米颗粒　　(b) 有机添加剂和稳定剂阻止金属纳米颗粒彼此接触　　(c) 相邻的金属纳米颗粒开始接触

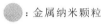:金属纳米颗粒　:有机添加剂和稳定剂　:液态介质

图 15-3　金属纳米颗粒的封装过程

3. 导电聚合物

导电聚合物可以分为本征导电聚合物和掺杂导电聚合物两大类。本征导电聚合物,也称为结构导电聚合物,具有促进电子流动的共轭聚合物主链。常见的本征导电聚合物包括聚(3,4-乙烯二氧噻吩)(PEDOT)、聚乙炔、聚苯胺、聚吡咯和聚噻吩等。这些材料不仅具有出色的机械稳定性和对柔性聚合物基材的附着力,还表现出高度的柔韧性、轻盈性、耐蚀性,并拥有独特的光学性能。因此,本征导电聚合物在电池、超级电容器、发光二极管(LED)、透明电极、太阳能电池和燃料电池等领域有着广泛的应用。

掺杂导电聚合物,也称为复合导电聚合物,通过在绝缘聚合物基质中加入导电填料来获得导电性。常用的导电填料包括金属粉末、石墨烯、碳纳米管或炭黑等。为了在电绝缘聚合物中实现导电性,需要添加足够浓度的导电填料以达到所谓的渗透阈值。当导电填料的颗粒在整个基质中形成连续的接触网络时,便达到了这一渗透阈值。聚合物基体的介电特性以及导电填料的颗粒分散度、粒度分布和颗粒形态都会影响渗透阈值。

4. 金属有机分解油墨

金属有机分解(MOD)油墨是通过将高浓度的金属-有机络合物或金属盐溶解在有机溶剂或水溶液中制成的。常见的 MOD 油墨包括金、银、铜、铝和铂等金属。在 3D 打印柔性电子传感器中,银 MOD 油墨是最常用的,这是因为银具有高氧化还原电位、优异的导电性以及良好的氧化稳定性。起初,MOD 油墨是非导电的,必须通过热烧结工艺将金属-有机络合物分解成导电的金属元素,以获得导电性。

5. 碳纳米材料

碳纳米材料,包括石墨烯、碳纳米管、炭黑以及过渡金属碳化物/碳氮化物(MXenes)等,已广泛应用于打印的柔性电子产品中。这些材料在储能、复合材料、可穿戴设备、生物医疗等领域展现出巨大的应用潜力。

石墨烯是一种由 sp^2 杂化的碳原子组成的新型碳纳米材料,这些碳原子以六边形蜂窝状晶体结构周期性堆叠。作为世界上最薄的二维材料,石墨烯的厚度仅为 0.35 nm。其独特结构赋予了它卓越的光学、电学、热学性能以及灵活的力学性能。

碳纳米管（CNT）是由卷曲的石墨烯层构成的中空、封闭的一维纳米碳材料。CNT 的外径通常在几纳米到几十纳米之间，内径更小，长度则可达微米级别，具有极高的长径比。根据表面碳原子层的数量，CNT 可分为单壁碳纳米管（SWCNT）和多壁碳纳米管（MWCNT）。SWCNT 的表面结构缺陷较少，性能更优，但由于较大的比表面积，它们通过范德瓦耳斯力结合更为紧密，难以在溶液中分散；而 MWCNT 的表面缺陷有利于功能化改性，改性后的 CNT 在分散性和界面结合性方面有显著提高。

炭黑是柔性电子产品制备中常用的一种碳材料，它是一种轻质、松散、颗粒细小的无定形碳，粒子最细可达 10 nm，具有良好的导电性。炭黑是通过含碳物质（如煤、天然气等）不完全燃烧或热分解得到的。为了实现炭黑在水中的分散，可以采用以下方法：①添加分散剂；②亲水性单体表面接枝聚合；③使用含亲水官能团的有机化合物处理；④表面直接氧化。此外，当炭黑与其他碳材料结合使用时，细小的炭黑颗粒能够分散在其他材料缝隙间，减小导电颗粒之间的间隙，从而提高导电性。

MXenes 是一类新兴的二维材料。凭借金属般的导电性、高密度和亲水性，MXenes 成为制造电子产品的重要材料。通常，导电结构是由层状的 2D 纳米片重新堆叠而成的。

6. 半导体油墨

半导体油墨主要分为两种：有机半导体油墨和无机金属氧化物半导体油墨。有机半导体油墨可进一步分为小分子半导体油墨和聚合物半导体油墨两种。这类油墨主要用于制造有机太阳能电池、有机场效应晶体管和有机薄膜晶体管。相比之下，无机金属氧化物半导体油墨在环境稳定性、电稳定性和电子传输性能方面表现更优。在使用无机金属氧化物半导体油墨时，油墨沉积后通常需要进行热处理，以使化学前驱体在高温加工条件下转化为金属-氧化物-金属（M—O—M）键。因此，无机金属氧化物半导体油墨不适用于在温度敏感的基材上制造有源电气器件。

15.2.3 增材制造柔性电子传感器的应用

1. 机电传感器

受皮肤启发的基于电子设备的触觉传感器展现出了极大的应用潜力。机电传感器主要分为三大类：压阻式传感器、压电式传感器和电容式传感器。这些传感器都基于各自独特的材料特性，并遵循不同的机制来响应外部应变。

2. 光子传感器

电子设备的光敏性对于实现远程控制、生物健康监测和汽车系统关键技术等至关重要。各种材料、器件结构和光敏器件形态，如纳米薄膜、纳米线、纳米粒子、量子点、聚合物以及有机/无机混合结构，已被广泛应用于光电二极管和光电晶体管中。

近年来，为了提高光敏性，已经开发出了多种混合型传感器，如量子点/石墨烯、有机-无机钙钛矿和有机染料/无机薄膜等传感器。这些传感器具有透明、轻质和可弯曲的特点，在未来人类友好型应用中展现出巨大的潜力。

1）光电探测器

二维材料，如石墨烯和过渡金属二硫化物，具有卓越的光电特性，可以单层或多层的形式存在。基于这些材料的光电探测器能够在从紫外线到太赫兹频率的广泛波长范围内进行超快和超灵敏的光电探测。然而，这些器件的制造通常需要复杂的电子束光刻工艺。有学者报道了二氧化钛（TiO_2）与石墨烯复合材料的混合物，以提高光电导率。但是，本征石墨烯零带隙能带结构,使得石墨烯的光吸收能力较弱,并且还存在增益较小以及载流子复合速率过快等不足,从而限制了纯石墨烯在光电探测器方面的应用。

石墨烯光电探测器的核心工作机制是其光电转换原理,即将入射光信号转换成易于检测的电信号。光电转换的物理机制包括光伏效应、光热电效应、光致栅压效应和辐射热效应。因此,优化石墨烯基光电探测器的器件结构、提高光吸收能力,以及改善器件的探测率成为重要的研究方向。为了解决上述问题,科研人员提出了许多改进方案,包括改变纯石墨烯器件的结构,以及将石墨烯与金属氧化物、二维层状半导体材料、有机半导体材料或钙钛矿量子点材料等复合制成复合异质结,以此提升光电探测器的光响应性能。

为了增大器件的有效光探测面积并提升其光响应性能,有学者提出了一种非对称的叉指电极结构。非对称叉指电极结构光电探测器示意图如图 15-4 所示。该器件采用功函数不同的金属材料(Pd 和 Ti)作为源极和漏极。这种做法有效地打破了源极和漏极间对称的电势梯度分布,从而产生了内建电场。这个内建电场能够有效促进光生电子-空穴对的分离,使得器件即使在不施加偏置电压的情况下也能产生较大的光电流。

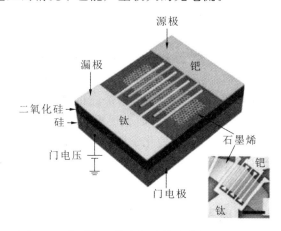

图 15-4　非对称叉指电极结构光电探测器示意图

2) 光电子学的医疗应用

传统的医疗监测系统,如脉搏血氧仪和心电图机,已被广泛用于评估人体的生命体征。特别是,人体的脉搏率和血氧浓度通常通过具有两个峰值发射波长的发光二极管(LED)和一个光电二极管的设备来测量。夹式设备可以评估血红蛋白的光吸收特性和脉动血流的变化。然而,这些设备在手指上占据了很大的空间,并且需要通过电线连接到监测设备,这可能导致患者感到不适并限制其活动范围。

为了解决这些问题,基于有机发光二极管(OLED)和有机光电二极管(OPD)的柔性反射式器件被开发出来。这些器件具有贴合皮肤表面、佩戴舒适、低功耗和适用于身体各部位等优点,有效减小周围环境和器件相对皮肤的位移对光电容积脉搏波(PPG)信号的影响,从而实现全天候稳定的医学信号检测。如图 15-5 所示,有两种反射式脉搏探测器设计:一种是由环形 OLED 包围圆形 OPD,另一种是由环形 OPD 包围圆形 OLED。这些探测器用于

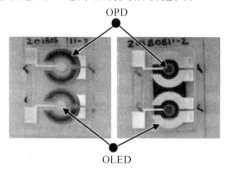

图 15-5　两种反射式脉搏探测器设计

监测手指、手腕、前臂和前额等部位的脉搏信号。其中,基于圆形 OLED 的器件最低消耗功率仅为 0.1 mW。

3) 化学和生物应用

目前,绝大多数柔性电子传感器在采集物理信号(如压缩/拉伸、惯性力、生物电、温度、光学等)方面已经得到了广泛的研究,并且应用相对成熟。然而,对于检测生物化学信号(如分子水平的气体和生物代谢物等)的柔性电子传感器,研究仍面临诸多挑战,尚未实现大规模应用。

2014 年,水凝胶因其独特的优势首次被用于构建柔性电子传感器。如图 15-6 所示,研究者利用聚吡咯水凝胶制备了电阻式压力传感器,该传感器能够以超高的灵敏度检测低压力(<1 Pa),为水凝胶在柔性电子皮肤领域的应用开辟了新途径。此后,基于导电水凝胶的柔性电子皮肤传感器得到了快速发展。2016 年,康奈尔大学利用离子导电水凝胶电极和掺杂 ZnS 荧光粉的硅树脂弹性体设计了超弹性发光电容器,并将其集成到软机器人皮肤上,实现了发光和触摸感应的双重功能。这一成果展示了电子皮肤在智能机器人领域的巨大发展潜力。

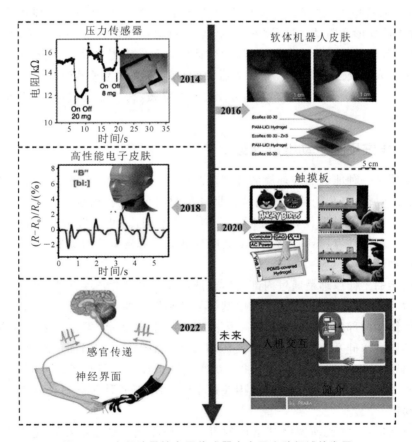

图 15-6 水凝胶柔性电子传感器在电子皮肤领域的发展

导电纳米填充物的应用极大地提高了导电水凝胶的性能。2018 年,基于 MXenes 填充的水凝胶被开发用于应变传感器,这种水凝胶展现出极高的伸展性(>3400%)、瞬时自愈性和黏附性,具有卓越的传感性能。2020 年,多聚物-黏土纳米复合离子导电水凝胶被开发出来,它可作为一种自愈合的人机互动触摸板。该研究将水凝胶在人机交互界面的应用设想变为现实。2022年,可引起直接的神经调控和肌肉兴奋的离子导电水凝胶被提出,其电荷密度比摩擦电和压电装置高4~6个数量级,使得在低电压下实现神经接口的大量离子电荷交换成为可能,为感知界面的开发提供了新途径。

目前,一个主要研究趋势是开发灵活和可拉伸的3D打印电子产品,这些产品在软机器人和可穿戴医疗监测等多个领域展现出巨大的应用潜力。为了生产柔性电子产品,多种3D电子打印技术可以将功能材料直接沉积到柔性基板上。预计,3D打印柔性电子产品的开发将取得重大进展,并最终以更低的成本实现高效电子设备的大规模生产。对于医疗保健和能源等众多行业来说,3D打印柔性电子产品在提供更大的设计自由度和减少形状限制方面比传统刚性电子产品具有更大的优势。

15.3 柔性电子致动器的增材制造

近年来,随着智能可穿戴领域的迅猛发展,刚性机器人因其结构刚性、笨重、环境适应性差和安全性低等,被认为不适合更加精细的应用场景。柔性致动器是一种新型的机电一体化智能器件,可以通过电场、磁场、光、温度等外界激励,使其在形状、长度、厚度等方面发生变化,从而实现柔性变形和驱动。这种特性使得柔性致动器能够轻松适应环境变化,完成复杂的任务,如充当智能手术或药物输送工具,为肢体康复和辅助提供动力,实现主动变形服装的智能设计以及软人机交互。柔性电子致动器的增材制造技术为柔性致动器的设计与制造提供了一种新方法,并且为柔性电子产品在医疗、智能穿戴、智能家居、机器人等领域的应用提供了更多的可能。

15.3.1 柔性电子致动器的原理

柔性致动器是一种能够响应环境的外部刺激(如压力、电、湿度、光、热、化学等)并产生可逆的形状、尺寸或属性变化的装置。随着柔性功能材料的发展,出现了多种适用于人类或非人类软机器人的柔性致动器设计。根据所受刺激的不同,这些装置大致可以分为流体致动器、电致动器、湿度致动器、热响应致动器、光响应致动器和磁响应致动器等。

1. 流体致动器

流体致动器的工作原理是通过内部气体或液体体积的变化产生压力,从而使致动器发生变形并产生力。常见的做法是利用聚二甲基硅氧烷和聚氨酯等弹性体材料,通过模具制造出具有特定腔体结构的部件,这些部件被应用于人工肌肉、外骨骼、柔性机器人等领域。例如,哈佛大学的学者利用硅基弹性体设计了气压驱动器(见图15-7),当加压时,腔室的顶部优先扩展并拉伸内壁,从而使整个致动器弯曲。新的气网设计方法减小了气网充气所需的量,提高了气网的驱动速度。这种驱动器可使用超过100万次,而性能不会显著降低。

2. 电致动器

在柔性致动器中,电致动器因其出色的可控性和高能量转换效率而受到广泛关注。然而,无机材料的驱动需要高电压(达到1 kV)或高刺激温度。因此,电活性聚合物似乎是制造电致动器的理想材料,因为它们轻巧、极其灵活,并且能在断裂前承受很大应力。

电活性聚合物的变形可以通过两种方式由电刺激引起:一种是电子类型的,另一种是离子类型的。电子型电活性聚合物之所以能动,是因为电场的作用力推动了电子。而离子型电活性聚合物的动作,则是离子在电场中移动或扩散造成的。

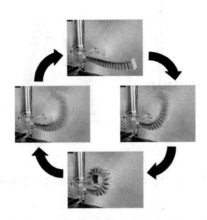

图 15-7 气动外骨骼的急速响应

电子型电活性聚合物能在电刺激下产生显著的形变,响应快速,能输出相当高的机械能,以及在电刺激下保持一定的形变。常见的这种材料有各种橡胶、有机硅、丙烯酸弹性体、聚氨酯、聚丁二烯和聚异戊二烯等,它们各有特点。对于介电弹性体来说,它们的变形是因为电场产生的静电引力,这种力使得弹性体薄膜在电场作用下发生形变,从而产生驱动力(见图 15-8)。

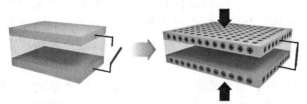

(a) 带相反电荷的软电极之间的库仑相互作用产生麦克斯韦应力

(b) 极化和机电应变响应之间的直接耦合产生真正的电场

图 15-8 介电弹性体的不同驱动机制

当与不同类型的电极结合时,介电弹性体可以产生大应变。例如,当施加高电场时,硅基和丙烯酸基致动器的应变可达 380%,输出应力分别高达 7.7 MPa 和 3.2 MPa。这种大应变使这些设备能够产生高达 3.4 MJ/m^3 的高功率密度。有机硅和聚氨酯基弹性体具有柔软和快速响应的优点,并且可以浇注成任何形状。然而,它们的机械应变相对较低。由于有机硅的介电常数较低,因此与丙烯酸和聚氨酯相比,需要增加刺激电压来实现相同的性能。

虽然电子-电活性聚合物通常表现出高机械输出和驱动力,但其主要缺点是需要高刺激电压,这使得它不适合可穿戴应用。相比之下,离子-电活性聚合物尽管需要具有可移动离子的电解质,但能够在低电压(1~10 V)下激发,其在可穿戴应用中的潜在用途已得到了深入研究。离子-电活性聚合物包括离子聚合物-金属复合材料(IPMC)、软凝胶和导电聚合物(CP)。

经典的 IPMC 致动器包括两个薄的柔性电极(通常为 Pt 和 Au),它们之间夹有一层能够传导离子的聚电解质,这使得在薄膜上施加电场成为可能。水合作用允许膜中带正电的离子自由移动,而带负电的离子与聚合物的碳主链结合,从而被固定。带正电的离子在电场作用下聚集在阴极附近,由于其高浓度,对分子的聚集施加应力梯度。这种强烈的局部应力导致的弯曲成为 IPMC 结构的致动源(见图 15-9)。

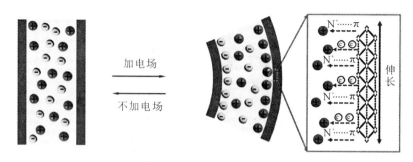

图 15-9　经典 IPMC 致动器的原理示意图

IPMC 的含水量要求它们在水下或潮湿的环境中工作。这限制了它们在空气中的软可穿戴设备应用。为了提高 IPMC 致动器在自然环境中的工作能力,研究者已经开发了无水型的 IPMC 致动器。这些装置使用空气稳定的离子液体,代替了依赖水合作用的可移动离子。众所周知,这些离子液体具有低挥发性、宽的工作电位窗口和高离子电导率,这些特性提升了装置的稳定性和快速响应能力。

3. 湿度致动器

大多数植物的运动本质上是水力运动,即水分进出植物组织的过程会引发运动。具体来说,植物细胞的吸湿膨胀特性会导致其体积随着水分含量的变化而变化。许多植物利用这一特性进行活动,例如松果的开合、野生小麦种子的自埋以及种荚和冰菜蒴果的打开。受大自然的启发,湿度致动器可以将水或湿气的驱动转换为尺寸变化,从而有效利用环境条件。水的易获取性和安全性使这种驱动方式有别于其他潜在的响应系统。湿度驱动的机制归因于水分的迁移进出。研究者已经开发了基于纤维素纳米纤维、海藻酸盐凝胶纤维、聚多巴胺、石墨烯和聚吡咯等各种材料的湿度致动器。最近,有学者制备了基于湿度梯度驱动的氧化石墨烯薄膜致动器(见图 15-10),该致动器显示出快速且可控的弯曲运动,且能够举起比自身重量重八倍的物体。

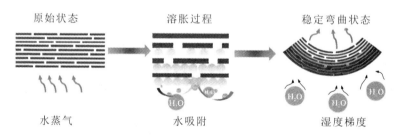

图 15-10　均匀薄膜氧化石墨烯致动器的原理图

4. 热响应致动器

当薄膜致动器受到热能作用时,它会因软材料的相变或分子异构化而收缩、伸长或弯曲。这种刺激可以通过多种方式施加,例如电热效应、热辐射和激光诱导的热效应。如图 15-11 所示,液晶材料在受热从向列相转变为各向同性相时,会发生可逆且可重复的收缩。

5. 光响应致动器

光诱导软驱动技术可以实现纳米级和微米级的远程精确控制。光致变色分子作为光响应驱动核心,能够将光信号转化为材料的物理变化,如应变。这些材料的诱导变形包括收缩、弯曲和膨胀等运动。改变光的波长或移除光源可以逆转这些变形。光响应致动器的响应取决于波长、光强和照射时间等因素。

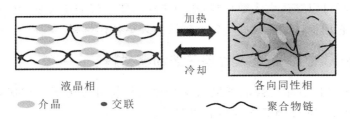

图 15-11　交联液晶材料加热时的变形机制

偶氮苯液晶是一种特殊的液晶材料,其中偶氮苯分子被引入液晶体系中。偶氮苯分子具有独特的光学性质,可以在光照下发生异构化,从反式转变为顺式,或者从顺式转变为反式。这种光致异构化过程可以诱导液晶体系的相转变,并产生定向排列。偶氮苯液晶致动器利用偶氮苯分子的光响应性质来实现对材料形状、尺寸和结构的精确控制。在光照下,偶氮苯分子的异构化会导致液晶基元的取向发生变化,从而引发材料的宏观形变。这种形变可以是弯曲、扭曲、伸缩等,具有无接触、精确控制、低能耗等优势。例如,基于手性介晶排列薄膜的致动器能够实现螺旋弹簧状运动的膨胀或收缩。该致动器可以在紫外线照射下保持稳定状态数分钟,并在切换到可见光后几秒内放松(见图 15-12)。

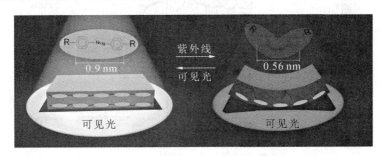

图 15-12　基于偶氮苯光异构化的液晶光响应驱动器机制

6. 磁响应致动器

含有磁性颗粒的柔软材料可以在外部磁场作用下产生一系列形状可控的弯曲行为。由于磁性颗粒可以使聚合物形成具有可变尺寸和方向的磁畴,当致动器受到外部磁场的影响时,这些磁畴将沿磁场方向对齐,导致致动器表现出变形的运动行为。例如,通过 3D 打印技术将羰基铁颗粒掺杂到聚二甲基硅氧烷中,制造出磁响应弹性体,以应用于仿生花瓣结构的机器人。当外加磁场梯度增大时,由硅橡胶基体和填充的铁磁颗粒构成的平台可发生偏转,而在无外加磁场时,平台可恢复到其原有形状(见图 15-13)。

图 15-13　磁响应仿生花瓣的打开与闭合

此外,由于磁场可以穿透大多数材料,磁响应致动器不仅响应灵敏,而且操作简便或易于自组装。理论上,它们被认为是某些特定空间域的理想替代材料。

15.3.2 基于增材制造的柔性电子致动器材料

一般来说,用于 3D 打印柔性电子致动器的功能材料可分为形状记忆聚合物、介电弹性体、液晶弹性体、水凝胶和其他高分子复合材料等。

1. 形状记忆聚合物

形状记忆聚合物有两种形态。其可以从一个临时形状 A 变回其原始的永久形状 B。形状 A 是通过施加机械力变形并固定这一变形而获得的,这个过程将决定形状的变化,并最终产生形状 B,即永久形状。首先,聚合物被塑造成其初始的永久形状 B,然后通过一个程序化的过程发生变形并固定为临时形状 A,之后在外部刺激下,聚合物会恢复到其初始的永久形状 B(见图 15-14)。这个程序化和恢复的过程可以多次重复,每个循环中可以有不同的临时形状。

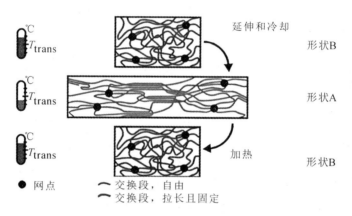

图 15-14 形状记忆聚合物的两种形态

刺激因素包括常见的热和光,如红外光照射、施加电场和交变磁场、浸入水中。与金属形状记忆合金相比,形状记忆聚合物的循环周期更短,且有更高的变形率。常见的应用之一是在器械制造中使用的热缩管(见图 15-15)。最初的管材在经过辐照工艺处理后尺寸会增大,而加热后,尺寸会再次减小。

图 15-15 尺寸变化的热缩管

2. 介电弹性体

在介电弹性体的两个相对表面上覆盖柔性电极后,当在电极上施加电压时,弹性体会出现厚度减小而面积增大的现象,如图 15-16 所示。其原理如下:当在电极上施加电压时,上下两个电极上的异性电荷相互吸引,而每个电极上的同性电荷则相互排斥。当这种力足够大时,就能观察到介电膜的明显运动。使用介电弹性体制作的致动器具有变形量大、能驱动较大的负载、可塑性良好的特点。

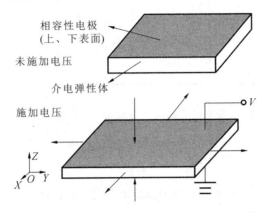

图 15-16　介电弹性体致动器的工作原理

哈佛大学的 Clarke 和 Lewis 团队开发并优化了具有高印刷适性和适宜流变特性的导电弹性体油墨,以及一种具有自修复能力和可调力学性能的增塑介电基质。该团队成员利用 3D 打印技术制造出具有特定形状的垂直电极,并用自修复介电基质进行封装,进而制造出不同类型的 3D 介电弹性体致动器。这些致动器的击穿场强达到 25 V/μm,且驱动应变高达 9%。

3. 液晶弹性体

液晶弹性体由液晶高分子适度交联而成。在外界刺激(如热、光、电、磁等)下,它的相态或分子结构会发生变化,进而改变液晶基元的排列顺序,导致材料发生宏观形变。外界刺激消失后,液晶弹性体可以恢复到原来的形状。由于其致动特性,液晶弹性体常被用于制造软体机器人或人造肌肉,是一种非常有吸引力的材料。图 15-17 所示为液晶弹性体致动器的工作原理。

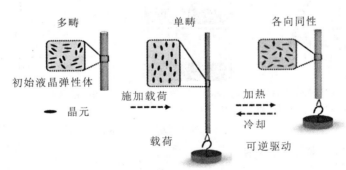

图 15-17　液晶弹性体致动器的工作机理

4. 水凝胶

水凝胶是一种极为亲水的三维网络结构凝胶,它能够在水中迅速吸水膨胀,并在膨胀状态下保持大量水分而不溶解。研究者开发了一种 3D 打印水凝胶致动器的搜索-清除程序,用于清除致动器附近的障碍(见图 15-18)。该程序使致动器从尖端沿其中心环形路径运动。初始校准后,记录各自的强度变化,致动器开始搜索附近的障碍物。在循环搜索路径上,致动器寻找测量值与最初记录的强度值之间的偏差。通过这种方式,致动器能够感知其路径内障碍物的接触事件。一旦检测到障碍物,程序停止,所有腔室的压力释放。最后,致动器以最大压力向检测到的障碍物方向驱动,推开障碍物。

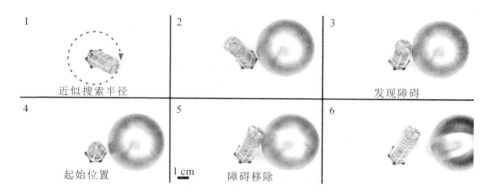

图 15-18 柔性致动器的搜索-清除程序

5. 其他高分子复合材料

除了上述材料外,还有其他高分子复合材料能用来制备致动器。例如,研究者使用聚二甲基硅氧烷/氧化石墨烯复合膜制造了光响应双层致动器。这种致动器利用近红外光照射产生的马兰戈尼效应,实现了从液体介质到空气的跳跃(见图 15-19)。具体来说,氧化石墨烯可以吸收光能并将其转化为热能,聚二甲基硅氧烷具有高弹性和大的热膨胀系数,有利于致动器的弯曲和大量气泡的产生。随着温度的升高,气泡内部的压力会超过气泡外部的压力,导致气泡破裂,从而使薄膜跳跃,这一过程对应于能量的释放。

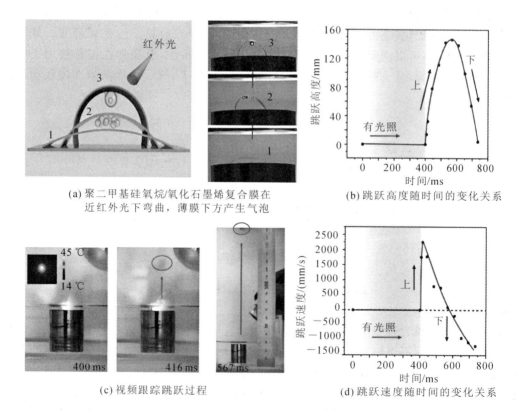

图 15-19 聚二甲基硅氧烷/氧化石墨烯复合膜从液体介质跳跃到空气中

还有研究者通过化学气相沉积技术合成了 π 堆叠碳氮聚合物薄膜。该薄膜在 365 nm 紫外线照射下展现出快速的水解吸，导致其发生极大且快速的卷曲变形。具体来说，在 36 ms 的极短时间内，薄膜能够跳跃至 10 mm 的高度（见图 15-20）。

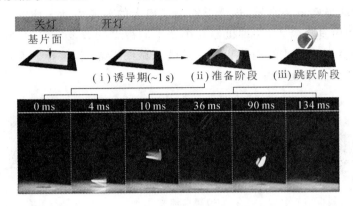

图 15-20 π 堆叠碳氮聚合物薄膜

15.3.3　增材制造柔性电子致动器的应用

1. 软体机器人

随着智能材料的发展，软体机器人的定义也在不断更新。目前，大多数所谓的软体机器人主要强调其在与环境交互过程中的可变形性和良好的顺从性。经过 20 多年的发展，各种软体机器人（如跳跃机器人、蚯蚓机器人、机械手、章鱼机器人和仿生机器鱼）都能实现特殊的功能，满足不同的实际需求。这些软体机器人具有大变形、良好的连续性、轻质、隐形、生长和自愈合等许多新的特性和功能，能与环境进行良好交互。例如，麻省理工学院的分布式机器人实验室设计了一种完全嵌入式的独立水下系统，该系统可以自主游泳并接收来自人类潜水员的高级指令。这款机器人（见图 15-21）的尺寸为 0.47 m×0.23 m×0.18 m，重 1.6 kg，具有中性浮力，能够游泳约 40 min。它通过循环波动其软尾来推动自身前进，并调整这种波动以实现转动。尾部运动是由活塞泵的循环流动引起的，通过调整流入尾部两侧的相对液体量，可以产生旋转运动。垂直游泳是通过潜水飞机和浮力控制单元实现的。机器人的尖端配备了鱼眼相机来观察周围的环境。此外，声学换能器安装在刚性背鳍的前面且向上倾斜，以接收来自由人工操作的潜水员接口模块的命令。

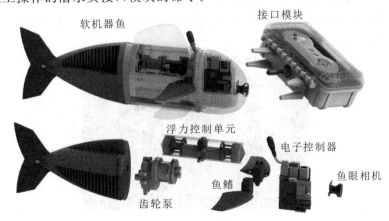

图 15-21 软机器鱼

2. 生物医学应用

由于社会人口老龄化的加剧及不健康的生活方式,各种复杂疾病不断出现。例如,脑卒中患者经过积极治疗可挽救生命,但不少人会留下偏瘫等后遗症,导致部分肢体运动能力丧失,尤其是手部功能障碍最为常见,这严重影响了患者的日常生活。研究者基于柔性致动器技术开发了手功能康复机器人,这种机器人根据不同患者的康复需求,设计了具有被动和镜像(见图 15-22)两种训练模式的控制程序。后续测试结果表明,该控制系统能够快速有效地辅助患者进行自动化的康复训练。

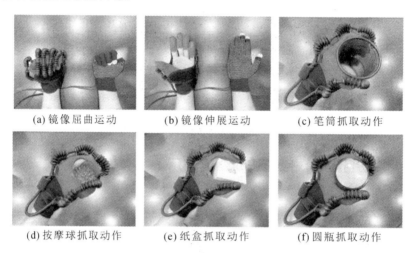

(a) 镜像屈曲运动　　(b) 镜像伸展运动　　(c) 笔筒抓取动作

(d) 按摩球抓取动作　　(e) 纸盒抓取动作　　(f) 圆瓶抓取动作

图 15-22　镜像训练模式结果

此外,微创手术因恢复速度快、大幅减少器官损伤和器官功能干扰、大幅缩短术后的恢复时间而成为一种趋势。在手术过程中,到达目标区域的路径可能会被器官或其他组织所阻碍。使用刚性或半刚性设备可能会增大受伤的风险。为了实现手术的灵活性、准确性和安全性等,许多适用于软手术机器人的柔性致动器已经被开发出来,这些设备可以在手术过程中作为手术机械手和人造器官使用。

3. 智能纺织品

把致动器与织物以不同方式结合,可以制造出可穿戴机器人。这些致动器可以产生力的作用来改变织物的形状。基于致动器的特性,这些智能服装通常用于运动辅助和湿热管理等。例如,研究者利用形状记忆纱线固有的形状变化特性,将纱线加工成弹簧形状,并连接到衣服的两端。通过控制形状记忆纱线,可以调节衣物的松紧度。这种压缩衣(见图 15-23)可用于深触压力治疗。

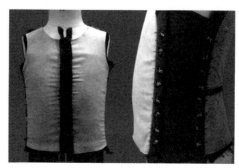

图 15-23　压缩衣

15.4 展 望

增材制造柔性电子传感器/致动器具有广泛的应用前景,但在原理、材料和应用等方面还存在着许多挑战。未来需要在这些方面进行持续的研究和创新,以推动增材制造柔性电子传感器/致动器技术的发展和应用。

15.4.1 原理方面

增材制造柔性电子传感器的原理与传统柔性电子传感器相同,但其内部结构更为复杂,需要考虑增材制造的工艺要求。因此,如何在增材制造过程中保证传感器的灵敏度、精度和可靠性是一个重要的挑战。与此类似,增材制造柔性电子致动器的原理与传统柔性电子致动器相同,但其内部结构更为复杂,需要考虑增材制造的工艺要求。因此,如何在增材制造过程中保证致动器的性能、灵活性和可靠性也是一个重要的挑战。为了达到上述技术要求,我们需要更深入、更详尽地理解各种增材制造工艺,并进一步推动它们的发展。

15.4.2 材料方面

增材制造柔性电子传感器/致动器具有良好的可伸缩性和柔韧性,需要使用特殊的柔性材料,如有机高分子、石墨烯、碳纳米管等。这些材料具有良好的柔性和导电性能,但其机械强度、稳定性和耐久性等仍有待进一步提高。因此,需要开发新型柔性材料,同时探索更高效、精准的增材制造工艺,并与传统的微纳加工技术相结合,以制造出结构更复杂的柔性电子传感器/致动器。

15.4.3 应用方面

增材制造柔性电子致动器在复杂环境如高温、低温、潮湿和振动等环境中时,面临一些挑战。在智能穿戴、生物医疗等领域,增材制造柔性电子传感器/致动器需满足对数据采集和传输的高要求,还要考虑到生物相容性、舒适性和长期稳定性等要求。这些要求是当前研究中的难点之一。

本章课程思政

薄膜材料的发展和增材制造技术的高精度异形制造大大推动了柔性电子传感器/致动器的发展。基于增材制造的新型柔性电子传感器/致动器,具有更好的性能和适用性,在智能穿戴、生物医疗、机器人等领域具有广阔的应用前景。例如,柔性压力传感器可以用于医疗睡眠监测。开发灵敏度、精度和可靠性更高的柔性压力传感器对提升我国人民生活水平、产业技术水平甚至国防水平具有重要意义。我们应该积极探索更加高效、精准的增材制造工艺,以制备出更为复杂的柔性电子传感器/致动器,从而提升电子技术水平,改善人民生活条件。

思 考 题

1. 相较于刚性传感器,柔性传感器的优点有哪些?

2. 按照感知机理分类,柔性传感器可以分为哪几类?
3. 按照用途分类,柔性传感器可以分为哪几类?
4. 柔性传感器可以应用在哪些典型领域?
5. 柔性传感器的主要制造方法有哪些?
6. 相较于刚性致动器,柔性致动器的优点有哪些?
7. 按照驱动方式分类,柔性致动器可以分为哪几类?
8. 哪些材料可以用来制备柔性致动器?
9. 柔性致动器可以应用在哪些典型领域?
10. 简述柔性致动器的发展趋势。

第 16 章 非金属增材制造：4D 打印

16.1 4D 打印简介

自 2013 年 4D 打印技术被首次提出以来，它便迅速吸引了广泛的关注与讨论。这种兴趣的产生，得益于跨学科研究的蓬勃发展，以及智能材料、3D 打印技术和设计方法的快速进步，这些因素共同推动了 4D 打印概念的实现。与 3D 打印技术不同，4D 打印技术增加了时间维度，使得打印出的结构能够随外部环境因素（如温度、光照强度、湿度等）的变化而调整其形态或功能，赋予了打印作品以动态特性。本章将详细介绍 4D 打印技术的最新基础和技术发展，探讨其独特优势，并分析影响该领域发展的关键因素。同时，我们深入研究所使用的材料，关注材料的性质、响应机制以及应用领域。此外，本章还将全面介绍各种 4D 打印技术及其在实际应用中的潜力。

16.2 4D 打印的历史与未来

16.2.1 4D 打印的发展

3D 打印技术正迅速发展，而一种更智能的制造技术——4D 打印技术，也在逐渐进入我们的生活。这项技术以其创新性和引人注目的特点，正在快速改变我们对智能制造的认知。

4D 打印技术是什么？最初，人们认为 4D 打印技术相较于 3D 打印技术多了一个维度，即时间。通过软件设置模型和时间参数，材料可以在预定的时间内自行变形成所需形状。然而，随着时间的推移，这一概念也在不断演变。如今，4D 打印技术的定义是：当 3D 打印结构暴露在特定刺激（如热、水、光、酸、碱等）下时，其形态、属性和功能会随时间变化。本质上，4D 打印是一种利用可编程物质进行的 3D 打印，它提升了物体的变形能力（见图 16-1）。目前，4D 打印技术正处于创新的初期，人们对其潜力和应用的期待也在不断增长。因此，尽管 4D 打印与 3D 打印的原理相似，但它拥有更多样化的控制维度以及潜在的自变形特性，使其成为一项新兴且具有广阔前景的制造技术。这一技术的发展，必将为智能制造领域带来新的突破，并为我们的生活带来更多可能。

4D 打印技术最初由美国麻省理工学院（MIT）与 Stratasys 教育研发部门合作提出。这是一项革命性的技术，能够在不依赖传统打印机的情况下，使材料迅速成型。斯凯拉·蒂比茨在 2013 年麻省理工学院举办的 TED 会议上演示了如何通过 3D 打印技术让静态打印对象随时间改变形状。我们可以想象 4D 打印：购买一把椅子，将其放置在地面上，它就可以自行组装。2014 年，美国科罗拉多大学波德分校的力学工程系副教授杰瑞·齐和新加坡科技设计大学的马丁·杜领导的科研团队，将拥有"形状记忆"能力的聚合纤维与传统 3D 打印技术使用的复合材料结合在一起，制造出可以像"变形金刚"一样变换出各种形状的复合材料。马丁·杜表示："我们成功制造出了可以基于不同的物理力学原理自动变形的复合材料，从而对斯凯

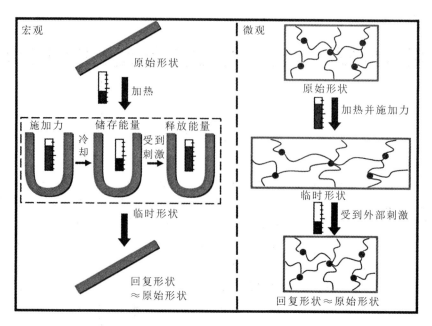

图 16-1 形状记忆原理图

拉·蒂比茨的 4D 打印概念进行了扩展,通过使用'形状记忆'复合纤维赋予复合材料令人满意的形状变化,关键在于纤维的设计架构,包括其位置和方向。"这些创新性的研究表明,4D 打印技术将物体的形状和功能与时间紧密结合,具备巨大的潜力,可以为制造业带来变革。

16.2.2 4D 打印的现状

4D 打印技术通过 3D 打印工具和环境刺激来改变材料的形状,实现 3D 打印难以制造的多样化对象。这项技术结合了增材制造和可编程材料,使简单的 3D 结构随时间演变成更加复杂的形态。在 4D 打印中,材料的形状、颜色、体积、特征或功能可能会因外部刺激或环境条件的变化而发生显著变化。目前,常见的 4D 打印材料包括形状记忆聚合物(shape memory polymers,SMP)及其复合材料、形状记忆合金(shape memory alloy,SMA)、水凝胶等。

随着智能机器人、量子计算、人体增强等其他技术的发展,4D 打印技术的潜力也在不断增大。研究表明,4D 打印的自折叠技术可以节省 60%~87% 的打印时间和材料,从而加快 3D 物体原型的制作。此外,4D 打印技术还可以通过形状变化来节省存储和运输空间。例如,将立体模型的形状记忆聚合物编程成平面形状,以便于后续的处理、运输和存储。目前,4D 打印研究主要集中在材料的形状变化能力上,如伸长、弯曲、波纹和扭曲等。与 3D 打印技术相比,4D 打印技术具有多种优势,如较高灵活性、可变形结构、较低的制造成本和较高的制造效率等。这项技术还能直接制造可控结构、电子器件、软驱动器和其他功能性器件。形状记忆材料的"智能"特性已应用于致动器、传感器和执行器,捕捉对外部刺激的响应。相较于传统的智能制造工艺,4D 打印技术在设计自由度和灵活性方面具有更大的优势。

16.3 4D 打印与 3D 打印的区别

4D 打印与 3D 打印的区别体现在几个关键方面(见图 16-2)。虽然这两项技术都属于增材制造范畴,但 4D 打印增加了时间作为第四个维度,使得打印对象能够随时间改变其形状或功能。这两项技术还在动态性和自适应性方面存在本质的不同。4D 打印材料能够在外部刺激(如温度、湿度或光照强度)下发生动态变化,自适应地调整其功能和形态。表 16-1 列出了 3D 打印和 4D 打印的一些差异,其中最关键的是它们在维度、功能和自适应性方面的区别。这些差异为制造领域带来了前所未有的机遇和挑战,推动了该领域的创新和发展。

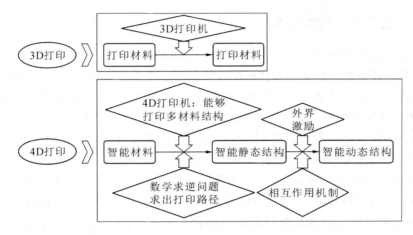

图 16-2　3D 打印与 4D 打印的区别

表 16-1　3D 打印与 4D 打印的区别

差异特征	3D 打印	4D 打印
维度	三维(空间)	四维(空间 + 时间)
材料类型	静态材料	形状记忆材料
功能(动态性)	制造静态三维物体,其形状和特性通常不会改变	制造物体,其形状和特性可以随时间或外部刺激改变
应用领域	原型制作、医疗、建筑、航空等领域	自适应结构、自组装、医疗器械、微型机器人等领域
制造过程	材料堆叠逐层构建,通常一次性成型	使用刺激和形状记忆材料
自适应性	通常不受外部刺激,形状保持不变	受外部刺激,形状和特性可改变

16.3.1　维度的拓展

在 3D 打印中,制造的对象是三维的,即在三维空间内构建静态的物体。这种静态特性使得其有许多应用,包括原型制作、自定义制造和零部件生产。然而,4D 打印引入了时间这一关键维度,使得制造的对象不再局限于静态的结构。在 4D 打印中,对象的设计和结构允许它们在特定条件下或按预定的时间发生形状、特性或功能上的变化,使其具备动态性。时间维度的引入将制造的维度从三维拓展到了四维,使制造的对象能够随时间变化,从而适应不同的环境和满足不同的需求。

这种维度的拓展在许多领域具有重要意义。例如,欧洲已经出现了 3D 打印建筑物,美国也出现了 3D 打印的小房子。但这种房屋建造方式的一大挑战是组装,即如何将不同的部件组合在一起,这需要极高的成本。而 4D 打印使用的智能建筑材料有望通过特殊的打印方式和材料实现快速、简易的房屋安装。在太空探索领域,利用 4D 打印技术有望研发出可自行折叠的机械结构,这些结构可以在光、温度、电等外部刺激下自主展开,以适应不同的环境。这种维度的拓展为科学家、工程师和设计师提供了广泛的可能,为未来的创新铺平了道路。

16.3.2 动态性的崭露头角

与 3D 打印的静态性相对应,4D 打印引入了强大的动态性。3D 打印主要用于构建静态的物体,其形状和特性通常在设计和建模阶段被固定。然而,4D 打印使用智能材料并通过精确编程,使制造的对象具有动态变化的能力,即能够在特定条件下或随时间自主变化。

这种动态性在多个领域展现出巨大的潜力。在医疗领域,4D 打印的生物医疗器械可以在体内自主展开,降低外科手术的侵入性并提高治疗效果。例如,4D 打印的心脏支架可以根据体温或 pH 值的变化而展开,以精确适应体内环境。在自组装结构领域,4D 打印的智能结构能够在特定条件下自动组装,减少人工干预。例如,太空中的模块化设备可以在温度变化或光照条件下自动展开和组合。此外,4D 打印为可穿戴技术带来了新的机遇,可以制造出根据用户活动水平和需求自动调整的智能纺织品和装备,提高了用户的舒适感和产品的性能。这一动态性的引入不仅使制造的对象具有自主适应能力,还为许多行业带来了更高的效率、更低的维护成本以及更多的创新机会。

16.3.3 自适应性的革新

自适应性是 4D 打印技术的又一显著特点。4D 打印技术利用智能材料,这些材料可以根据环境条件自主调整,使得对象不再局限于静态的结构。这种自适应性使得制造的对象能够适应不断变化的条件,从而提高了其灵活性和多功能性。例如,在建筑领域,智能建筑材料可以根据不同的温度和湿度条件自动调整,以提供最佳的绝缘性能。建筑外墙的智能涂层可以在高温下自动反射太阳光,而在低温下保持室内热量。在制造业中,自适应的零部件可以自主调整形状,以满足生产线上的不同任务需求。这种自适应性为各行各业带来了更高的效率和更多的创新机会。

综上所述,4D 打印不仅是 3D 打印的延伸,更是一项革命性的技术。通过引入时间维度,4D 打印制造的物体能够动态自适应,并在更多的应用领域中发挥作用。这种技术的发展极大地拓宽了增材制造的应用范围,并激发了创新和设计的新思路。它的动态自适应性为各行各业带来了更高的效率和更多的创新机会。

16.4 4D 打印的核心关键点

2D 打印是将信息展现在二维平面上的方法。3D 打印在此基础上引入了第三个维度,允许我们创造立体的物体。在技术演进的过程中,4D 打印则引入了第四个维度,即时间维度。这种创新性的技术将增材制造推向了一个新的高度,使得制造的物体不再是静态的,而是能够随时间自主变化的。因此,4D 打印被视为增材制造技术的重要创新,其独特之处在于它具备随时间变化的特性。

16.4.1 增材制造技术

增材制造技术是一种制造方法,它通过逐层堆叠材料来构建物体,而不是通过切削或去除材料。这种技术常用于3D打印,利用数字模型将物体逐层构建出来。如果材料与打印机兼容,立体光固化(SLA)、分层实体制造(LOM)、激光选区烧结(SLS)、熔融沉积成型(FDM)、电子束熔化(EBM)、直写成型(DIW)等技术均可用于打印4D材料(见图16-3)。增材制造技术适用于多个领域,包括原型制作、自定义生产、零部件制造,以及复杂形状物体的制造。其具有高度的灵活性和创新潜力,因为它可以根据需求制造独特的物体。基于增材制造的4D打印技术使用可编程材料使得打印出来的物体能够进行自我调整和变形。

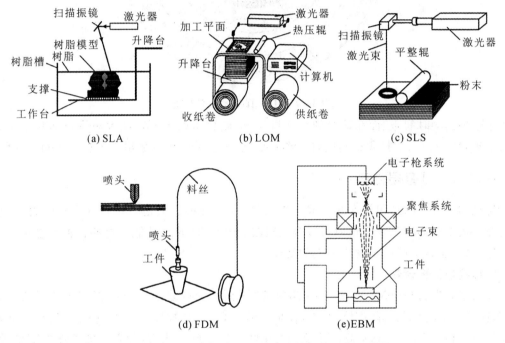

图16-3 常见的几种增材制造技术的工作原理示意图

16.4.2 刺激方式

4D打印材料在受到外部刺激时发生形状变化。这种刺激的类型通常取决于所使用的形状记忆材料的特性,而材料对刺激的反应则决定了其自主变化的能力。4D打印材料可以对多种类型的刺激做出反应,包括物理、化学和生物刺激,如图16-4所示。

在物理刺激方面,光可以触发光敏形状记忆聚合物的形状变化,而水分的吸收则可导致水凝胶的膨胀或收缩。磁场和电能则可以分别影响磁性和电敏感材料的形状变化。温度可以影响热敏形状记忆合金或聚合物的形状变化,而紫外线则可以激活某些化学反应以触发形状变化。化学刺激包括化学物质、pH值和氧化剂等,它们也可以导致材料的形状变化。材料对不同化学刺激的敏感性决定了其在不同环境下的自适应性。此外,生物刺激也可以影响4D打印材料。生物刺激包括酶和葡萄糖等,它们在医疗和生物医学应用中发挥作用。为了成功实现所需的形状变化,通常还需要考虑交互机制和数学建模。并非所有形状记忆材料在受到刺激时都会按照预期的方式自主转变,因此可能需要引入物理操作或机械加载等交互机制,以规划形状变化的过程。使用数学建模的方法可以帮助计算刺激对形状记忆材料的影响

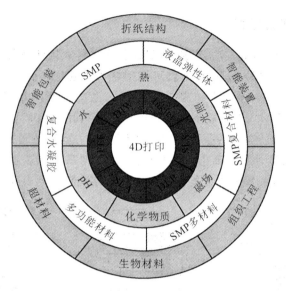

图 16-4 4D 打印技术因素分类

以及作用持续的时间,从而在适当的交互机制下,使物体按照预定的效应进行形状变化。这些因素共同促成了 4D 打印材料的自主形状变化,为各种应用领域提供了创新性和灵活性。

16.4.3 可编程材料

从整体来看,4D 打印技术的关键在于材料,这种材料必须是一种特殊类型的材料,它在受到外部刺激或环境条件变化时可以自主地改变形状、性质或功能。这些材料经过精心设计和制造,以便在特定情况下发生可控的变化。

1. 形状记忆聚合物

形状记忆聚合物(SMP)是一种刺激响应性材料,能够表现出对外部刺激的形状记忆行为,即在采用临时形状后能够恢复到原来的形状。自 SMP 被发现以来,它已经引起了许多研究人员的兴趣。SMP 具有较高的刚度和对刺激的快速反应能力,使它们能够在外部刺激(如光、水、热或磁场)下恢复大量的变形。

大多数 SMP 具有很好的形状记忆性能。例如,聚乳酸(PLA)、丙烯腈-丁二烯-苯乙烯(ABS)和聚乙烯醇(PVA)等可以根据外部刺激改变其形状。通过各种变形过程,可以由原始形状创造出无数瞬态形状。此外,SMP 具有形状记忆和可逆形状记忆功能,它能够根据不同的形状记忆机制记录各种形状和可逆形状。这使得 SMP 的潜在应用领域非常广泛,包括航空航天工程、纺织工程、汽车工程、包装和生物医学等领域。

依据 SMP 的成型及相应的激励机制,主要可以分为热响应、磁响应、水响应以及光响应等多种类型的材料。其中,水响应型多为凝胶类材料,由于其独特的结构和功能特性,通常被单独列为一类。

2. 水凝胶

水凝胶是一类由天然或合成的聚合物分子链上的亲水基团与环境中的水分子通过形成氢键,产生物理交联而形成的具有稳定三维多孔网络结构的高分子聚合物。得益于其性质和形貌的可调性,以及优异的生物相容性、生物可降解性和柔性等特点,水凝胶在生物医学、传感器和驱动器等领域有着广泛应用。根据响应机制的不同,水凝胶可以分为 pH 响应型水凝胶、电响应型水凝胶和温度响应型水凝胶等。

大多数现有的水凝胶都是以均匀分布的功能或性质开发的。但是，在一些特殊场景中，需要水凝胶在不同侧面具有不同的功能或性质。例如，用于术后伤口愈合的水凝胶贴片需要在伤口接触侧具有生物活性和黏附特性，同时要求另一侧具有抗黏附特性以防止术后伤口粘连。因此，开发具有多种功能的水凝胶是可编程材料的一个发展方向。

3. 陶瓷材料

陶瓷是一种无机非金属材料，具有硬度高、耐磨性好、高温强度高、化学稳定性好、抗酸碱盐和其他介质腐蚀的能力强、绝缘性能优异等特点。所以，陶瓷广泛应用于高温、腐蚀性环境以及电子、光学领域。但传统陶瓷材料不具备可编程特性，仅适用于固定形状的3D打印，这限制了其在4D打印中的应用。尽管如此，仍有科学家尝试提出在4D打印中使用陶瓷材料。例如，有研究者提出使用在成型前具备良好软弹性的前驱体陶瓷进行4D打印，在陶瓷未烧结前，这些材料具有一定的形状记忆特性，施加应力后可发生变形，并在受到刺激后恢复原有形状，可以满足4D打印的演变需求。通过将陶瓷前驱体烧结，实现陶瓷的转化和固形，这种方法为新型陶瓷材料的4D打印开辟了新途径。预计通过这种方法，新型陶瓷材料在未来将拥有更多的发展机会与更大的发展空间。

16.5 4D打印的应用

16.5.1 4D打印在医疗器械中的应用

随着科技的飞速发展，4D打印技术为生物医学领域带来了变革。在本小节中，我们将深入探讨4D打印技术如何利用智能材料推动医疗器械的发展，以及如何使医疗器械能够响应体内环境变化和患者的需求，从而提高治疗效果和患者护理水平。此外，通过具体案例研究和未来展望，我们将展示4D打印在这一领域的潜力，包括智能药物释放系统、可调整的植入物以及能够自行适应患者状况的医疗器械。

4D打印在医疗领域的应用广泛而多样。这一技术被用于移植物和生物医学设备的制造，例如智能支架、人造组织，以及心脏和肝脏等器官的打印。4D打印的医用产品不仅具有更高的生物相容性，还可以根据人体的需要进行调整，更加符合患者的生理特征和治疗需求。目前，4D打印技术已经发展到了一个新的阶段，能够制造出对不同刺激有响应的医用制品，这些4D打印医用制品可以根据特定的场景，通过智能材料的特性自动发挥作用。这意味着，利用4D打印医用制品，医生在面对不同类型的患者时，需要手术干预的可能性会降低。

在组织工程领域，特别是在皮肤生物打印方面，为治疗严重烧伤患者，医生可以利用4D打印技术，根据患者的皮肤状况和需求，定制出与患者皮肤形状和大小相匹配的敷料。这种个性化定制的皮肤敷料能够更好地适应患者的皮肤，从而提高治疗效果。与传统的皮肤移植手术相比，4D打印的皮肤敷料减小了手术的复杂程度，减轻了患者在治疗过程中的痛苦。此外，4D打印技术使用的智能材料一般具有良好的生物相容性和高安全性。例如，有研究者研发出了"4D打印干细胞载体"，这种载体能够使干细胞随着人体温度的变化，从固态演变为凝胶状态，以提升细胞的驻留性，帮助细胞留在创面上而不轻易脱落。因此这种"皮肤"被认为具有愈合速度快和不适感少的特点，可能更容易被患者接受（见图16-5(a)）。

此外，4D打印技术可以用于制造能够根据体内环境变化自动调整的药物输送系统。这种系统一般利用材料变形来控制药物的释放。在需要释放药物时,通过施加外部刺激迫使4D打印药丸发生变形,从而释放内部的药物。例如,图 16-5(b)展示了一种受植物气孔启发的智能水凝胶胶囊,该胶囊利用温度的变化,通过引起水凝胶上通孔的收缩/膨胀运动,实现环境温度变化自主控制药物释放行为。最终,这种胶囊可以通过感知身体内部发生炎症时体温上升等变化,加快药物释放。这样可以提高药物的疗效,减少副作用,并提供更为个性化的医疗保健。

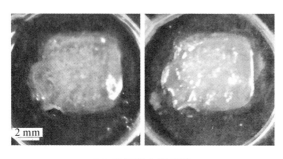 

(a) 4D打印人工皮肤　　　　　　　　　(b) 4D打印载药水凝胶

图 16-5　4D 打印在医疗器械中的应用

4D打印技术在医疗器械制造领域展现出巨大的应用前景。这项技术能够根据人体组织和器官的自然特征实现医疗器械的精准定制,从而推动个性化医疗设备的发展。特别引人注目的是,4D打印支架能够利用其形状记忆特性,进入传统支架难以到达的部位,提供更精准和有效的支持。例如,研究人员已经成功地将磁性 Fe_3O_4 纳米颗粒添加到聚乳酸中,创造出一种新型的复合材料。由这种材料制成的4D打印支架可以在外部磁场的作用下改变形状,以便在体内变形来适应特定的临时形状。随后,在外部磁场的影响下,支架会升温并恢复到最初设计的形状。这种特性使得支架能够在气管等狭窄区域提供支撑,为治疗提供了更为精准和有效的解决方案(见图 16-6)。这样的创新不仅提高了治疗的精确度,也增强了其有效性。

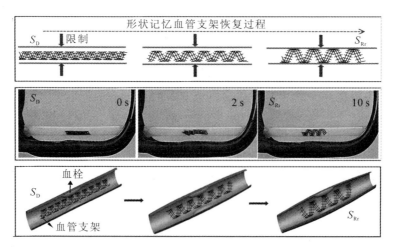

图 16-6　磁驱动 4D 打印血管支架形状恢复示意图

4D打印技术在骨组织工程中,特别是在骨修复领域,展现出了广阔的发展前景。与传统的3D打印技术相比,4D打印技术能够制造出可以动态适应骨缺损内部复杂生理环境的生物支架。这些支架不仅具有独特的响应功能,还具备形状转换的能力,能够更精确地模拟天然骨科组织的动态特性。因此,4D打印骨支架有望在骨组织工程中实现精准医疗,并为骨修复提供创新的解决方案。

简而言之,个性化骨支架的制作过程如下。首先,通过扫描骨缺损区域获得原始形状的三维模型。然后,利用4D打印技术打印出所需的骨支架,并将其体积压缩。这一压缩后的支架可以通过微创手术放置于宿主环境中。在体内适度刺激的作用下,支架能够自行展开,形成类似于天然骨组织的复杂分层结构。这种支架的大小和形状能够完美适配患者的骨缺损部位,从而提高适配性和舒适性。例如,使用FDM技术制造的个性化骨支架能够更好地贴合骨缺损部位,提供更优的填充效果。这种个性化定制的骨支架有望为骨修复提供更精准和有效的治疗方案。图16-7展示了一个根据骨缺损CT扫描数据进行4D打印的模型实例。

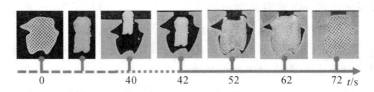

图16-7　4D打印骨支架用于填补骨缺损区域

4D打印技术在医疗保健领域的应用不仅限于人造器官和组织的构建,还扩展到了非植入性医疗器械的多个研究领域。目前,可穿戴生物医学设备主要分为两类:一类是用于监测和诊断人体健康状况的设备;另一类是专注于治疗和康复的可穿戴设备。

监测和诊断设备领域的迅速发展为个人提供了便捷的健康追踪方式,通过监测生理信号如心率、血压等,帮助人们了解并管理自己的健康状况。这些设备能够实时提供数据,使得健康管理变得更加容易和主动。例如,可穿戴心率监测器能在运动中实时监测心率,帮助用户了解锻炼强度和整体健康状况(见图16-8)。此外,一些设备能够检测并提醒用户潜在的健康风险,如心律不齐或高血压。在治疗方面,可穿戴设备如绷带和骨折固定器,旨在通过持续的治疗来加速伤口愈合和保持康复过程。它们可以通过提供压力促进伤口愈合,或通过调整骨骼和肌肉位置改善姿势。同时,可穿戴设备也用于预防或抑制疾病的发展,比如矫正牙套和矫形器,它们通过持续施力调整身体部位,纠正如牙齿不齐或脊柱侧弯等不正常的生理状态。这些矫正器材可以通过4D打印技术实现个性化制造,以确保最佳的适合性和治疗效果。

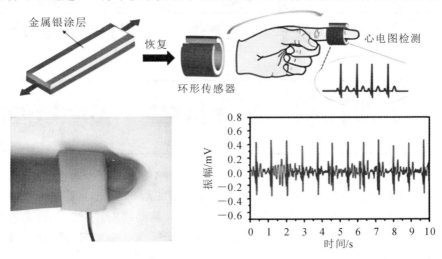

图16-8　4D打印心电图传感器

总的来说,4D 打印技术已经在医疗保健领域,无论是在非植入性医疗器械还是在植入性医疗器械方面,都带来了许多创新,显著提升了患者的生活质量,并推动了健康管理和治疗领域的发展。这一技术在医疗保健领域仍然具有巨大的潜力,预计未来会涌现出更多的创新应用。

16.5.2 4D 打印在柔性机器人中的应用

4D 打印的理念是构建复杂的三维结构,这些结构能够对外部刺激做出反应,并在暴露于这些刺激时转变为不同的形状。目前,柔性机器人领域快速发展,研究人员利用 4D 打印技术可以开发出能够自主运动的微型和纳米级 4D 打印机器人。

1. 电场和磁场驱动的 4D 打印柔性机器人

由硬磁粒子(包括超顺磁性氧化铁纳米颗粒、铁氧体或钕粒子)构成的磁活性软材料(MASM)是一种可编程的智能材料,可以在磁场的作用下稳定、可逆、远程操作,而无须电气或气动系统控制。由于磁场能够无害地穿透各种材料,MASM 非常适合应用于软机器人、传感器和致动器。目前,研究人员已根据材料在不同的磁化方向和剖面下的特性,设计并测试了多种柔性致动器,如图 16-9 所示。这些可变形致动器由于其快速响应和无约束控制,在实现基于无害人机互动的应用中具有重要意义。然而,开发微尺度材料并利用可编程磁各向异性仍是一项具有挑战性的任务。有时,4D 打印技术并不适用于所有类型的精细设计和形状变形结构的开发。将 4D 打印技术与传统技术相结合,可以成功设计出具有磁主动智能形状变形结构的软机器人,这在软机器人领域具有重要意义。

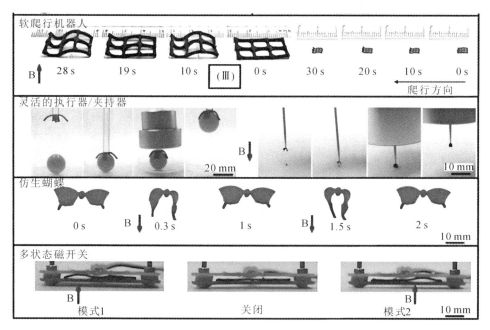

图 16-9 多种柔性致动器在不同外部磁场下的变形行为

除了磁场驱动,电场也是 4D 打印智能系统中常用的激励方式,尤其在电敏纳米复合材料和导电水凝胶的致动应用中。这些材料因其在传感器、软机器人和组织工程中的应用潜力而受到重视。通常,它们是通过将炭黑、石墨烯、碳纳米管等导电添加剂均匀分散在聚合物或水凝胶基体中制成的,这种均匀分布对于保持材料电学性能的一致性至关重要。例如,利用数字光处理(DLP)技术可以制备基于电活性水凝胶的复合材料,这种材料在外部电场作用下能够灵活地抓取或运输物体(见图16-10)。这些材料适用于多种智能设备,并且具有远程控制的功能。

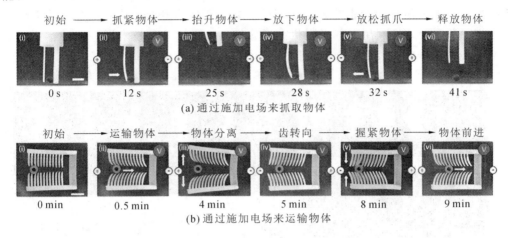

图 16-10 电场驱动的 4D 打印支架

2. 4D 打印仿生机器人结构

大自然充满了神奇和魅力,它所创造的一切不仅令人着迷,还能为人类提供便利和帮助,这正是仿生学的动力所在。仿生学在外科手术、药物和人工支架等医疗领域的广泛应用,为患者提供了巨大的帮助,并激发了科研人员浓厚的研究兴趣。生物启发型材料通过模仿天然材料的结构、特性或功能,为众多实际问题提供了解决方案。这些材料在软机器人、仿生工程和制造等领域展现出巨大的应用潜力。科研人员通过模仿生物体的形态和运动,进而复制其功能,开发出了 4D 打印生物仿生可溶胀水凝胶、形状记忆聚合物和液晶弹性体等一系列创新材料。

有机硅材料由于易于加工、具有良好的生物相容性和高延展性,已经成为新一代致动器的首选材料。近年来,通过 SLA 和 DIW 技术,使用有机硅材料,制造出了设计灵感来源于生物肌肉液压调节机制的软致动器(见图 16-11)。软致动器能够实现流畅的复杂运动,以确保人类与机器人之间的安全互动。与传统的刚性致动器相比,软致动器不仅具有良好的顺应性和完成多种复杂运动的能力,而且其重量轻、能耗低。

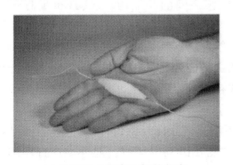 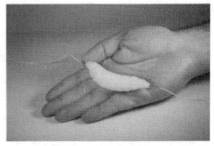

(a) 电致动"肌肉"初始状态　　　(b) 外部刺激后"肌肉"扩张驱动

图 16-11 电致动"肌肉"动作过程

许多驱动器的设计从象鼻、哺乳动物的舌头、章鱼的触腕等生物动态得到启发,这些驱动器利用外部刺激驱动引起各向异性局部变形,从而实现纤维结构的可编程运动。通过将局部纤维结构的形态信息嵌入材料内部,可以减少连续运动所需的活性成分,从而节省形状回复所需的时间和能量。基于这一生物启发策略,研究人员在3D打印平台上实现了流态弹性体执行器的制造,设计了一种用于硅树脂软促动器的数字制造多材料3D打印平台,并使用具有可调弹性的可光固化有机硅油墨演示了具有连续程序驱动能力的四个功能气动软机器人的无缝生产。该平台能够利用多种光固化有机硅材料,通过DIW技术制造出具有可调节局部刚度和复杂运动能力的软致动器,如图16-12所示。

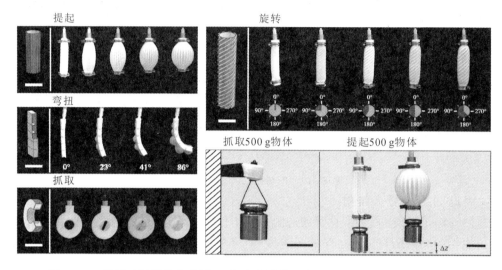

图16-12 通过硅树脂的多材料3D打印制造的具有可编程运动模式的软致动器

16.6 挑战和限制

4D打印是3D打印的延伸,其核心理念是使用特定类型的材料来创建结构,这些结构能随时间而发生变化。然而,4D打印在发展过程中也面临着一些挑战和限制需要克服。主要挑战集中在材料和设计两个方面。材料是4D打印发展的前提与关键,目前,4D打印材料仍以传统的形状记忆材料为主且种类有限,这些材料在经过增材制造后不一定能保留形状记忆功能。因此,我们需要努力开发适用于4D打印的新型材料,以确保它们在打印后仍具备智能特性。此外,还需要深入研究新材料与其成型工艺之间的匹配性,以实现可编程和具备多种功能的智能材料的可成型性。这些工作将为4D打印技术的进一步发展提供关键支持。

另一个挑战涉及设计。为了确保智能结构能在特定环境中实现预期的形状变化,必须精心设计这些智能结构。当这些智能结构按照预定的应变模式进行打印时,它们将会更好地执行任务。然而,目前的研究结果表明,这种模式存在一定的限制,因此需要进一步研究来实现智能结构的4D打印。

此外,4D打印在应用于高科技领域时面临着一些限制。在高科技领域,生产某些产品需要遵循特定标准,例如医疗设备需要获得认证才能在医院中使用。此外,4D打印产品有特殊的使用方法,需要对用户进行技术培训以提升用户对4D打印技术的认识。4D打印技术相对于传统的材料加工方法尚处于发展阶段,需要更多的研究和探索。然而,它有潜力在简化三维结构的设计和操作、适应环境变化以及实现多功能性方面发挥重要作用。

本章课程思政

非金属4D打印技术的发展对我国产生了深远的影响,它不仅是产品智能化和多功能化的关键,还在可穿戴设备领域展现出新的活力,为人们提供了更智能、更舒适的科技产品。虽然我国的制造业总体规模处于世界前列,但许多产品的应用前景相对单一。推动非金属4D打印技术的发展,不仅促进了高科技的创新发展,还推动了制造业的智能制造和数字化转型,让科技成果更多地造福全国人民。

思 考 题

1. 什么是4D打印?
2. 简述4D打印与3D打印的不同之处。
3. 4D打印的刺激方式有哪些?
4. 常见的4D打印材料有哪些?它们各有什么优缺点?
5. 有哪些增材制造技术可以实现4D打印?
6. 4D打印如何实现产品的定制化和个性化?
7. 4D打印目前应用在哪些领域?
8. 4D打印未来的发展方向是什么?
9. 4D打印在医疗器械中有何优势?
10. 4D打印目前还面临哪些困难?

第 17 章　非金属增材制造：医疗器械、骨科植入物、器官芯片、生物打印

17.1　医疗器械

17.1.1　手术模拟器制造

在技术领域，模拟被认为是提高过程性知识、避免突发状况、训练专业人员不可或缺的方法。手术模拟器在医学领域备受欢迎，因为它允许在不使用真实患者的情况下进行技能训练，确保实习医生在手术之前已积累实践经验。这种模拟方法通常用于腹腔镜手术等术前模拟，可能涉及计算机技术或通过制造假体进行手术模拟。本章主要介绍医学生和外科医生如何在手术前通过手术模拟器进行实践，而无须使用动物或尸体。在医学领域，尤其是神经外科手术中，手术模拟器可以有效地提高对病人的护理质量。通过创新的动态模型和交互环境，外科医生可以更好地培养技能。多数观点认为，在外科学习项目中，广泛使用手术模拟器是十分必要的。

3D打印技术通过制作不同病变器官的仿真模型，为外科医生呈现了内部构造的逼真细节，为手术方案的制定和模拟提供了创新手段。在实验室和临床医学中，3D打印技术为再生医学注入了新的活力。这项技术将越来越多地用于术前规划和外科手术训练，为动脉瘤等手术提供了新的可能。在神经外科手术模拟领域，虚拟现实环境和3D打印技术相结合，推动了手术模拟器的发展，这些模拟器呈现出逼真、可变形和个性化的大脑模型，为手术治疗提供了创新的方法。一些团队成功地将传统手术模拟器与打印材料相结合，实现了真实材料模型与个性化病理特征的有机整合。神经外科手术中的3D打印技术广泛应用于脑室造影术、患者特异性心室模型、动脉瘤切除术等复杂血管手术，为手术实践提供了有力支持。

17.1.2　不可降解假体制造

随着3D打印技术的兴起，其在生物医学方面的应用日益广泛，原因在于生物医学领域存在大量的小批量、个性化定制需求，且模型结构不规则，所用的材料一般不适合用传统方式加工。颌面修复学（maxillofacial prosthetics）是研究用人造结构去修复颌面部组织缺损的一门学科，也是近几年来，生物3D打印技术应用较为热门的方向之一。对于由先天性畸形、外伤、肿瘤手术或感染导致的耳、鼻、眼等颌面部组织缺损，患者自身的组织无法自我恢复，因此颌面部修复手术变得尤为重要，它不仅能够重塑患者形象，还能提升患者的自信心，帮助他们走出伤病的阴影。图17-1所示为3D打印耳、鼻、眼。

针对患者颌面部的损伤情况，可供选择的治疗方案一般有两种：手术修复和假体植入。手术修复通过移植患者自身的软骨等组织，完成缺损部位的修复，这样做的优点是不会引起排斥反应，而缺点是会对供体部位造成二次损伤，并且由于手术时间的限制，修复效果可能不尽如人意。即使初期修复效果不错，随着时间的推移，修复部位仍有可能再次发生畸形。假

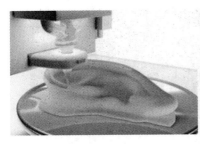 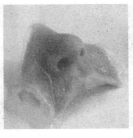 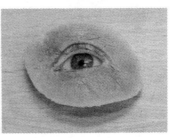

图 17-1　3D 打印耳、鼻、眼

体植入涉及使用人造材料来恢复患者的面部外观。为了实现最佳的修复效果，人工假体的制作需要使用质地、颜色与患者面部皮肤相似，且具有良好的生物相容性的材料。假体的强度和其他物理特性应与正常组织相匹配。临床实践表明，硅胶是制造人工假体的理想材料，它不仅物理性能接近人体皮肤，化学稳定性好，而且与人体组织具有良好的生物相容性。

随着 3D 打印技术、逆向工程技术、材料科学和模具制造技术的发展，仿生制造技术得到不断改进。它借助 3D 扫描技术和计算机辅助设计（CAD）技术完成假体的数字化重建，借助 3D 打印技术或者其他先进制造技术完成假体的制造。这项技术是未来颌面部修复假体制造的一个重要手段。

17.1.3　3D 打印口腔植入物

近年来，口腔医疗行业正在经历数字化的变革。在口腔正畸学领域，数字化技术的应用日益广泛，特别是在三维数字成像、手术模拟等方面，这些技术在诊断、设计、治疗及疗效预测中发挥着越来越重要的作用。

在正畸治疗领域，3D 打印技术的应用主要体现在两个方面。一是舌侧矫正器的制造，其通常采用激光选区熔化（SLM）技术实现。与传统的熔模铸造方法相比，SLM 技术能够实现个性化托槽的直接成型，避免了铸造过程中可能出现的空穴和空洞等缺陷。二是隐形矫正器的生产，这通常采用数字光处理（DLP）或立体光固化（SLA）等光聚合工艺。隐形矫正器的生产流程包括口腔扫描或印模扫描、3D 建模、数字化矫正、牙模 3D 打印、热塑成型以及后处理等步骤。在这个过程中，3D 打印技术实现了不同矫正阶段牙齿模型的批量定制化生产，这些 3D 打印牙齿模型将用于制造定制化矫正器的热塑成型过程。牙科行业正在通过融合 3D 打印等数字化技术进行转型。3D 打印技术有助于推动牙科行业持续发展，包括更高水平的椅旁治疗和诊所内部生产，以及牙科诊所商业模式的转型。

近年来，3D 打印技术在口腔修复领域，如牙齿种植和修复等方面，得到了广泛应用。然而，为了进一步拓展光聚合 3D 打印技术在义齿数字化加工中的应用，针对牙科应用开发的专用 3D 打印树脂材料仍需获得医学认证。为了满足牙科技工所对高效、批量生产的需求，3D 打印设备企业已经推出了自动化的 3D 打印生产系统。这些系统不仅在打印质量监控和打印参数优化方面实现了更高水平的智能化，而且在集群管理上也更加智能化。

图 17-2 所示为 3D 打印口腔植入物。

17.1.4　3D 打印手术导板

3D 打印手术导板是典型的个性化手术工具，能够在一定程度上简化手术操作流程，实现精确化控制，在医疗领域得到广泛关注。通过设计内部复杂的结构来控制材料性能，3D 打印

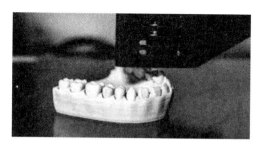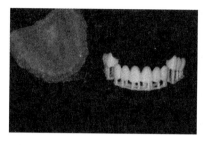

图 17-2　3D 打印口腔植入物

手术导板为患者提供了定制化的治疗方案,解决了传统方法难以解决的临床问题,并满足了特殊临床需求。在手术预规划阶段,医生可以借助软件来设计手术导板,并在三维模型上进行标记,随后通过 3D 打印设备将手术导板打印出来。可用于制作手术导板的 3D 打印技术很多,如熔丝沉积成形(FDM)、立体光固化(SLA)、三维打印(3DP)、激光选区烧结(SLS)、激光选区熔化(SLM)等,但这些技术在使用材料、加工时间、打印产品强度方面各有特点。

17.2　骨科植入物

先天性因素和后天性因素,如自然灾害、疾病、运动损伤、事故以及老龄化等,都可能造成人体骨缺损。骨缺损已经成为危害人类健康的重要问题之一。目前,临床上治疗骨缺损常用和有效的方法之一便是骨移植。骨移植根据骨材料的来源可分为异体骨移植和自体骨移植。异体骨移植的优点就是骨材料来源较广,但缺点是可能引发人体的免疫排斥反应,且移植的骨材料可能传播疾病。自体骨移植被认为是治疗骨缺损的黄金标准,因为它不会引起免疫排斥反应,抗感染能力强,能够迅速与周围的血管整合,恢复供血和营养传输。但是,自体骨移植方法也存在缺点,比如二次手术会给患者带来额外创伤,人体自身可供的骨源有限,且移植骨的形态和尺寸等也不易满足要求。由于自体骨移植可能给患者带来创伤,同时骨源有限,因此它并不是一种特别理想的治疗骨缺损的选择。

利用增材制造技术,可使用人工骨修复生物材料来制造理想的骨修复支架,图 17-3 展示了骨科植入物修复骨缺损的流程。骨植入物主要分为无机金属材料、高分子材料和无机非金属材料等。无机金属材料具有优异的力学性能,但是在体内的骨诱导性较差,通常需要通过改性来增强。高分子材料具有良好的生物相容性,安全性和降解性好,常见的用于骨修复的高分子材料有壳聚糖、胶原、明胶、透明质酸、丝素蛋白等,但是高分子材料存在骨诱导性较差、力学强度较低和降解速率过快的缺点。无机非金属材料由于具有材料来源广泛、种类繁多、制备成本低和制备方法简便等优点,受到了科研者的很大关注。理想的骨缺损修复材料应该具有良好的骨传导性和诱导性,能够有效促进缺损部位新骨的形成。

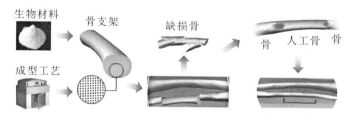

图 17-3　骨科植入物修复骨缺损的流程

17.2.1 生物陶瓷植入物

生物陶瓷材料可以简单定义为用于实现特定的生物或生理功能的,或者直接用于人体或与人体直接相关的生物、医疗、生物化学等领域的陶瓷材料。这类材料主要包括羟基磷灰石、磷酸钙类、硅酸钙类、生物活性玻璃,以及氧化锆、氧化铝等金属氧化物。在国际分类中,生物陶瓷根据生物活性的不同分为惰性生物陶瓷、活性生物陶瓷以及可降解生物陶瓷三大类。生物陶瓷的发展经历了三代:第一代生物陶瓷是指惰性生物陶瓷;第二代生物陶瓷是指能够释放生物活性成分,同时在生理条件下诱发反应的生物陶瓷;第三代生物陶瓷则是指在人体生理环境中能在分子水平上激发特定细胞响应的陶瓷,它能吸附与组织修复有关的活性物质,通过释放活性离子或与宿主(细胞、体液及组织)发生界面反应,调控机体自发修复功能,促进新骨形成,是一种具有"可调控生物响应特性"和"主动修复功能"特征的新型可降解生物活性材料。目前,研究者主要集中在对第三代生物陶瓷的研究上。

具体而言,当前对生物陶瓷的研究主要集中在以下几个方面:
(1) 生物相容性;
(2) 可控生物降解性;
(3) 孔隙度和成分仿生性;
(4) 适当的机械强度。

目前,国内外研究者非常重视生物陶瓷材料的研发和应用。生物陶瓷材料在许多领域开始展现出较大的应用价值,比如生物陶瓷材料可以用作骨缺损的填充填料、牙科植入物、人工心脏瓣膜、矫形外科手术的假体、中耳植入物、人工肌腱与韧带的材料等。

1. 生物活性玻璃植入物

Hench 教授及其研究团队最早发现和研究了生物活性玻璃材料。Hench 教授等人通过烧结熔融法得到以硅酸盐网络结构为基础,融入 Na、Ca、P 元素的生物活性玻璃材料,并命名为 45S5。生物活性玻璃的基本组成是 CaO-Na_2O-SiO_2-P_2O_5,具体比例为:24.5% CaO,24.5% Na_2O,45% SiO_2,6% P_2O_5。这种材料具有良好的生物相容性,植入骨组织后,不会引起炎症、免疫排斥反应或组织坏死等。自 Hench 教授等人制备出 45S5 生物活性玻璃以来,一系列基于相同基本组成的生物活性玻璃材料被相继研发出来。生物活性玻璃材料能够促进新骨再生的主要原因是其具有通过化学键与骨组织结合的能力。将生物活性玻璃植入体内后,其表面首先与体液发生离子反应,逐渐形成类似骨中无机矿物的低结晶度碳酸化羟基磷灰石层,进而与骨组织结合,促进新骨形成。

2. 磷酸三钙生物陶瓷植入物

磷酸三钙($Ca_3(PO_4)_2$)简称 TCP,由于具有良好的生物相容性和较大的降解速率,被认为是可降解生物活性陶瓷。1920 年,Albee 首次成功地将磷酸三钙用于修复骨缺损。磷酸三钙主要有 α 和 β 两种晶体形态。α-TCP 是高温相,由 β-TCP 在高温(1125 ℃)下发生相变转换而来。由于 α-TCP 在生理环境中溶解度过大,植入体内后降解过快,通常不用作人工骨材料,一般用在磷酸钙骨水泥以及复合材料中。目前广泛应用的是 β-TCP,其钙、磷原子的化学计量比为 1∶5。β-TCP 具有良好的生物相容性、生物降解性和骨诱导性,能够与骨组织直接融合,不会引起免疫排斥反应、炎症以及毒副作用,同时能够促进新骨形成。当 β-TCP 被植入体内后,体液可以进入其孔隙中,导致晶粒溶解,同时在体液的侵蚀下,β-TCP 会释放出具有生物活性的 Ca^{2+} 和 PO_4^{3+},它们可与体液进行离子交换,因而 β-TCP 的比表面积、结晶度以及体液的 pH 值会对其降解速率有重要影响。另外,体内的巨噬细胞以及破骨细胞对 β-TCP 的吞噬作用也会导致材料降解。

β-TCP 的主要缺点是力学强度较低,无法承受大的冲击力,因此不适合用作承重骨。提高其力学强度是一个重要的研究方向。目前,将 β-TCP 与其他力学性能较好的材料复合,制备双相和多相复合材料,或者改变 β-TCP 的烧结条件,均是提高其力学强度的可行方法。

3. 羟基磷灰石生物陶瓷植入物

羟基磷灰石的化学式为 $Ca_{10}(PO_4)_6(OH)_2$,其钙、磷原子的化学计量比为 1.67,具有与天然磷灰石相近的化学组成,是人体牙齿和骨组织中的主要无机成分。羟基磷灰石具有良好的生物相容性,植入体内后,骨细胞能够黏附在其表面,并随后进行增殖和成骨分化,当新骨形成后,新骨能够在羟基磷灰石与骨结合处沿着表面或内部孔隙进行附着式生长。

尽管羟基磷灰石生物陶瓷具有良好的生物相容性和骨传导性,但也存在两个明显的缺点。首先,力学强度较低,脆性较大,用于承重骨的修复时面临很大挑战。其次,化学性能稳定,与 β-TCP 相比,在酸性条件下的溶解度较低,植入体内后降解较慢,24 周后仅降解 5%。但是,羟基磷灰石由于降解缓慢,常被用作填充材料,比如在临床上,羟基磷灰石生物陶瓷主要以颗粒或涂层的形式进行骨填充。

17.2.2 高分子材料植入物

在骨组织工程中,支架材料通常分为天然高分子材料和人工合成高分子材料。天然高分子材料有胶原(又称胶原蛋白)、透明质酸、壳聚糖和藻酸盐等。这类高分子材料具有良好的生物相容性、可降解性等优点,但是存在力学强度差和潜在的动物病原体传播风险等缺点。相比之下,人工合成高分子材料不受来源的限制,可以根据需要对其化学、物理及生物学性能进行调整。但是,人工合成高分子材料的生物相容性不如天然高分子材料。骨组织工程中,常用的人工合成高分子材料有聚己内酯(PCL)、聚乳酸(PLA)、聚乙烯醇(PVA)、聚乙醇酸(PGA)及聚乳酸-羟基乙酸共聚物(PLGA)等。

1. 胶原

胶原是一种纤维蛋白,它与人体的结缔组织相吻合,是皮肤、关节和骨骼的主要组成部分。胶原是一类具有特定结构、功能和细胞外基质的蛋白质的统称,至少包含 28 种不同的蛋白质,分为两大类:一类是成纤维胶原,包括 Ⅰ、Ⅱ、Ⅲ、Ⅳ、ⅩⅩⅣ、ⅩⅩⅦ 型胶原;另一类是非成纤维胶原。成纤维胶原由三条单独的肽链螺旋缠绕组成,形成三螺旋结构;非成纤维胶原除了有三螺旋结构,还有非三螺旋结构。

在过去的几十年里,胶原作为一种安全的生物材料在临床上得到广泛应用。胶原是骨基质矿化的基底,能促进钙盐沉积和骨钙素的合成,进而促进骨细胞的增殖和分化。但是,胶原的热稳定性差,在体内的降解快于新骨的形成。此外,胶原支架本身的力学性能较差,所以在降解过程中新骨形成之前,支架容易坍塌,从而影响新骨的生长。

2. 壳聚糖

壳聚糖是自然界中唯一的碱性多糖,由甲壳素经 N-脱乙酰化反应得到。它主要存在于贝壳、虾壳和蟹壳中,是继纤维素之后天然高分子中含量第二丰富的天然氨基多糖。壳聚糖是从几丁质中获得的,被认为是最丰富的天然多糖之一。壳聚糖的氨基和羟基对其黏膜黏附、渗透增强、药物控制释放、原位凝胶和抗菌等特性至关重要。此外,壳聚糖还具有多种生物活性,如激活免疫反应、降低胆固醇和抗高血压活性,以及抑制微生物生长、缓解疼痛、促进止血和促进表皮细胞生长的治疗性能。由于其无毒性,以及良好的生物相容性、抗菌性和生物可降解性,壳聚糖在药物递送、组织工程和伤口愈合敷料等生物医学领域得到了广泛的研究和应用。

3. 聚乳酸

聚乳酸又称聚丙交酯,属于脂肪族聚酯家族。聚乳酸以乳酸为主要原料通过缩聚反应制备,或通过丙交酯的开环聚合得到,也可通过发酵方法制备。聚乳酸适用于吹塑、热塑等各种加工方法,加工方便。由于在环保方面的巨大优势,聚乳酸逐步发展成为一种重要的合成类绿色生物降解高分子材料。作为一种新型材料,聚乳酸具有良好的热稳定性、力学性能(包括抗拉强度、延展性、弹性模量等)、可加工性等。此外,聚乳酸具有良好的生物相容性,作为植入材料、药物赋形剂、药物控释载体、组织工程材料等广泛应用于生物医药领域,在3D打印技术中作为原材料也受到重点关注。聚乳酸已被用来制作多孔支架,这种多孔支架适用于多种细胞生长;聚乳酸还被用于心血管、骨骼、软骨、肌腱和韧带等多种组织的治疗。

4. 聚乙醇酸

聚乙醇酸又称聚羟基乙酸,以α-羟基酸为主要原料通过缩聚反应制备,具有简单的线性分子结构,结晶度高。聚乙醇酸也是一种具有良好生物降解性和生物相容性的合成高分子材料,降解产物无毒副作用,易被吸收或排出体外。聚乙醇酸在生物医学中常用作医用缝合线材料、药物控释载体材料、骨折固定材料、组织工程支架材料、缝合补强材料。

5. 聚己内酯

聚己内酯是一种脂肪族聚酯类聚合物,由己内酯在金属有机催化剂的作用下开环聚合而成,分子式为$C_6H_{10}O_2$。通过控制聚合条件,可以得到不同分子量的聚己内酯,分子量一般大于2000,有些甚至高达几万至十几万。聚己内酯的熔点低,为58~63 ℃,便于低温成型,有极好的延展性;有良好的相容性,可与聚碳酸酯(PC)、聚酰胺(PA)和聚丙烯(PP)等材料实现友好互容;有良好的生物相容性,植入体内后,细胞可在其支架上正常生长;有良好的生物降解性,可通过水或酶降解,降解产物为6-羟基己酸、二氧化碳和水,这些产物对人体无毒无害。

聚己内酯因其良好的生物相容性和生物降解性,在生物医学领域得到了广泛的研究和应用。以聚己内酯为主要成分的缝线已经用于外科手术,证明了其在人体中的安全性;聚己内酯也常用作药物控释载体材料,因其高渗透性,在组织工程支架领域中也得到越来越多的应用。聚己内酯支架具有良好的韧性、生物相容性和生物降解性,然而,聚己内酯支架也有一些缺点,如力学强度不高、亲水性差、生物活性不足等。

17.3 生物打印

20世纪80年代末,3D打印技术开始进入医疗领域,为骨肿瘤患者的保肢治疗提供了技术支持。21世纪初,克莱姆森大学的科研团队研发出了世界上第一台生物打印机;与此同时,被誉为"中国3D打印第一人"的清华大学颜永年教授提出"生物制造工程"的概念,并致力于组织器官的制造研究。随后,3D打印技术快速发展,组织打印和器官薄片打印也逐渐成为现实。近年来,一种新型悬浮水凝胶的出现,使得打印类脑组织等软组织逐渐成为可能。至今,天然聚合物作为一种优良原料,在3D打印技术中展现出巨大潜力,帮助解决了众多临床医学难题。图17-4所示为3D生物打印原理图。

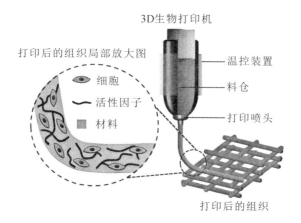

图 17-4　3D 生物打印原理图

17.3.1　3D 打印技术与肿瘤精准定位

脑膜瘤是常见的良性颅内肿瘤之一，通常利用术前颅脑计算机断层成像（CT）或磁共振成像（MRI）检查来进一步了解肿瘤的位置、大小以及其与周围血管和神经的关系。但是，有些肿瘤体积相对过小、生长位置较深，且位于颅内的重要功能区，导致术前无法进行精准的定位。此外，患者颅内包含大量细微复杂的结构，含有较多的血管和神经，若操作不当，会造成开颅效果不佳，甚至可能因过度牵拉脑组织而造成二次损伤。因此，这类手术对术者的技术要求较高。3D 重建脑膜瘤三维模型能够帮助术者在术前更快速、精准地定位脑膜瘤：通过图像处理软件对患者颅脑进行扫描并构建三维模型，进而设计出所需的局部导板，标记重要的体表解剖标志，打印出个体化导板后检查其是否贴合患者头部，并再次核对颅脑 CT 或 MRI 以确认肿瘤位置。这种结合颅脑 CT 或 MRI 检查与 3D 打印技术的治疗方法，有效避免了手术中因找寻病灶而过度牵拉脑组织等不当操作，减小了脑组织损伤和出血的风险。图 17-5 所示为 3D 打印颅脑实体模型。

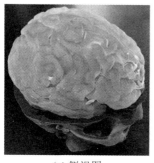
(a) 侧视图

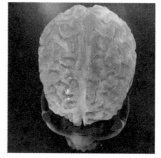
(b) 俯视图

图 17-5　3D 打印颅脑实体模型

乳腺癌是女性常见的恶性肿瘤之一。乳腺主要由大量的脂肪和结缔组织构成，由于重力作用，这些组织极易发生形变。为了更加精准地定位肿瘤位置，确保乳腺组织术后重建的顺利进行，并保持术后乳房的美观外形，保乳手术已开始采用 MRI 与 3D 打印技术相结合的治疗方法。通过术前进行常规 MRI 检查获取原始数据，将其导入医学 3D 打印软件进行数字化处理，构建三维肿瘤模型，实现平移、任意角度切割和旋转，以三维立体的方式展示乳腺病灶的分布。根据乳腺和肿瘤模型设计导航仪，定位肿瘤边缘，便于术者精确切除病灶。MRI 与

3D打印技术相结合能够减少术中疼痛及二次手术可能造成的疼痛,降低术后复发率。图17-6所示为乳腺3D定位装置的发展。

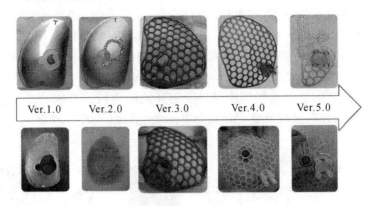

图 17-6 乳腺 3D 定位装置的发展

17.3.2 3D打印技术与生物膜研究

生物膜中不同细胞外基质成分之间的相互作用使生物膜中的细胞具有黏弹性,同时,生物膜分子的结构组成和空间组织也使其更具耐药性、内聚性和刚度等机械特性;在面对抗菌剂、消毒剂、高温等极端条件时,生物膜仍展现出较强的恢复力和适应力,因此,研究生物膜的特性并抑制其负面影响在医疗卫生领域具有重要意义。研究发现,3D打印技术能够设计出三维立体的微生物群落,这些群落能够可逆地附着在不同的固体表面,通过保持形态结构抵抗物理变形,同时展现出与天然生物膜相似的多种特性。

随着3D打印技术的发展,我们现在有可能有意地改变单个细胞外基质成分的空间模式,并探测它们对生物膜抗性表型的贡献。通过打印藻类、细菌、真菌、酵母、植物和动物细胞,3D打印技术已越来越多地用于从纳米级微观到宏观尺度的生物功能材料的制造。3D打印技术允许通过组件的空间模式模拟复杂的3D微环境和生命系统的时间演化性质。天然生物膜的空间异质性和机械鲁棒性可以通过3D打印技术对形状、设计和分辨率的高度控制来模拟。3D打印生物膜模型可能比实验室中常规研究的生物膜(在液体介质或琼脂中生长)更好地模拟天然生物膜的3D组织,并可用于研究对应科学问题,包括对抗菌剂的生物耐受性。

17.4 器官芯片

在体外构建组织器官模型对疾病模拟、新药研发和个性化精准医疗等具有重要意义。然而,目前传统的研究手段仍主要依赖于体外二维细胞培养和体内动物实验。二维细胞培养具有简单、易操作、成本低等优点,但其涉及的细胞类型非常有限(如干细胞等增殖分化能力较强的细胞),且无法重建复杂的异质组织器官的结构和功能,更难以完全复制或模拟体内复杂的细胞微环境或组织微生态。虽然动物实验作为人体组织器官研究的经典手段,为药物筛选、毒理学和生物学等研究提供了可靠且有效的评价模型,但由于物种间的差异,特别是在模拟或复制病理模型方面的难度,已经严重制约了生物医学研究的快速发展。另外,动物实验周期长、成本高、效率低,且伴有诸多伦理问题。因此,长期以来,人们一直在探索和创建新型的、高模拟度的、可规模化实验的体外组织器官模型,科技进步加速了器官芯片的诞生和发展。

器官芯片是一种将生物体活细胞植入精准设计的微流体芯片内,可特定再现生物体组织器官功能的仿生微生理系统,在疾病模拟、毒性检测、新药研发、精准医疗等方面具有独特的应用前景。近年来,3D打印技术的快速发展为器官芯片制造技术的革新提供了新工具。借助不同的生物墨水材料、多种打印工艺和灵活的三维空间设计,3D打印技术能够制造出由多种材料构成的精细三维结构,实现仿生结构单元和生物功能单元的一体化打印,为制造具有复杂组织或器官结构和功能的器官芯片提供了更高效的手段。目前,3D打印器官芯片已经实现了对心脏、肝、肺、肾等多种器官的结构制造和功能模拟。图17-7所示为多种器官芯片。

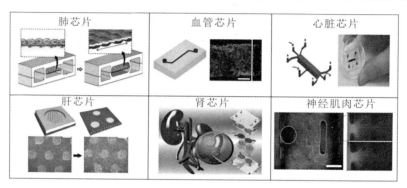

图17-7 多种器官芯片

17.4.1 心脏芯片

心脏是心血管系统的核心,其主要功能是通过有节奏的机械收缩来供血。心肌具有复杂的生理结构,因此在器官芯片领域,创建具有心血管功能的仿生心脏组织是一个重要挑战。有研究者利用挤出3D打印技术制造出内皮化的心脏微纤维支架,这成为具有药物筛选、再生医学和疾病建模潜力的心脏芯片的关键部分。内皮化的心肌细胞在阿霉素作用下表现出剂量依赖性反应,其毒性结果与大鼠心肌类器官非常吻合。将3D打印技术、微流控技术和干细胞相结合,可以为开发新一代体外人体器官芯片提供创新的技术支持。

传统的心血管体外模型难以模拟心脏细胞微环境的复杂性,也无法复制其生理条件(如电信号、机械力等)。因此,构建新型体外人类心脏模型以改善现有药物评估方法的不足变得尤为迫切。得益于微流控器官芯片技术和心肌组织工程的发展,构建人体心脏芯片以改善现有药物评估方法引起了科学家的广泛关注。

17.4.2 血管芯片

血管系统在多种生理和病理过程中扮演着关键角色,通过血液与其他组织之间交换营养物、代谢物和其他分子。特别是在病理过程中,血管结构和功能的异常会导致或伴随着多种疾病的发生和发展,如黄斑变性、动脉粥样硬化、骨质疏松、哮喘和肿瘤。为了对血管化组织和器官的生理和病理过程进行深入探究,需要构建性能优异的体外模型来研究血管系统,血管芯片正是满足这一需求的理想选择。

血管新生主要有两种方式,即血管再生和血管发生。血管再生是指现有血管中的内皮细胞通过增殖和迁移形成新血管,通常也被称为血管尖端的血管再生芽。血管发生则定义为血管的重新形成,是指原先单独存在的内皮细胞或内皮祖细胞汇集、融合,形成具有相应结构和功能的微血管。血管新生在人体发展的不同阶段都会出现,例如,在胚胎发育、缺血性疾病、器官形成、伤口愈合以及肿瘤发展等过程中。在肿瘤研究中,血管再生和血管发生在实体瘤的增殖和迁移过程中发挥着重要作用,为肿瘤的生长和发育提供所需的营养物质、气体环境和分子交换等。在器官芯片中对血管新生的研究可分为两个部分,即模拟生理过程和模拟病理过程。利用血管芯片可以模拟血管再生和血管发生的不同过程。图17-8所示为3D打印血管芯片。

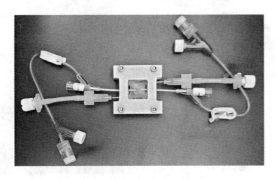

图 17-8　3D 打印血管芯片

血管芯片作为一种新型的体外模型,具有以下四个方面的优势:第一,集成了灌注系统(如连续灌注、双向灌注等)的血管化器官芯片优于普通的静态模型,因为血管系统中流体流动形成的剪切力、物理和化学梯度等,更加贴近体内的动态环境;第二,通过模拟不同的体内过程,可在体外控制单一变量,这有助于人们更好地理解生长发育过程以及疾病发生和发展的机制;第三,与使用相同模型(如二维细胞、动物皮下肿瘤模型)检测不同肿瘤的药物活性相比,血管芯片提供了个性化的检测手段,并且可以共培养器官特异性的相关细胞,这在一定程度上解决了动物模型和人类之间存在的异源性问题;第四,因为微流控芯片的可视性和易取样特性,在不同时间和空间可收集不同样品,有利于进行后续的分子、细胞、标志物、基因等分析。近年来,许多科研工作者利用3D打印技术,成功构建了可用于灌注培养的血管芯片。

17.4.3　肺芯片

肺是人体的呼吸器官,位于胸腔内。肺的基本功能是呼吸,即进行气体交换,气-血屏障是气体交换的关键结构。气-血屏障是指肺泡内氧气与肺泡隔毛细血管内血液中二氧化碳间进行气体交换所通过的结构。它包括六层支结构:含肺表面活性物质的液体层、肺泡上皮细胞层、上皮基底膜、肺泡上皮和毛细血管之间的间隙(基质层)、毛细血管的基膜和毛细血管内皮细胞层。在器官芯片上气-血屏障的核心存在形式是气-液界面,在气-液界面培养细胞是创建功能性体外肺组织模型的必要条件。

图17-9所示为受生物学启发设计的人类呼吸肺芯片微设备。微制造肺模拟装置使用分区化的聚二甲基硅氧烷(PDMS)微通道在涂有细胞外基质的薄、多孔和柔性PDMS膜上形成肺泡-毛细血管屏障。该装置通过对侧室施加真空,引起形成肺泡-毛细血管屏障的PDMS膜机械拉伸,以此重现生理呼吸运动。在活肺吸气时,隔膜收缩导致胸膜内压降低,使得肺泡膨胀和肺泡-毛细血管界面物理拉伸。三个PDMS层排列成不可逆键合,形成两组三个平行的微通道,由10 μm厚的PDMS膜隔开,膜上含有一系列有效直径为10 μm的通孔。永久黏结后,PDMS蚀刻剂通过侧通道流动,选择性蚀刻膜层会产生两个大的侧室,真空应用于其中以引起机械拉伸。

该芯片模拟了人体肺泡在呼吸过程中的气血交换及收缩过程。如图 17-9 所示,芯片上层为气体通道,下层为液体通道,中间由多孔膜分隔,膜两侧分别培养肺泡上皮细胞和血管内皮细胞,模拟肺泡-毛细血管屏障;通过膜有规律的形变来模拟人呼吸时肺泡壁的扩张和收缩。该芯片可用于肺炎症和肺感染的研究。

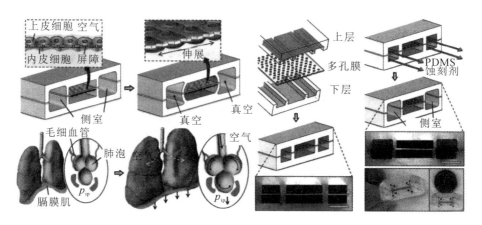

图 17-9　肺芯片示意图

本章课程思政

非金属增材制造技术在医疗器械、骨科植入物、器官芯片、生物打印领域的创新发展,是制造强国战略的生动实践。尽管我国医疗器械制造业整体水平与发达国家存在差距,但正在经历技术创新和转型升级,朝着高质量、智能化和可持续发展的方向迈进。这一领域的科技成就不仅是技术的巨大飞跃,更是中国坚持创新驱动发展、人民健康至上的宏伟目标的生动体现。医疗器械的精密制造、骨科植入物的个性化设计,以及器官芯片和生物打印的前沿技术应用,凸显了中国科技自主创新的坚定决心。推动非金属增材制造技术的创新,推广非金属增材制造成果的应用,为实现中华民族伟大复兴的中国梦贡献力量。

思　考　题

1. 医疗器械中的非金属增材制造的主要材料是什么?
2. 在骨科植入物制造中,哪些特性是关键考虑因素?
3. 器官芯片的制造技术主要集中在哪些方面?
4. 生物打印中如何保持细胞的活性?
5. 如何确保医疗器械制造过程中的生物相容性?
6. 在非金属增材制造中,最常见的 3D 打印技术是什么?
7. 在骨科植入物制造中,为什么材料的生物降解性很重要?
8. 生物打印技术如何实现三维组织结构的创建?
9. 医疗器械和植入物的生产过程中,如何实现质量控制?
10. 器官芯片技术在生物医学研究中扮演的角色是什么?

第 18 章 增减材复合制造

18.1 引　　言

金属增材制造技术在加工精度上与传统加工工艺相比较低,因而受到极大限制。随着增材制造(AM)的发展以及其局限性的突出,国际上越来越多的学者和研究机构把目光转向基于增减材的复合制造(additive and subtractive hybrid manufacturing,ASHM)。将增材制造与传统加工工艺有机地集成起来,成型件加工完成后无须后处理即可直接投入使用,大幅缩短了制造时间和降低了生产成本,还可拓宽原材料范围,减少生产过程中切削液的使用,实现绿色加工。近年来,增减材复合制造工艺与装备不断涌现,在提高制造精度、增大制造尺寸、提升生产效率等方面取得多项进展。

增减材复合制造是将增材制造和减材制造(subtractive manufacturing,SM)结合起来的制造过程的统称,以克服它们各自的局限性并从它们的内在优势中受益,其最初源于减材制造,但概念和应用随着时间的推移而演变,而且融合了其他传统制造技术,如焊接和装配。金属增材制造技术是一种新型的混合制造技术,它是一种通过逐层添加金属粉末原料来制造复杂几何形状零件的技术,其目标是通过与其他制造技术的结合,克服其生产率低、冶金缺陷、表面粗糙和尺寸精度不足等限制,扩大其适用范围。因此,基于金属增材制造的增减材复合制造也可以被视为在传统制造过程中提高灵活性和减少材料浪费的一种新型制造技术。表18-1 所示为增材制造和减材制造的优缺点。

表 18-1　增材制造和减材制造的优缺点

	优点	缺点
增材制造	可生产形状或结构复杂及梯度弥散的零件; 设计和制造周期较短,生产工序简便; 材料使用率高,生产成本较低; 工件力学性能优良,其力学性能优于传统铸造工件; 可以实现个性化定制生产,制造周期较短	在加工零件方面,表面质量差,几何精度差,因此后期往往需要机械加工来降低在增材制造过程中所产生的残余热应力,以进一步提高几何精度; 对于加工较复杂的内模腔零件,增材制造后往往无法及时对内腔进行加工处理,无法满足零件的使用要求
减材制造	适合结构简单的部件,满足批量化生产要求; 粗加工精度较高,后处理选择更便宜; 可选择材质类型较广,成品性能更接近产品级别,如铝合金、塑料、有机玻璃	难以加工复杂度较高、几何精度高的零件; 加工时间长,成本高

增减材复合制造技术是一种将产品设计、软件控制、增材制造与减材制造相结合的新型技术。借助计算机生成 CAD 模型,并将其按一定的厚度分层,从而将零件的三维数据信息转换为二维或三维轮廓几何信息,由层面几何信息和沉积参数、机械加工参数生成 3D 打印路径数控代码,最终形成三维实体零件;然后对三维实体零件进行测量与特征提取,并与 CAD 模

型进行对照,找到误差区域后,基于减材制造,对零件进行进一步加工和修正,直至满足高质量标准。表 18-2 列出了国内外增减材复合制造设备及其组成,可以看出,国内外在硬件设备方面均有许多研究成果。

表 18-2 国内外增减材复合制造设备及其组成

国家	公司	机床型号	混合方式	主要参数
中国	北京机电院机床有限公司	XKR40-Hybrid	五轴加工中心混合丝材激光熔覆	最大成型尺寸为 $\phi 400$ mm×500 mm,A 轴摆角为 $[-110°, 10°]$,C 轴旋转角度为 360°
	大连三垒科技有限公司	SVW80C-3D	五轴加工中心混合直接能量沉积	工件最大回转直径为 1000 mm,最大承载质量为 850 kg,A 轴转动范围为 $[-120°, 120°]$,C 轴可 360°旋转
	青海华鼎装备制造有限公司	XF1200-3D	五轴加工中心混合直接能量沉积	激光功率为 1200 W,主轴转速为 20000 r/min,B 轴摆角为 $[-115°, 30°]$,C 轴可 360°旋转
日本	Mazak	INTEGREX i-400AM	五轴加工中心集成双 Ambit 激光头	可加工直径为 660 mm 和长 1600 mm 的工件,B 轴摆角为 $[-30°, 120°]$
	Matsuura	LUMEX Avance-25	三轴铣削机床混合激光烧结	最大成型尺寸为 250 mm×250 mm,每层铺粉厚度为 50 μm,尺寸精度达 25 μm,主轴转速为 45000 r/min
	Sodick	OPM350L	高速铣削混合激光烧结	最大成型尺寸为 350 mm×350 mm×360 mm,激光功率为 1 kW
德国	DMG MORI	LASERTEC 65 3D	五轴机床混合激光熔覆	最大成型尺寸为 650 mm×650 mm×560 mm,A 轴摆角为 $[-120°, 120°]$,C 轴可 360°旋转
	ELB	Mill grind	铣削、磨削混合 Ambit 激光堆焊	主轴转速为 8000 r/min,X、Y、Z 轴的分辨率为 0.1 μm
	Reichenbacher Hamuel	HYBRID HSTM 1500	高速铣削混合直接能量沉积	可制造长 1750 mm 的工件,精加工主轴转速达 16000 r/min
	Hermle	MPA40	立式铣床混合金属热喷射	最大成型尺寸为 460 mm×550 mm,质量达 600 kg
葡萄牙	Adira	Direct Laser Processing	粉末床熔融和直接金属沉积	粉末床面积为 960 mm×960 mm,直接沉积面积为 1500 mm×1500 mm,打印区域面积为 300 mm×300 mm
美国	Optomec	LENS 3D Hybrid 20	三轴铣床混合激光烧结	最大成型尺寸为 500 mm×350 mm×500 mm,可五轴联动,主轴转速为 30000 r/min

本章基于金属增材制造的增减材复合制造进行介绍,可看作是对增材制造领域内容的延伸,即增材制造结合了减材制造和其他传统制造技术。本章除引言外,主要分为三个部分:第一个部分概述了不同的增减材复合制造技术的原理及优势;第二个部分简述了增减材复合制造技术的研究现状;第三个部分概述了金属增减材复合制造的主要研究成果、目前所面临的关键问题以及未来的发展潜力。

18.2 基于激光的增减材复合制造

激光增材制造技术(见图18-1)根据送粉方式的不同可以分成两类:一类是基于铺粉方式的激光粉末床熔融技术,另一类是基于送粉方式的激光定向能量沉积技术。

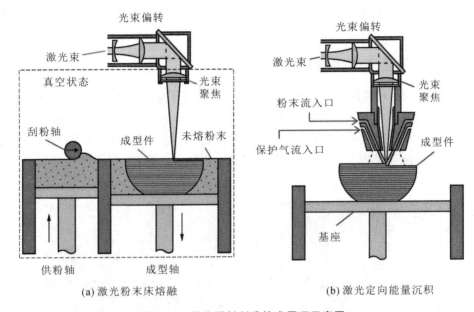

(a) 激光粉末床熔融　　　　　(b) 激光定向能量沉积

图 18-1　激光增材制造技术原理示意图

激光粉末床熔融技术采用高能激光束熔化薄层金属粉末材料,逐层堆积制造出具有复杂三维结构的高性能金属零部件。相对于传统的工艺方法,激光粉末床熔融技术有以下显著优点:无须刀具、模具,复杂形状的零件可一次成型;可以制造传统方法难以成型的复杂零件,如具有多孔结构和梯度孔隙的金属零件等;制造周期短,设计空间大;节省材料;成型材料来源广泛,制造过程中无须支撑;在不增加成本的情况下,可实现产品多样化;力学性能良好等。

18.2.1 激光粉末床熔融与减材制造

激光粉末床熔融过程中,由于粉末的快速熔化和急速冷却,以及逐层逐道的加工方式,激光粉末床熔融成型件在组织、性能和应用方面具有独特性。其中,表面质量是零件质量的一个重要的评价指标。激光粉末床熔融技术采用逐层堆积的方式,每一层又是由激光束逐道扫描而成的。在这个过程中,熔化道搭接、球化、粉末黏附以及层间结合造成的阶梯效应会导致成型件的表面粗糙度较高。较差的表面质量不仅会使成型件的强度、耐磨性和抗腐蚀性降低,还会影响成型件的配合性质和工作精度,导致成型件疲劳裂纹的萌生,极大地制约了激光粉末床熔融技术的推广和应用。

虽然通过改变扫描参数及进行激光重熔可以大幅降低零件的表面粗糙度,但是精度的提升仍然有限,所得零件依然无法满足工业应用的要求,因此,通常需要通过机械加工来进一步提高表面质量,这也突显了增减材复合制造技术的重要性。此外,激光粉末床熔融过程中激光能量呈高斯分布,导致温度梯度较大,在冷却过程中材料发生不均匀变形从而产生较大的残余应力。对于高致密度的试样,切削加工使试样发生机械变形,从而使试样内部的残余应力得到释放。在铣削过程中,材料受到向下的压力以及刀具切削产生的拉应力,使得晶粒间距(平行于材料表面)增大,因此机械加工后平行于表面的应力状态由压应力变为拉应力,并且随着致密度的升高,拉应力逐渐降低。本章将对残余应力问题进行详细论述。不同致密度的成型面在机械加工过程中的表现也有所不同,当成型面致密度高时,机械加工使得原本粗糙的表面变得相对平整,虽然在成型面上留有沟壑,但表面缺陷减少了。致密度低的成型面经过切削加工后,自身的孔隙被切削填充或者压实,表面缺陷有所减少,但是较深的孔隙依然可能存在。

18.2.2 激光粉末床熔融的可加工性

图 18-2 所示为在超景深条件下观测的不同铣削深度下致密度为 99.4%(增材制造较优)的试样的表面形貌,试样的铣削深度分别为 0 mm、0.1 mm、0.2 mm 和 0.3 mm。可以明显发现,试样表面有一层分布均匀的铣削的沟壑,同时依然有一部分偏深色,比较不同铣削深度的图可以看出,当铣削深度为 0.1 mm 时,图中有少量划痕及孔隙,而当切削深度为 0.2 mm 和 0.3 mm 时,切削深度对表面形貌的影响不大。

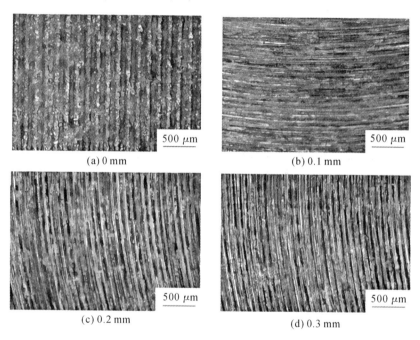

图 18-2 不同铣削深度试样的机械加工表面形貌

激光粉末床熔融技术通过逐层扫描粉末来构建零件,这导致原始表面呈现出一条条明显的扫描熔化道,形成高低不平的沟壑。如果切削深度不够,表面可能会因未切削到的凹陷区域而不平整,呈现出多处孔隙。在超景深条件下观察不同铣削面的试样表面形貌(见图 18-3),试样的铣削面分别沿 X-Y、X-Z 和 Y-Z 方向。比较不同铣削面的表面形貌,X-Z 铣削面有少量划痕,X-Y 和 Y-Z 铣削面没有明显划痕,但是依然可以看到试样表面有一部分偏紫色,说明在铣削过程中存在切削热,导致温度过高,这是由转数过小或铣削液的冷却不均匀导致的,与成型过程及其他加工参数关系不大。X-Z 铣削面有孔隙,这是因为在成型过程中试样沿着 Z 轴成型,所以在致密度上,X-Y 铣削面会优于其他铣削面。

在比较试样不同铣削面下的表面粗糙度与原始成型面粗糙度时,我们发现原始试样的表

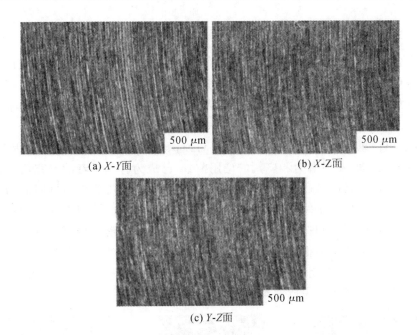

图 18-3 不同铣削面的机械加工表面形貌

面粗糙度在不同方向上相差很大。具体来说，X-Y 面和 Y-Z 面的粗糙度较高，分别为 9.5 μm 和 6.3 μm，而 X-Z 面的粗糙度较低，为 2.7 μm。经过铣削后，所有试样的表面粗糙度均小于 0.5 μm，铣削后的表面质量得到了很大的改善。值得注意的是，铣削后不同方向表面粗糙度相差不大，基本趋于一致。

图 18-4 所示为试样不同铣削面残余应力与原始成型面残余应力对比。其中，原始成型面的残余应力均为压应力，并且 X-Z 面残余应力最高。由于激光粉末床熔融技术的特殊成型方式，试样在不同方向上的性能会有所不同，显然成型后未加工时 X-Y 面的残余应力相对较低。经过铣削后所有试样的残余应力均转变为拉应力。在这三个平面中，铣削后 X-Y 面的残余应力最低。此外，铣削对试样的硬度影响不大，甚至会有所降低。虽然，铣削后表面粗糙度有所降低，在致密度较高的情况下，只要试样表面相对平整，其硬度通常不会有太大变化。

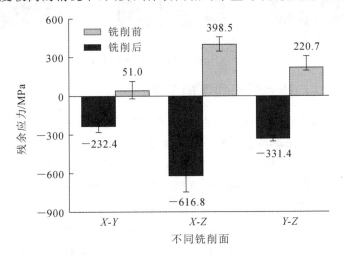

图 18-4 试样不同铣削面残余应力与原始成型面残余应力对比

18.2.3　激光定向能量沉积与减材制造

采用激光定向能量沉积技术制造的零件在形状精度、尺寸精度和表面粗糙度等方面与传统机械加工零件存在一定的差距,难以达到使用要求。所以,激光定向能量沉积零件一般都需要进行铣削加工等后处理。鉴于此,一些学者将铣削减材技术引入激光定向能量沉积技术中,提出了一种基于激光增材和铣削减材的增减材复合制造技术。该技术结合了两种技术的优势,能够制造出任意复杂结构的零件,同时还可以保证零件的精度和质量。因此,增减材复合制造技术具有巨大的发展潜力和广阔的应用前景,已成为各国学者的研究热点。

送粉式激光增材和铣削减材复合制造的加工方式是指激光送粉增材制造和铣削减材加工交替进行,具体过程如图 18-5 所示。先进行激光送粉增材制造,以 2 mm 为一个增材制造的周期,在一个周期的增材制造结束后立即将沉积头自动换成铣刀对该周期内增材制造的部分进行铣削加工,铣削结束后把铣刀换成沉积头进行下一周期的增材制造。一个周期内的增材制造和减材加工为一个周期的完整制造过程。下一周期沉积 2 mm(高度)后,再进行铣削,如此往复,直到整个试样加工完成。

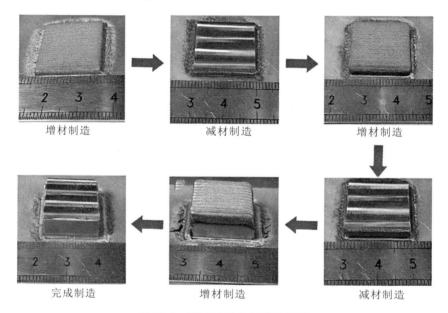

图 18-5　增减材复合制造示意图

18.2.4　激光定向能量沉积的可加工性

激光定向能量沉积试样的表面会存在明显的熔道痕迹,熔道与熔道之间存在凹谷带,且表面还黏附着大量未熔粉末颗粒。由此可见,激光定向能量沉积试样的表面质量较差,这将严重影响其可靠性和耐久性,所以对激光定向能量沉积和铣削减材的复合制造进行研究十分有必要。经过铣削加工的试样的表面变得光亮、平整,表面粗糙度大大降低,铣削表面呈现网纹状的刀痕加工痕迹。这种现象出现的原因是:受切削参数的影响,试样的已加工表面会出现塑性凸出和变形回弹,使得切削刃在已加工表面上再次切削,从而在加工表面形成刀痕。

对于形状简单或具有规律性结构的试样,只需按照一定的规律(如增材制造的高度、加工时间等)进行交替加工,这时试样最终的加工精度和表面质量仅由铣削加工过程决定。图

18-6给出了增减材复合制造316L不锈钢的表面粗糙度随铣削参数变化的曲线。可以看出：随着铣削速度的增加，表面粗糙度呈下降趋势；当铣削速度在60~100 mm/min范围内时，表面粗糙度下降较快，当铣削速度大于100 mm/min时，表面粗糙度下降较慢。这是因为随着铣削速度的增加，切削力增大，导致刀具与试样之间摩擦产生的热量增大，试样表面温度升高。这会引起试样表面的热软化，降低硬度，使得试样易于加工，从而降低了表面粗糙度。

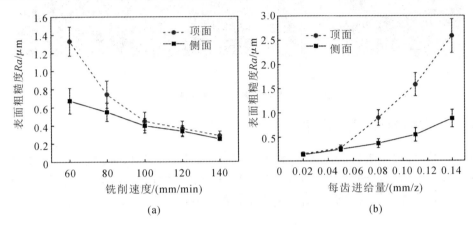

图 18-6　增减材复合制造 316L 不锈钢的表面粗糙度随铣削参数变化的曲线

此外，随着每齿进给量的增加，表面粗糙度增大。当每齿进给量为 0.02~0.05 mm/z 时，表面粗糙度增加得较慢。这是因为此时每齿进给量较小，切削厚度较小，刀具的磨损较少甚至无磨损，所以表面粗糙度较小。当每齿进给量超过 0.05 mm/z 时，表面粗糙度迅速增大，最大可达到 2.58 μm。这是因为随着每齿进给量的增加，切削厚度急剧增大，刀具磨损严重，导致已加工表面残留的材料高度增大，从而使得表面粗糙度增大。此外，从图 18-6 中还可以看出，试样顶面的粗糙度总是高于侧面的粗糙度。出现这种现象主要有两个原因：①侧面的铣削属于不连续加工，切削刃与材料相互作用的行程远小于端面铣削加工，刀具磨损较少，表面粗糙度较小；②试样的显微组织和力学性能表现出各向异性。

18.3　基于电弧的增减材复合制造

基于电弧的增减材复合制造通过交替使用两种工艺，能够实现复杂结构的近净成形。与激光和电子束熔化相比，低成本、高效率和具备大尺寸成型能力是电弧送丝工艺的主要优势。由于这些优势，电弧增材制造技术被认为是一种低能耗、可持续的绿色环保制造技术，特别适用于难加工材料及贵金属零件的增材制造。在复合制造中，铣削减材在很大程度上弥补了电弧增材在几何尺寸和表面质量方面的固有不足，从而推动了该复合制造技术向高精度、高性能的方向发展。

近年来，针对电弧增材制造技术开展的研究主要集中在成型系统研发、工艺控制、过程监控、成型件微组织特性及其力学性能分析等。为控制成型精度和满足性能需要，国内外研究机构将不同的增、减材制造工艺进行集成，开发出了多种类型的复合制造系统。目前，主要有两种复合方式（见图 18-7）：一种是将焊接设备与数控机床复合；另一种是将焊接设备与多自由度机器人复合。

(a) 焊接设备与数控机床复合

(b) 焊接设备与多自由度机器人复合

图 18-7 焊接设备与其他设备的复合

18.3.1 焊接技术可加工性分析

在电弧焊和铣削相结合的复合系统中,将脉冲气体保护焊机集成到一个三轴数控机床上,实现逐层堆积和铣削的一体化加工,但是其只对上表面进行减材加工,直到实现近净成形,最后进行外轮廓的铣削以保证所需的成型精度,如图 18-8 所示。

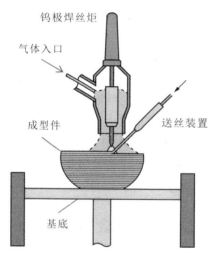

(a) 电弧增材制造原理

(b) 电弧增材制造工件

(c) 减材制造工件

图 18-8 增减材复合制造

由图 18-8(b)可以发现,电弧增材制造工件的表面质量较差,无法满足使用要求,所以对其进行减材加工十分具有必要,而减材加工参数的设置也会影响其表面质量。因此必须对机械加工参数进行试验研究,以铝合金为例,本小节利用曲面响应分析法对不同切削参数下的表面粗糙度进行综合分析,以评估各参数交互作用对表面粗糙度的影响。图 18-9 展示了在三个不同的切削深度($a_p = 1$ mm,1.5 mm,2 mm)下进给速度 f 和主轴转速 s 与工件表面粗糙度之间的响应关系。结果表明,切削深度 $a_p = 1.5$ mm 时,表面粗糙度随主轴转速的增加显著下降,在主轴转速 $s > 3400$ r/min 时,表面粗糙度小于 3 μm。说明将主轴转速 s 增加至 3400 r/min 时,进给速度 f 与切削深度 a_p 对表面粗糙度的影响并不明显,可以将工件的表面粗糙度控制在一个较优的范围内。

图 18-10 展示了在三个不同的进给速度($f = 100$ mm/min,200 mm/min,300 mm/min)

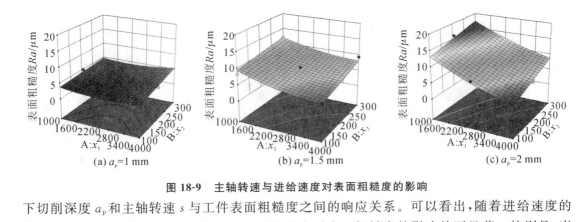

图 18-9 主轴转速与进给速度对表面粗糙度的影响

下切削深度 a_p 和主轴转速 s 与工件表面粗糙度之间的响应关系。可以看出,随着进给速度的增加,试样的表面粗糙度变化不大,说明进给速度对表面粗糙度的影响并不显著。特别是,当进给速度 $f=100$ mm/min 时,表面粗糙度的变化幅度最小,即使改变主轴转速与切削深度,表面粗糙度变化也不明显,说明进给速度较低时,切削深度与主轴转速的交互作用对表面粗糙度的影响并不显著。铣削传统制造铝合金工件时,可以容易地将工件的表面粗糙度控制在较低范围内。当铣削电弧增材制造铝合金工件时,将进给速度控制在较小范围内才能保证工件获得稳定且较好的表面质量。

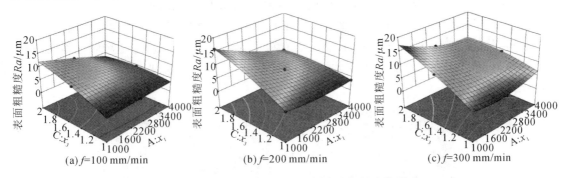

图 18-10 主轴转速与切削深度对表面粗糙度的影响

图 18-11 展示了在三个不同的主轴转速($s=1000$ r/min,2500 r/min,4000 r/min)下切削深度 a_p 和进给速度 f 与工件表面粗糙度之间的响应关系。当主轴转速 $s=1000$ r/min 时,随着切削深度的增加,铝合金试样的表面粗糙度增大并且变化幅度较大;随着进给速度的增加,表面粗糙度增大,曲面变化幅度同样较大,这说明当铣削铝合金工件时,在较低的主轴转速下工件的表面粗糙度受进给速度与切削深度的影响非常大。对于铣削铝合金工件,想要获得较低的表面粗糙度,应避免低转速、大进给速度与切削深度的铣削方式。当主轴转速 $s=4000$ r/min 时,表面粗糙度的变化幅度非常小,基本不受进给速度与切削深度的影响,说明高转速可以使铝合金工件的表面粗糙度减小,同时维持稳定和较好的表面质量,并且能够保证加工效率。

18.3.2 电弧熔丝可加工性分析

在焊接设备与多自由度机器人结合的复合制造系统中,机器人电弧熔丝增减材复合制造技术具有制造精度高、材料和能量利用效率高、设备成本低、制造灵活性高、加工空间可扩展性好等特点。这使得它在大尺寸复杂构件的小批量生产和单件试样的快速、低成本研制方面比传统铸锻铣工艺更具潜力。机器人电弧熔丝增减材复合制造技术示意图如图 18-12 所示。

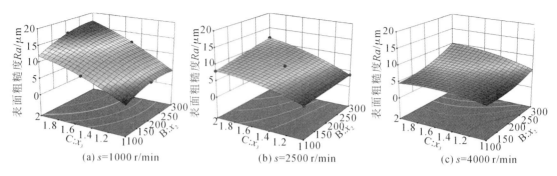

图 18-11 进给速度与切削深度对表面粗糙度的影响

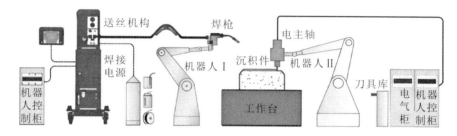

图 18-12 机器人电弧熔丝增减材复合制造技术示意图

图 18-13 所示为机器人电弧熔丝增减材复合制造侧面铣削薄壁墙实物图。从图中可以看出，当主轴转速 s 为 8000 r/min 时，铣削面有密集的倾斜干涉条纹；当主轴转速增大时，铣削面的倾斜干涉条纹明显变少；当主轴转速 s 为 12000 r/min 时，铣削面出现密集的水平方向干涉条纹。

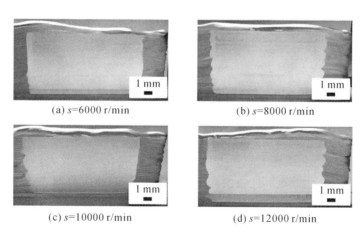

图 18-13 机器人电弧熔丝增减材复合制造侧面铣削薄壁墙实物图

在铣削面上都有规则排列的振纹，这些振纹导致表面质量变差。在薄壁墙的下半部分出现了呈排状分布的明亮振纹，局部振纹在与进给方向成 45°夹角的方向上连接成线，即在沉积方向上倾斜分布。在出现振纹的区域，可以明显看到大量的刀痕，导致铣削面的表面完整性大大降低，并导致表面粗糙度 Ra 增大。铣削面的振纹呈倾斜的条状分布，振纹与进给方向之间的夹角随着主轴转速的增加而减小，而振纹的宽度随着主轴转速的增加而增大。

铣削加工破坏了增材制造试样内部的应力自平衡状态，使试样内部应力部分释放，进而导致残余应力的重新分布。同时，铣削加工时切削力和切削热是同时作用的，因此由铣削加工引起的表面残余应力是切削力和切削热综合作用的结果，涉及热-力耦合的热弹塑性问题。另外，对铝合金进行铣削加工，尤其是干铣削时，刀具尖端易钝化，铣刀的后刀面对已铣削面的挤光效应起着主要作用，即挤光效应较强，而前刀面的塑性凸出效应相对较弱。因此，由挤光效应引起的压应力比由塑性凸出效应引起的拉应力要大，综合作用下产生压应力。

18.4 传统制造和增材制造的可加工性

在以往的研究中，学者们发现增材制造试样和传统制造试样在可加工性方面存在差异，例如，随着每齿进给量的增加，两种试样的表面粗糙度都呈现出增大的趋势，但传统制造试样的表面粗糙度增大的速度更快，且其表面粗糙度普遍高于增材制造试样的表面粗糙度。这种可加工性差异的根本原因在于两者内部微观组织的不同。相比于传统制造试样，增材制造试样的组织更均匀，晶粒更细小，因此其硬度和强度均更高，而塑性较低。在进行铣削加工时，增材制造试样的塑性变形程度较小，主要发生脆性断裂，且变形回弹较小，不易产生积屑瘤，因此表面粗糙度更小。

如图18-14所示，传统铸造与激光粉末床熔融制造试样的微观结构存在显著差异。图18-14(a)和(c)展示了传统铸造基体的微观组织，其由粗大的奥氏体晶粒构成，未观察到亚晶粒。图18-14(b)和(d)展示了激光粉末床熔融区域熔池内部的微观组织，在一定的放大倍数下，可观察到细小的亚晶粒。特别是，在图18-14(d)中，激光粉末床熔融区域熔池搭接处(即相邻熔池之间)的微观组织显示了细小的树枝状晶体和胞状晶体的存在。在快速凝固过程中，晶粒的形核和生长是一个复杂的过程，受熔池内热流方向和晶体择优取向的影响。树枝状晶体通常向熔池中心生长，方向大致垂直于固-液界面，形成具有定向凝固和外延生长特征的组织，且没有裂纹、偏析等缺陷。为了提供更详细的解释，图18-15(b)和(d)对图18-15(a)中第N层与第$N+1$层熔池搭接处进行了局部放大，而图18-15(c)和(f)则对图18-15(e)中第N道与第$N+1$道熔池搭接处进行了局部放大。可以明显看出，靠近第$N+1$层熔池底部

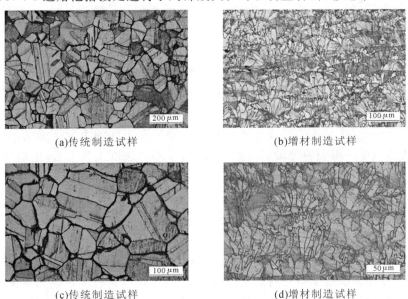

(a)传统制造试样　　(b)增材制造试样

(c)传统制造试样　　(d)增材制造试样

图18-14　传统制造和增材制造316L试样的微观结构对比

的晶粒更为细小,而靠近第 $N+1$ 道熔池边缘的晶粒相对较大。出现这一现象的原因可能是道与道之间的激光扫描时间间隔较短,当扫描第 $N+1$ 道时,第 N 道的温度仍然较高,导致冷却速度相对较慢。而在层与层之间,第 N 层上部与第 $N+1$ 层下部熔合时,有足够的时间进行冷却,温度梯度最大,散热快,从而形成大量的形核核心。温度较低的前一层具有很强的散热作用,导致结合界面产生极大的过冷,加上前一层可作为非均质形核的基底,因此在界面处产生大量的晶核。

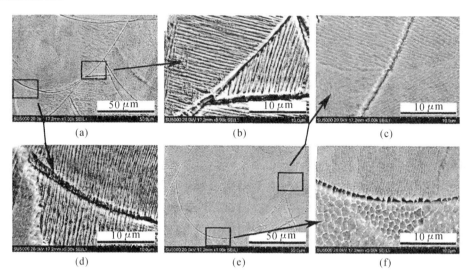

图 18-15 增材制造 316L 试样的微观结构

在激光粉末床熔融制造过程中,由于其独特的逐层制造方式,因此第 $N+1$ 层对第 N 层有热影响。这种热影响主要表现在上层熔池的热传导以及凝固结晶释放的热量,这些热量会导致下层靠近熔池边界处已凝固的金属发生再结晶并长大。此外,为了保证良好的界面结合、促进熔池的润湿和铺展、避免球化,必须对基底(已凝固实体)进行部分重熔。在这一过程中,熔池熔体与半熔化晶粒接触时,会避免形核势垒而直接在接触面形核,在外延生长机制下按照半熔化晶粒原有的取向生长。由于熔池底部的温度梯度较高,已形核的晶粒将沿着垂直于熔池底部的温度梯度向上生长。在图 18-15(d)中,第 N 层上部作为第 $N+1$ 层晶粒生长的基底,两者在形态上相似,都表现为树枝状晶体且晶粒取向一致。同理,在图 18-15(f)中,第 N 层上部为等轴的胞状晶体,在第 $N+1$ 层底部晶粒外延生长为伸长的胞状晶体,都表现出明显的继承性。这种微观结构的继承性是增材制造生成的等轴晶和柱状晶以及枝晶和胞状晶体的特点之一,这些晶体的形成是增材制造试样具有更好的力学性能的本质原因之一。相比于传统铸造中单一粗大的等轴晶,增材制造通过精确控制工艺参数,能够生成具有更优力学性能的微观结构,这也是深入研究增材制造技术的一个重要需求。

18.5 增减材复合制造的发展趋势

相比于国内,国外对增减材复合制造技术的研究开展得较早,研究内容也较为丰富。尽管如此,该技术整体上仍处于研究与探索阶段。目前,主要的新技术包括形状沉积制造技术、模具形状沉积制造技术、控制金属堆积技术、基于堆焊的混合加工技术、选择性激光熔覆复合加工技术、超声波增材制造技术等。

增减材复合制造技术在航空航天等领域的应用前景广阔,尤其在制造轻量化、大型化的整体壁板结构时展现出独特的优势。例如,欧洲空间局与英国克兰菲尔德大学合作,使用MIG电弧增材制造技术制造了钛合金飞机机翼翼梁和起落架支撑外翼肋等大型框架构件。这些构件的沉积速率可达每小时数千克,焊丝利用率超过90%,显著减少了成型时间和产品缺陷。Bombardier公司则采用电弧增材制造技术直接在大型平板上制造了约2.5 m长和1.2 m宽的大型飞机肋板。

增减材复合制造技术能有效解决增材制造过程中复杂零件和内部难加工件的成型问题,相比于减材制造技术,能更有效地控制零件的残余应力和变形。尽管在航天航空、医疗和模具等制造领域具有广阔的发展前景,但目前仍面临许多技术挑战。这些挑战包括制造可行性、零件支撑、材料利用率等问题,同时还需考虑机床的灵活性以及各部件的小型化和成型过程中的均衡化。此外,打印质量和成型效率之间的矛盾也需要解决,这涉及众多误差因素,如反向定位误差、工作平面误差、各轴间的相对误差以及联动插补运动的误差。例如,与细小粉末材料接触的切削液可能具有爆炸性;在高速切削过程中,由于切削液与粉末材料的混合,加热的影响可能导致切削条件的改变,进而影响加工参数。

金属增减材复合制造技术是在传统增材制造技术的基础上,结合减材制造技术发展起来的一种新型绿色制造技术,它高效、成本低、精度高且具有柔性。随着技术难点的逐步攻克,预计这一技术将在航天航空、能源等领域发挥巨大潜力。虽然国内在增减材复合制造技术的研发上起步较晚,但发展势头强劲,正在迅速追赶,甚至已经出现了一些国外没有的特色增减材复合制造机床。随着增减材复合制造技术的不断发展和成熟,预计将有更多功能强大的复合制造设备问世,应用于更广泛的领域。

本章课程思政

增减材复合制造技术的应用提升了我国制造业的创新能力和竞争力,加快了产业升级和转型的进程,对推动我国经济发展具有积极作用。该技术的应用不仅代表了我国制造业的先进水平,也向全世界展示了中国制造的实力。通过这种技术,可以有效提升材料的性能,而材料的性能是决定武器装备性能的关键因素之一,这对提升我国国防实力和增强国家综合实力具有重要的战略意义。增减材复合制造技术还能最大限度地利用材料资源,减少浪费,降低环境污染,从而推动我国经济的绿色发展,保护生态环境,实现可持续发展。因此,我们应当积极推动和支持这项技术的发展,来提升国家竞争力,为国防建设和绿色可持续发展做出突出贡献,实现国家繁荣和人民幸福的目标,体现爱国情怀的具体行动。

参 考 文 献

[1] GIBSON I,ROSEN D,STUCKER B,et al. Additive manufacturing technologies[M]. 3rd ed. Cham:Springer,2021.

[2] LI C X,PISIGNANO D,ZHAO Y,et al. Advances in medical applications of additive manufacturing[J]. Engineering,2020,6(11):1222-1231.

[3] 冯斐,曹兴冈.航空航天增材制造技术的应用及发展[J].航空精密制造技术,2021,57(6):45-49.

[4] 顾波.增材制造技术国内外应用与发展趋势[J].金属加工(热加工),2022(3):1-16.

[5] 马铮,陈涛平,王云飞,等.CT三维重建及3D打印模型在骨科教学中的应用[J].中国继续医学教育,2023,15(9):124-127.

[6] 郑朋飞,王金武.3D打印儿童脑瘫下肢矫形器专家共识[J].中国矫形外科杂志,2023,31(9):774-780.

[7] 童强,姜宇,佟垚,等.食品3D打印中的食品材料特性与应用研究进展[J].食品与机械,2023,39(7):1-5,19.

[8] 关桦楠,孙艺铭,刘晓飞,等.3D打印技术在动物源食品加工中的研究进展[J].食品与发酵工业,2024,50(8):325-333.

[9] 刁常宇,高俊苹,宁波,等.超大体量石窟文物数字化3D打印再生技术及应用[J].工业技术创新,2023,10(3):32-40.

[10] 范武,张争光,赵德文,等.3D打印技术在汽车行业的应用[J].内燃机与配件,2023(8):55-57.

[11] KUMAR S. Additive manufacturing processes[M]. Cham:Springer,2020.

[12] KIRIHARA S,NAKATA K. Multi-dimensional additive manufacturing[M]. Singapore:Springer,2021.

[13] KOTADIA H R,GIBBONS G,DAS A,et al. A review of laser powder bed fusion additive manufacturing of aluminium alloys:microstructure and properties[J]. Additive Manufacturing,2021,46:102155.

[14] GHASEMI A,FEREIDUNI E,BALBAA M,et al. Unraveling the low thermal conductivity of the LPBF fabricated pure Al,AlSi12,and AlSi10Mg alloys through substrate preheating[J]. Additive Manufacturing,2022,59:103148.

[15] GORDON J V,NARRA S P,CUNNINGHAM R W,et al. Defect structure process maps for laser powder bed fusion additive manufacturing[J]. Additive Manufacturing,2020,36:101552.

[16] TAN Q Y,LIU Y G,FAN Z Q,et al. Effect of processing parameters on the densification of an additively manufactured 2024 Al alloy[J]. Journal of Materials Science & Technology,2020,58:34-45.

[17] YOUNG Z A,GUO Q L,PARAB N D,et al. Types of spatter and their features and

formation mechanisms in laser powder bed fusion additive manufacturing process[J]. Additive Manufacturing,2020,36:101438.

[18] ZHAO C,PARAB N D,LI X X,et al. Critical instability at moving keyhole tip generates porosity in laser melting[J]. Science,2020,370(6520):1080-1086.

[19] GALATI M,SNIS A,IULIANO L. Powder bed properties modelling and 3D thermo-mechanical simulation of the additive manufacturing electron beam melting process [J]. Additive Manufacturing,2019,30:100897.

[20] MOSTAFAEI A,ELLIOTT A M,BARNES J E,et al. Binder jet 3D printing—process parameters, materials, properties, modeling, and challenges[J]. Progress in Materials Science,2021,119:100707.

[21] 崔刚,王春艳,严生辉,等. 金属粉末 3D 打印用粘结剂的合成及应用研究[J]. 铸造,2023,72(6):737-741.

[22] 李婷. 基于粘结剂喷射的陶瓷 3D 打印技术国内研究进展[J]. 锻压装备与制造技术,2023,58(1):87-93.

[23] 王雪婷,马千理. 国内外粘结剂喷射成形技术发展态势研究[J]. 机电产品开发与创新,2023,36(2):158-161.

[24] 魏青松,衡玉花,毛贻桅,等. 金属粘结剂喷射增材制造技术发展与展望[J]. 包装工程,2021,42(18):12,103-119.

[25] 李健勇,安国进. 烧结温度对粘接剂喷射技术制备 420 不锈钢组织和性能的影响[J]. 智能制造,2021(4):123-127.

[26] 赵光华,刘志涛,李耀棠. 光固化 3D 打印:原理、技术、应用及新进展[J]. 机电工程技术,2020,49(8):1-6,65.

[27] WU X Q,XU C J,ZHANG Z M. Preparation and optimization of Si_3N_4 ceramic slurry for low-cost LCD mask stereolithography[J]. Ceramics International,2021,47(7):9400-9408.

[28] LEE B J,HSIAO K,LIPKOWITZ G,et al. Characterization of a $30\mu m$ pixel size CLIP-based 3D printer and its enhancement through dynamic printing optimization [J]. Additive Manufacturing,2022,55:102800.

[29] WANG R X,CHENG M N,LOH Y M,et al. Ensemble learning with a genetic algorithm for surface roughness prediction in multi-jet polishing[J]. Expert Systems with Applications,2022,207:118024.

[30] GÜLCAN O,GÜNAYDIN K,TAMER A. The state of the art of material jetting—a critical review[J]. Polymers,2021,13(16):2829.

[31] ELKASEER A,CHEN K J,JANHSEN J C,et al. Material jetting for advanced applications:a state-of-the-art review,gaps and future directions[J]. Additive Manufacturing,2022,60:103270.

[32] ZHANG J,AMINI N,MORTON D A V,et al. 3D printing with particles as feedstock materials[J]. Advanced Powder Technology,2021,32(9):3324-3345.

[33] SHAH M A,LEE D-G,LEE B-Y,et al. Classifications and applications of inkjet printing technology:a review[J]. IEEE Access,2021,9:140079 - 140102.

[34] ZHANG X Z,CHEN L,KOWALSKI C,et al. Nozzle flow behavior of aluminum/polycarbonate composites in the material extrusion printing process[J]. Journal of Applied Polymer Science,2019,136(12):47252.

[35] HANISCH M,KROEGER E,DEKIFF M,et al. 3D-printed surgical training model based on real patient situations for dental education[J]. International Journal of Environmental Research and Public Health,2020,17(8):2901.

[36] NEVADO P,LOPERA A,BEZZON V,et al. Preparation and in vitro evaluation of PLA/biphasic calcium phosphate filaments used for fused deposition modelling of scaffolds[J]. Materials Science and Engineering:C,2020,114:111013.

[37] KAYNAK C,VARSAVAS D. Performance comparison of the 3D-printed and injection-molded PLA and its elastomer blend and fiber composites[J]. Journal of Thermoplastic Composite Materials,2019,32(4):501-520.

[38] GUO W,LIU C,BU W L,et al. 3D printing of polylactic acid/boron nitride bone scaffolds:mechanical properties,biomineralization ability and cell responses[J]. Ceramics International,2023,49(15):25886-25898.

[39] GUO F,WANG E,YANG Y J,et al. A natural biomineral for enhancing the biomineralization and cell response of 3D printed polylactic acid bone scaffolds[J]. International Journal of Biological Macromolecules,2023,242:124728.

[40] GUO W,YANG Y J,LIU C,et al. 3D printed TPMS structural PLA/GO scaffold:process parameter optimization,porous structure,mechanical and biological properties[J]. Journal of the Mechanical Behavior of Biomedical Materials,2023,142:105848.

[41] CAMARGO J C,MACHADO A R,ALMEIDA E C,et al. Mechanical and electrical behavior of ABS polymer reinforced with graphene manufactured by the FDM process[J]. The International Journal of Advanced Manufacturing Technology,2022,119:1019-1033.

[42] KÖKCÜ İ,ERYILDIZ M,ALTAN M,et al. Scaffold fabrication from drug loaded HNT reinforced polylactic acid by FDM for biomedical applications[J]. Polymer Composites,2023,44(4):2138-2152.

[43] 杨强,鲁中良,黄福享,等.激光增材制造技术的研究现状及发展趋势[J].航空制造技术,2016,59(12):26-31.

[44] 秦文韬,杨永强,翁昌威,等.激光/等离子定向能量沉积316L不锈钢成型尺寸及力学性能的对比[J].中国激光,2021,48(22):60-69.

[45] WANG Z,WANG J,XU S R,et al. Influence of powder characteristics on microstructure and mechanical properties of Inconel 718 superalloy manufactured by direct energy deposition[J]. Applied Surface Science,2022,583:152545.

[46] SVETLIZKY D,DAS M,ZHENG B,et al. Directed energy deposition(DED)additive manufacturing:physical characteristics,defects,challenges and applications[J]. Materials Today,2021,49:271-295.

[47] FAN W,WANG J L,PENG Y J,et al. Microstructure and mechanical properties of an ultra-high strength steel fabricated by laser hybrid additive manufacturing[J]. Materi-

als Science and Engineering:A,2023,885:145594.

[48] MARTIN N,HOR A,COPIN E,et al. Correlation between microstructure heterogeneity and multi-scale mechanical behavior of hybrid LPBF-DED Inconel 625[J]. Journal of Materials Processing Technology,2022,303:117542.

[49] PISCOPO G,IULIANO L. Current research and industrial application of laser powder directed energy deposition[J]. The International Journal of Advanced Manufacturing Technology,2022,119(11-12):6893-6917.

[50] CHEN Y F,ZHANG X C,DING D,et al. Integration of interlayer surface enhancement technologies into metal additive manufacturing:a review[J]. Journal of Materials Science & Technology,2023(34):94-122.

[51] 张晓宇,李涤尘,黄胜,等. 激光定向能量沉积与喷丸复合工艺成形性能研究[J]. 电加工与模具,2022(5):45-47.

[52] LI X C,MING P M,AO S S,et al. Review of additive electrochemical micro-manufacturing technology[J]. International Journal of Machine Tools and Manufacture,2022,173:103848.

[53] MASSEY C P,GUSSEV M N,HAVRILAK C J,et al. On the efficacy of post-build thermomechanical treatments to improve properties of Zirconium fabricated using ultrasonic additive manufacturing[J]. Additive Manufacturing,2022,59:103110.

[54] 贾卫平,吴蒙华,贾振元,等. 无掩模定域性电沉积-增材制造技术研究进展[J]. 稀有金属材料与工程,2019,48(2):693-700.

[55] 任万飞,许金凯,廉中旭,等. 定域电沉积微增材制造纯铜金属微结构[J]. 极端制造,2022,4(1):015102.

[56] 刘赛赛,贾卫平,吴蒙华,等. 电沉积增材制造微镍柱的工艺研究[J]. 表面技术,2021,50(5):95-101.

[57] BRANT A,Sundaram M. Electrochemical additive manufacturing of graded NiCoFeCu structures for electromagnetic applications[J]. Manufacturing Letters,2022,31:52-55.

[58] CHAUHAN V,SINGH N,GOSWAMI M,et al. Nanoarchitectonics with electrochemical additive manufacturing process for printing the reduced graphene oxide[J]. Applied Physics A,2022,128(5):458.

[59] AYALEW A A,HAN X L,SAKAIRI M. A critical review of additive material manufacturing through electrochemical deposition techniques[J]. Additive Manufacturing,2023,77:103796.

[60] 张李超,胡祺,王森林,等. 金属增材制造数据处理与工艺规划研究综述[J]. 航空制造技术,2021,64(3):22-31.

[61] WANG Z P,ZHANG Y C,TAN S J,et al. Support point determination for support structure design in additive manufacturing[J]. Additive Manufacturing,2021,47:102341.

[62] LIU B,SHEN H Y,ZHOU Z Y,et al. Research on support-free WAAM based on surface/interior separation and surface segmentation[J]. Journal of Materials Process-

[63] 徐文鹏,张鹏,刘懿,等.面向3D打印的自支撑连通性填充结构设计[J].计算机辅助设计与图形学学报,2023,35(1):155-164.

[64] ZHOU M D,LIU Y C,LIN Z Q. Topology optimization of thermal conductive support structures for laser additive manufacturing[J]. Computer Methods in Applied Mechanics and Engineering,2019,353:24-43.

[65] LI W Y,LIU W W,SALEHEEN K M,et al. Research and prospect of on-line monitoring technology for laser additive manufacturing[J]. The International Journal of Advanced Manufacturing Technology,2023,125(1-2):25-46.

[66] CHEN B,YAO Y Z,HUANG Y H,et al. Quality detection of laser additive manufacturing process based on coaxial vision monitoring[J]. Sensor Review,2019,39(4):512-521.

[67] ZHANG X,SANIIE J,HEIFETZ A. Detection of defects in additively manufactured stainless steel 316L with compact infrared camera and machine learning algorithms[J]. JOM,2020,72(12):4244-4253.

[68] ZUO C,FENG S J,HUANG L,et al. Phase shifting algorithms for fringe projection profilometry:a review[J]. Optics and Lasers in Engineering,2018,109:23-59.

[69] WANG W L,LIU W Q,YANG X,et al. Multi-scale simulation of the dendrite growth during selective laser melting of rare earth magnesium alloy[J]. Modelling and Simulation in Materials Science and Engineering,2021,30(1):015005.

[70] 闵捷,温东旭,岳天宇,等.增材制造技术在高温合金零部件成形中的应用[J].精密成形工程,2021,13(1):44-50.

[71] 梁莉,陈伟,乔先鹏,等.钴基高温合金增材制造研究现状及展望[J].精密成形工程,2018,10(5):102-106.

[72] 肖来荣,谭威,刘黎明,等.激光增材制造GH3536合金的低周疲劳行为[J].中国激光,2021,48(22):87-97.

[73] 王林,沈忱,张弛,等.增材制造TiAl合金的研究现状及展望[J].电焊机,2020,50(4):1-12,136.

[74] XIA Y F,CHEN Y H,PENG M X,et al. A comparative study on the microstructures and mechanical properties of two kinds of iron-based alloys by WAAM[J]. Journal of Wuhan University of Technology-Mater. Sci. Ed. ,2022,37(3):450-459.

[75] LIN Z D,SONG K J,YU X H. A review on wire and arc additive manufacturing of titanium alloy[J]. Journal of Manufacturing Processes,2021,70:24-45.

[76] 陈娇,罗桦,贺戬,等.航天用镍基高温合金及其激光增材制造研究现状[J].精密成形工程,2023,15(1):156-169.

[77] CI S W,LIANG J J,LI J G,et al. Microstructure and stress-rupture property of DD32 nickel-based single crystal superalloy fabricated by additive manufacturing[J]. Journal of Alloys and Compounds,2021,854:157180.

[78] 孙晓峰,宋巍,梁静静,等.激光增材制造高温合金材料与工艺研究进展[J].金属学报,2021,57(11):1471-1483.

[79] 朱昌隆,王洪泽,郭利萍,等.铝基复合材料激光粉末床熔化增材制造研究现状[J].铸造技术,2023,44(7):583-598.

[80] ZHOU S Y,WU K,YANG G,et al. Microstructure and mechanical properties of wire arc additively manufactured 205A high strength aluminum alloy:the comparison of as-deposited and T6 heat-treated samples[J]. Materials Characterization,2022,189:111990.

[81] GUO H Q,GINGERICH M B,HEADINGS L M,et al. Joining of carbon fiber and aluminum using ultrasonic additive manufacturing(UAM)[J]. Composite Structures,2019,208:180-188.

[82] CHEN C,LING C R,SHAO Y J,et al. Quasicrystal-strengthened biomedical magnesium alloy fabricated by laser additive manufacturing[J]. Journal of Alloys and Compounds,2023,947:169555.

[83] YAO J,DAI G Q,GUO Y H,et al. Microstructure and properties of solid-state additive manufactured Mg-10Li-3Al-3Zn magnesium alloy[J]. Journal of Materials Research and Technology,2023,25:4820-4832.

[84] 唐伟能,莫宁,侯娟.增材制造镁合金技术现状与研究进展[J].金属学报,2023,59(2):205-225.

[85] LIU H S,YANG D F,JIANG Q,et al. Additive manufacturing of metallic glasses and high-entropy alloys:significance,unsettled issues,and future directions[J]. Journal of Materials Science & Technology,2023,140:79-120.

[86] YANG X Q,LIU Y,YE J W,et al. Enhanced mechanical properties and formability of 316L stainless steel materials 3D-printed using selective laser melting[J]. International Journal of Minerals,Metallurgy and Materials,2019,26:1396-1404.

[87] SUN G F,SHEN X T,WANG Z D,et al. Laser metal deposition as repair technology for 316L stainless steel:influence of feeding powder compositions on microstructure and mechanical properties[J]. Optics & Laser Technology,2019,109:71-83.

[88] MING W Y,GUO X D,XU Y J,et al. Progress in non-traditional machining of amorphous alloys[J]. Ceramics International,2023,49(2):1585-1604.

[89] JIANG Q,LIU H S,LI J Y,et al. Atomic-level understanding of crystallization in the selective laser melting of $Fe_{50}Ni_{50}$ amorphous alloy[J]. Additive Manufacturing,2020,34:101369.

[90] 魏垂高,周丽娜,张宇彪,等.基于导电水凝胶的柔性电子皮肤传感器研究[J].电子元件与材料,2022,41(11):1149-1157.

[91] YANG Y,WU Y X,LI C,et al. Flexible actuators for soft robotics[J]. Advanced Intelligent Systems,2020,2(1):1900077.

[92] LI J J,YU K Q,WANG G,et al. Recent development of jumping motions based on soft actuators[J]. Advanced Functional Materials,2023,33(35):2300156.

[93] 魏源远,冯志华,刘永斌,等.介电弹性体致动器及其应变响应研究[J].功能材料与器件学报,2006,12(6):501-504.

[94] XIANG Y Y,LI B,LI B H,et al. Toward a multifunctional light-driven biomimetic

mudskipper-like robot for various application scenarios[J]. ACS Applied Materials & Interfaces,2022,14(17):20291-20302.

[95] 张雨萌,李洁,夏进军,等.4D 打印技术:工艺、材料及应用[J].材料导报,2021,35(1):1212-1223.

[96] 史玉升,伍宏志,闫春泽,等.4D 打印——智能构件的增材制造技术[J].机械工程学报,2020,56(15):1-25.

[97] 关健,贾燕飞,张葆鑫,等.4D 生物打印在组织工程的应用[J].中国组织工程研究,2022,26(3):446-455.

[98] 臧冀原,刘宇飞,王柏村,等.面向 2035 的智能制造技术预见和路线图研究[J].机械工程学报,2022,58(4):285-304.

[99] 江文静,廖静文,张雪慧,等.导电复合水凝胶的分类及其在柔性可穿戴设备中的应用[J].复合材料学报,2023,40(4):1879-1895.

[100] 周明行,毛燧,黄显.磁性材料控制与生物医学应用研究进展[J].电子测量与仪器学报,2023,37(8):1-10.

[101] 徐龙平,李志豪,王伟杰,等.有机硅材料在医用领域的应用研究进展[J].有机硅材料,2022,36(6):70-74.

[102] 夏韬然,邹伟,刘晶.微流控芯片技术在肺部炎性疾病研究和诊断中的进展[J].生物工程学报,2021,37(11):3905-3914.

[103] 杨颖,秦鑫,周雪芳,等.基于 3D 打印技术的乳腺肿瘤精准定位改进方法及辅助装置的研究[J].中国医疗设备,2020,35(10):164-167,185.

[104] 张峰.多功能微流控心脏芯片的设计、构建及应用研究[D].南京:东南大学,2021.

[105] 刘宏婷,吉晓轩,李菁,等.血管化器官芯片在模拟生理和病理过程中的应用[J].中国药科大学学报,2022,53(3):264-272.